바다생물 이름의 유래

# 바다에서 건진 생명의 이름들

**일러두기**

1. 책 이름은 『 』로, 작품(시, 소설, 그림, 노래) 제목은 「 」로 표기하였으며, 신문과 잡지명은 〈 〉로 구분하였다.
2. 우리말에 대응하는 한자어를 함께 표기할 때에는 [ ]로 구분하였다.
3. 외래어는 국립국어원의 외래어 표기법을 중심으로 표기하였고(예: '로브스터'와 '랍스터'를 함께 쓰는 것을 허용), 학명은 이탤릭체로 표기하였다.

바다생물 이름의 유래

# 바다에서 건진 생명의 이름들

초판 3쇄 발행일 2023년 12월 22일
초판 1쇄 발행일 2018년  7월   6일

글과 사진 박수현
펴낸이 이원중

펴낸곳 지성사   출판등록일 1993년 12월 9일   등록번호 제10-916호
주소 (03458) 서울시 은평구 진홍로 68, 2층
전화 (02) 335-5494   팩스 (02) 335-5496
홈페이지 www.jisungsa.co.kr   이메일 jisungsa@hanmail.net

© 박수현, 2018

ISBN   978-89-7889-397-8 (03490)
잘못된 책은 바꾸어 드립니다. 책값은 뒤표지에 있습니다.

「이 도서의 국립중앙도서관 출판예정도서목록(CIP)은 서지정보유통지원시스템 홈페이지(http://seoji.nl.go.kr)와 자료공동목록시스템(http://www.nl.go.kr/kolisnet)에서 이용하실 수 있습니다. (CIP제어번호: CIP2018019447)」

바다생물 이름의 유래

# 바다에서 건진 생명의 이름들

글과 사진

**박수현**

지성사

전설 속 절대 권력자인 용의 아들을 공포에 떨게 만드는 존재가 있었다. 엄청난 덩치에 머리 위로는 분수처럼 물보라를 내뿜으며, 세상의 것이라고는 믿을 수 없는 울음소리를 질러대는 기이한 동물이었다. 사람들은 수평선 너머로 이 동물이 모습을 드러내면 용의 아들 포뢰(蒲牢)가 너무 놀라 산천이 떠나가도록 울어댄다고 믿었다. 그래서 이 기이한 동물에게 '포뢰를 두들겨 울린다' 하여 '고뢰(叩牢)'라는 이름을 붙였다. 내가 바다생물 이름의 유래에 관심을 가지게 된 것은 너무도 친숙한 바다 포유류인 '고래'가 '고뢰'에서 유래한 이름임을 알고부터였다.

이후 평소 수집해 오던 바다생물들의 자료에서 이름의 유래만을 따로 분류했다. 이 이름들을 언어문화권, 지역문화권 등으로 세분하면 복잡한 실타래처럼 엮이지만, 크게 '생긴 모양에서 따온 이름', '생태적 특성에서 따온 이름', '육지 생물 이름에서 따온 이름', '민담이나 전설 속에 등장하는 이름' 등의 네 가지로 나눌 수 있다.

생긴 모양에서 따온 이름으로는 갈치, 고등어, 나폴레옹피시, 넙치, 도화돔, 말미잘, 성게, 장어, 전어, 해파리, 홍어 등이 있고, 생태적 특성에서 따온 이름

으로는 군부, 담치, 멸치, 바지락, 빨판상어, 상어, 청소물고기, 해면 등이 있으며, 육지생물 이름에서 따온 이름으로는 갯강구, 갯민숭달팽이, 갯지렁이, 나비고기, 바다나리, 수지맨드라미, 앵무고기, 쥐치, 해마, 해송 등을 들 수 있다. 그리고 고래, 군소, 도루묵, 명태, 민어, 불가사리, 삼치, 숭어, 아귀, 정어리, 히드라 등은 민담과 전설 속에서 이름의 유래를 찾을 수 있다.

그러나 바다생물들은 이러한 분류의 영역을 자유롭게 넘나든다. 우리 선조들은 말미잘의 외양이 탈장한 항문을 닮았다 하여 '말미잘'이라는 이름을 붙였지만, 영어권에서는 그리스 신화에 등장하는 아네모네꽃의 연약함을 상징화하여 '시아네모네(Sea Anemone)'라고 부른다. 또한 한 가지 이름만으로 만족하지 못하는 경우가 허다하다. 복숭아꽃 색을 닮아 이름 붙인 '도화돔'은 강한 부성애의 의미를 상징하여 '침두어'라는 이름으로도 불렸고, 명천군 태씨 성을 가진 어부가 잡았다는 '명태' 역시 건조방법이나 조업·유통 방식에 따라 생태, 동태, 북어, 황태, 깡태, 코다리, 지방태, 원양태 등의 다양한 이름을 붙였다.

자료를 수집하는 과정에서 이름 속에 담겨 있는 선조들의 과학적인 관찰력과 해학을 발견하기도 했다. 선조들은 해삼을 '바다에서 나는 인삼'이라는 의미로 이름을 지었는데, 실제로 현대 과학자들이 해삼에서 인삼의 성분인 사포닌을 추출해냈다. 또 정약전 선생은 『자산어보』에서 '아귀'를 가리켜 '낚시를 하는 고기'라 해서 '조사어(釣絲魚)'라 기록했는데, 실제 물속에서 아귀가 사냥하는 장면을 관찰하면 등지느러미가 변형된 가시를 미끼처럼 흔들어 작은 물고기를 유혹해서 잡아먹는 것을 볼 수 있다. 지금이야 스쿠버 다이빙 장비가 개발되어 아귀의 사냥하는 모습을 쉽게 관찰할 수 있지만, 과거 이를 관찰하고 '조사어'라는 기록을 남긴 것은 경이롭다 할 만하다.

또한 불가사리는 몸의 일부가 훼손되면 다시 생기는데, 선조들은 이들의 강인한 생명력에 의미를 붙여 '불가살이(不可殺伊)'라는 이름을 붙였으니, 생물 분류학상 극피동물의 재생력을 이미 발견했다는 이야기가 된다. 또 선조들은 정어리를 '증울(蒸鬱)'이라 하여 먹을 때 주의할 것을 경고했다. 이는 등 푸른 생선의 특성상 부패가 빨라 식중독을 경계하고자 하는 의도가 아니었을까. 또 탐관오리들의 폭정에 시달려 온 민초들의 삶에 빗대어 바닷말류를 폭식하는 '군소'를 가리켜 '그놈의 군수'라고 부른 데서 선조들의 해학이 오롯이 담겨 있다.


바다생물 이름의 유래를 찾고 자료를 수집하는 과정은 길고 힘든 시간이었지만, 고문헌을 뒤지거나, 우연히 들렀던 갯마을에서 이름의 유래를 유추할 수 있는 단서를 발견할 때는 실타래처럼 얽히고설킨 미제 사건을 해결한 것마냥 짜릿함을 느낄 수 있었다. 자료를 정리하면서 조선시대 3대 어보라 할 수 있는 김려 선생의 『우해이어보』, 정약전 선생의 『자산어보』, 서유구 선생의 『임원경제지』「전어지」는 몇 번을 읽었지만 이해할 수 없는 부분이 많았다. 하지만 최근

음모와 모략이 난무하고, 기회주의적인 세태 속에 허덕지덕 살아가는 비굴한 인간군상에 실망의 시간을 보내면서 김려 선생과 정약전 선생이 귀양지에서 겪었을 고달픔과 억울함 그리고 처절했을 그리움의 시간들에 대해 비로소 진지하게 생각하게 되었다. 과거 선생들의 유배지를 둘러보면서도 느끼지 못했던 연민에 가슴이 먹먹해졌다. 선생들의 시각에서 책을 다시 읽기 시작했다. 그동안 이해하지 못했던 책 속의 의미들이 눈에 들어왔다. 특히 은유적 표현이 많아 어떤 바다동물에 대한 설명인지 알 수 없었던 『우해이어보』에 등장하는 몇몇 종에 대해서도 선생이 무엇을 보고 기록했는지 밝혀내어 이 책에 담아냈다.

이제 책을 마무리하며 새로운 마음으로 바다를 찾는다. 바닷속에는 내가 전해야 할 이야기들이 아직 많이 남아 있다. 지금 이 순간 어느 바다에 떠 있을 저자의 삶을 생각하며 이 책을 읽는다면 좀 더 이해의 폭을 넓힐 수 있으리라 기대해본다.

끝으로 바다와 바다생물을 사랑하는 마음으로 기꺼이 출판을 결정해준 지성사 가족들에게 깊은 감사를 드리며, 따뜻한 마음으로 함께 바다로 떠났던 소중한 인연들이 있었기에 진정 행복했음을 고백한다.

박 수 현

차례

● 어류

# 연체동물

# 절지동물

# 자포동물

# 극피동물

# 어류

전 세계적으로 33,600여 종이 알려졌으며, 이는 전체 척추동물 종의 41퍼센트에 해당한다. 어류에는 물에 녹아 있는 산소를 걸러내는 아가미와 이동 수단인 지느러미가 있다. 대부분 몸을 보호하는 비늘이 있지만, 없는 종도 있다. 비늘이 없는 어류의 피부는 그 자체가 튼튼하거나 외부와 마찰할 때 몸을 보호하기 위한 점액질로 덮여 있다. 어류는 4개 강으로 나뉜다.

- **무악어강** : 턱이 없는 원시어류로, 먹장어, 칠성장어 등이 속한다.
- **판피어강** : 피부가 판으로 되어 있고 턱이 있는 어류이지만 멸종되어 화석만 남아 있다.
- **연골어강** : 골격이 가벼운 연골(물렁뼈)로 되어 있는 어류로, 현재까지 약 1,500종이 알려져 있다. 주로 열대와 아열대 해역에 서식한다. 상어류, 홍어류, 은상어류 등이 속한다.
- **경골어강** : 뼈의 일부 또는 전체가 딱딱한 뼈로 되어 있다. 물에서 육지로 이동한 최초의 척추동물의 조상이다. 대다수의 현생 어류가 포함되고 전 세계의 담수역과 해양에 널리 분포하고 있다. 가자미목, 금눈돔목, 농어목, 달고기목, 대구목, 동갈치목, 메기목, 뱀장어목, 쏨뱅이목, 아귀목, 청어목, 큰가시고기목, 홍매치목 등으로 분류된다.

# 가오리

　가오리는 연골어류 홍어목에 속하는 어류의 총칭이다. 몸꼴은 넓고 납작하며 꼬리지느러미는 작거나 없다. 한자어로 분어(鱝魚)·가올어(加兀魚) 등으로 표기하는데 분어는 '클 분(賁)', '고기 어(魚)' 자를 붙여 덩치가 큰 어류임을 나타내며, 가올어는 가오리의 머리를 비롯한 등이 높고 평평해 '우뚝하고 평평할 올(兀)' 자를 붙인 것으로 보인다. 이렇듯 한자 표기와 의미를 살펴볼 때 가오리란 이름은 가올어에서 비롯된 것으로 보인다. 『자산어보』에는 분어에 속하는 어류의 속명을 넓고 큰 물고기라 해서 '넓을 홍(洪)' 자를 써서 홍어(洪魚)로 기록했다.

　현재의 분류학상 홍어목은 전기가오리아목과 홍어아목으로 나뉜다. 전기가오리아목에는 전기가오리과만 있지만, 홍어아목에는 가래상어과, 가오리과, 목탁가오리과, 색가오리과, 매가오리과, 쥐가오리과의 여섯 과가 있다. 이 중 대표적인 종은 다음과 같다.

**노랑가오리**　몸이 노란빛이나 붉은색을 띤다. 영어권에서도 몸 색깔을 뜻하는 이름으로 'Red sting ray'라 한다. 노랑가오리는 위협을 느끼면 등지느러미

『성호사설』
조선 후기의 실학자 이익(1681~
1763)의 실학적인 학풍과 해박한
지식이 집대성된 책으로 성호는
이익의 호이며, 사설은 세세한 일
상의 일을 기록한 것이라는 뜻이
다. 저자가 40세 전후부터 책을
읽다가 느낀 점 또는 흥미 있는 내
용들을 기록한 것과 제자들의 질
문에 답변한 내용을 기록한 것을
모아 그의 나이 80세에 이르렀을
때 집안 조카들이 총 30권으로 정
리했다.

가 퇴화하여 변한 꼬리 가시를 들어올려 상대를 찌른
다. 이때 날카로운 가시는 상대의 살갗을 뚫고 들어가
독물을 주입한다. 가시에 찔리면 참을 수 없는 통증이
밀려오며 심한 경우 죽음에 이르기도 한다.

이익의 『성호사설星湖僿說』*에는 "가오리 꼬리 끝에
독기가 심한 가시가 있어 사람을 쏘며, 그 꼬리를 잘
라 나무뿌리에 꽂아두면 시들지 않는 나무가 없다"라
고 하였는데, 이는 노랑가오리에 대한 묘사로 보인다.

2006년 9월 4일 호주 퀸즐랜드 주 연해에서 환경운동가 스티브 어윈이 노랑
가오리 가시에 찔려 목숨을 잃는 사고가 발생하면서 노랑가오리에 대한 관심
이 집중되기도 했다.

△ 노랑가오리는 꼬리 가시에 강한 독이 있어 위험한 바다동물로 분류하고 있다.

**전기가오리** 발전기관을 가진 대표적인 해양어류이며, 순간적으로 200볼트 이상의 전기를 일으킬 수 있다. 이들이 전기를 만들어내는 것은 포식자에게서 스스로를 보호하고, 먹이를 잡고, 탁한 물속에서 길을 찾기 위함이다. 전기가오리는 가슴지느러미 안쪽에 벌집 모양의 발전기가 있는데, 이곳의 세포 수천 개가 각각 발전소 역할을 하여 순간적으로 강한 전기를 만들어낸다. 민물에 사는 어류로는 전기뱀장어나 전기메기 등도 발전 능력을 가지고 있다. 남미의 하천에 서식하는 전기뱀장어는 몸무게의 절반가량을 차지하는 발전기관에서 650~850볼트의 전기를 방전할 수 있다.

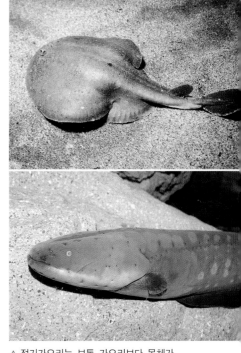

△ 전기가오리는 보통 가오리보다 몸체가 둥글며, 윗면은 검고 아랫면은 흰 편이다.
▽ 전기뱀장어는 가장 높은 전압을 만들어내는 어류이다.

전기물고기들이 강한 전류를 내보내면서도 스스로는 감전되지 않는 것은 발전 세포가 체내에 구역별로 병렬로 연결되어 있어 고압의 전류를 내보내더라도 몸속으로 흐르는 전류량은 얼마 되지 않기 때문이다.

**쥐가오리** 성체의 지느러미 너비가 7~8미터, 무게는 0.5~1.5톤에 이르는 대형 어종이다. 우리나라에서는 돌출된 머리와 몸통이 합쳐진 커다란 가슴지느

△ 만타가오리는 주로 열대 바다에 서식한다. 이들이 헤엄치는 모습이 넓은 가슴지느러미로 비행하는 것 처럼 보인다.

러미가 쥐의 귀를 닮아 쥐가오리라 부르고, 서양에서는 이 부분이 악마의 뿔을 닮았다고 보았는지 악마가오리(Devil ray)라 한다. 스쿠버 다이버들은 흔히 만타가오리(Manta ray)라 하는데, 몸의 길이보다 너비가 긴 이 대형 어류가 유영하는 모습이 마치 넓적한 모포가 둥둥 떠다니는 것처럼 보이기 때문이다. '만타'는 스페인어로 모포나 넓적한 숄을 의미한다. 그런데 만타가오리는 생긴 모양이나 덩치에 비해 온순하다. 주로 플랑크톤을 먹으며, 새우보다 큰 먹이는 먹지 못한다.

**매가오리**  돌출된 얼굴의 코 부분이 맹금류의 부리를 닮아 영어명은 독수리가오리(Eagle ray)인데 우리말로 옮길 때 '매'라는 이름을 붙였다. 성격이 온순하고 서식지가 일정한 쥐가오리와 달리 매가오리는 사냥을 즐기는 육식 종인데다 넓은 지역을 떠돌기에 만나기가 쉽지 않다.

△ 매가오리는 코 부분이 맹금류의 부리를 닮았다. 사진은 몸에 다른 빛깔의 점무늬가 있어 알락매가오리라 이름 붙인 종이다.

△ 무리 지어 이동하는 습성을 지닌 매가오리는 예민한 편이라 사람의 접근을 경계한다.

# ● 가자미

가자미는 같은 가자미목에 속하는 넙치와는 사촌간이다. 겉모습이 닮은데다 맛 또한 비슷해 넙치와 가자미에 관한 여러 이야기들이 전해 내려온다.

넙치가 본격적으로 양식되기 전에 가자미를 넙치로 속여 파는 경우가 많았는데 넙치가 대량 양식되어 대중화되자 오히려 가자미로 둔갑하곤 한다. 횟감으로 가자미가 대우받는 가장 큰 이유는 가자미는 양식이 어렵다는 점이다. 넙치는 1년 6개월 정도면 상품가치가 있을 정도로 성장하지만, 가자미는 3~4년이나 걸려 수지를 맞추기 어렵다. 이와 비슷한 예로 랍스터로 잘 알려진 닭새우도 성체가 되기까지 7~8년이나 걸리므로 양식할 엄두를 못 낸다.

가자미와 넙치 맛을 두고 "봄 도다리, 가을 전어", "3월 광어는 개도 안 먹는다"는 속담이 전해지고 있다. 이는 넙치는 봄에 맛이 없지만, 가자미는 봄철이 제일 맛이 있다는 이야기이다. 모든 생선이 그러하지만 생선의 맛은 산란과 관련이 있다. 산란기에는 몸의 영양분이 산란에 집중되므로 맛이 떨어진다. 넙치는 봄에 산란을 하고, 가자미는 1~3월에 산란을 한다. 산란을 마친 가자미는 봄을 맞으면서 새살이 차오르기 시작하여 맛이 최상이 된다고 한다. 하지만 가자미의 제철을 산란 전인 가을이라고 이야기하는 사람도 있다. 우리나라에서 가자미 산지로 유명한 곳은 경남 고성군 당항만 일대로, 봄철이면 '도다리 축제'가 열려 봄의 미각을 자극한다. 가자미에 대한 기록은 이수광의 『지봉유설芝峰類說』*에 등장한다. 이수광은 비목어(比目魚)를 언급하며 한글로 가자미라고 적고 있다.

가자미는 오징어나 문어처럼 순식간에 몸의 색을 바꾸지는 못하지만 어느 정도의 능력은 가졌다. 피부에 있는 수많은 색소 세포 속의 색소립이 늘었다 줄었다 하면서 몸 색깔을 주위 환경 색으로 바꿀 수 있다. 이러한 특성에서 '바다의 카멜레온'이라고도 한다.

**『지봉유설』**
1614년(광해군 6)에 지봉 이수광이 편찬한 한국 최초의 백과사전적인 저술이다. 조선 중기 실학의 선구자인 이수광이 세 차례에 걸친 중국 사행 길에서 얻은 견문을 토대로 간행하였다. 조선은 물론 중국, 일본, 베트남, 타이뿐 아니라 유럽까지도 소개하여 한민족의 인생관과 세계관을 새롭게 하는 데 기여했다.

△ 가자미는 넙치와 사촌간으로 주변 환경에 따라 몸 색깔을 바꿀 수 있다. 모랫바닥에 몸을 숨긴 가자미가 몸 색깔을 바꾸고 있다.

## 비목어(比目魚)

당나라 시인 백거이(白居易)는 6대 황제 현종과 양귀비의 비련을 그린 「장한가 長恨歌」에서 "하늘에서는 비익조(比翼鳥)가 되고 땅에서는 연리지(連理枝)가 되 도다"라고 읊었다. 여기서 비익이라는 새는 암수가 날개를 하나씩만 가지고 있어 나란히 한 몸이 되어야만 날 수 있고, 연리라는 나무는 두 그루의 나뭇 가지가 서로 연결되어 나뭇결이 상통한다는 데서 남녀 간의 깊은 정분을 상 징한다.

「장한가」에 등장하는 비익조는 중국 전설상 동쪽 바다에 산다는 눈이 하나 뿐인 물고기 비목어(比目魚)와 맥을 같이한다. 비목어는 눈이 하나뿐이기에 두 마리가 서로의 눈에 늘 의지하며 나란히 붙어 다닐 수밖에 없어 '나란할 비 (比)'를 썼다. 비목어 역시 금슬 좋은 남녀를 지칭하는 상상 속의 주인공이다. 가자미가 전설 속의 물고기인 비목어가 된 사연은 이들이 태어날 때는 눈이 머리 양쪽에 있지만 성장하면서 한쪽으로 몰리는 탓이다. 전설상의 물고기 비목어는 두 마리가 나란히 다니기에 '나란할 비(比)' 자를 썼지만 가자미는 두 눈이 한쪽에 나란히 자리 잡았다 해서 '비(比)' 자를 붙인 것이다.

# 갈치

"10월 갈치는 돼지 삼겹살보다 낫고, 은빛 비늘은 황소 값보다 높다"는 특이하게도 어류의 맛과 영양을 육고기와 비교한 속담이다. 그만큼 갈치의 맛과 영양이 뛰어나다는 이야기이다. 갈치는 체형이 좌우로 납작하고 몸은 꼬리로 갈수록 길고 좁아진다. 생긴 몸꼴이 칼 같다 하여 칼치 또는 도어(刀魚)라 불린다. 그런데 '칼'의 고어가 '갈'이니 표준어인 갈치로 불리든 방언인 칼치로 불리든 별 이상할 것은 없다.

『자산어보玆山魚譜』*에는 군대어(裙帶魚)란 이름으로 소개되어 있다. 가늘고 긴 갈치의 외양이 치마끈처럼 보여 '치마 군(裙)' 자에 '띠 대(帶)' 자를 붙인 것으로 보인다. 또한 갈치를 당시 발음대로 기록하는 속명에 '칡 갈(葛)' 자를 써 갈치어(葛峙魚)로 적었다. 이는 갈치의 모습이 길게 뻗어 있는 칡 줄기를 닮았기 때문이다.

영어명은 갈치의 꼬리 부분이 사람의 머리카락과 비슷해 '헤어테일(Hair tail)', 또는 칼이나 단검

**『자산어보』**
신유사옥에 연루되어 흑산도에 유배되었던 정약전(1758~1816)이 흑산도 근해의 수산생물을 조사·채집·분류해 저술한 책으로 1814년(순조 14)에 간행되었다. 정약전은 155종의 수산생물을 실학자적 관점에서 조사하여 각각의 명칭·분포·형태·습성 및 이용 등에 관한 사실을 상세히 기록했다. 『자산어보』는 필사본으로 전해지며, 1943년에 여러 사본을 대조하고 보충하여 새로 편성한 한글본과 일본어 번역본이 있다.

따위의 칼집 모양처럼 보여 '스캐버드 테일(Scabbard tail)'이다. 일본명은 큰 칼 모양이라는 '다치우오(太刀魚)'이며, 중국명은 흰 띠 모양의 물고기라는 뜻의 '파이타이위(白帶魚)'이다.

갈치는 크게 은갈치(비단갈치)와 먹갈치로 나뉜다. 제주도 특산인 은갈치를 낚시로 잡는다면, 목포를 중심으로 서남해가 주산인 먹갈치는 그물로 잡는다. 은갈치가 온몸이 은빛으로 반짝인다면, 먹갈치는 지느러미부터 몸통 위쪽이 먹물 묻은 것처럼 검은빛이 돈다. 물론 은갈치가 먹갈치보다 귀하게 대접받는다.

갈치에 얽힌 속담도 더러 전한다.

갈치는 턱에 나 있는 날카로운 이빨로 정어리와 오징어, 전어, 새우 등을 닥치는 대로 잡아먹는 육식성 어류이다. 이들의 육식성은 산란기가 되면 더 심해져 영양 보충을 위한 본능으로 동료의 꼬리까지 끊어 먹는다. 이를 빗대어 동료끼리 서로 헐뜯고 모함하는 것을 "갈치가 갈치 꼬리 문다"라고 한다. 갈치는 꼬리지느러미가 없는데다 그 끝이 가늘어 추진력을 얻을 수 없다. 그래서 몸을 세운 채 꼬리까지 뻗어 있는 등지느러미로 헤엄친다. 갈치는 잠을 잘 때도 이런 자세를 유지한다. 좁은 방에서 여럿이 모로 누워 자는 잠을 가리키는 '갈치잠(칼잠)'은 갈치가 선 채로 잠을 자는데서 따온 말이다. 그 밖에도 아무리 먹어도 배가 나오지 않는 사람을 갈치배라 하고, "섬 큰애기 갈치 맛 못 잊어 섬 못 떠난다"고 했다.

신선한 갈치를 고르려면 몸을 덮고 있는 은분이 밝아야 하고 상하지 않았는가를 확인해야 한다. 이 은분의 성분은 구아닌(guanine)이라는 색소로 진주에 광택을 내는 원료와 립스틱의 성분으로 사용된다.

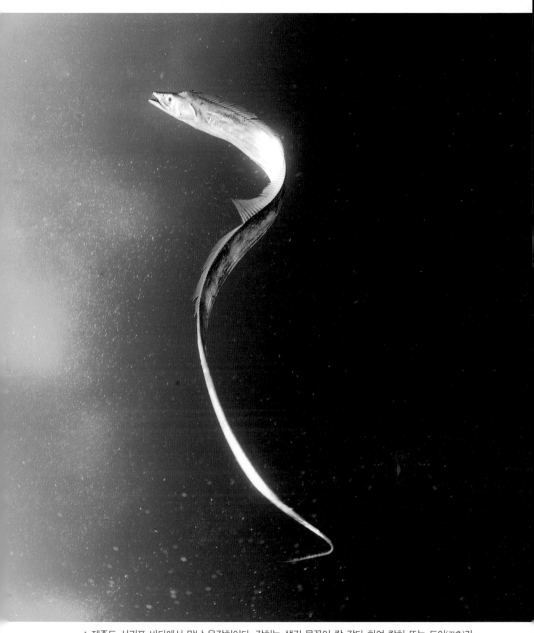

△ 제주도 서귀포 바다에서 만난 은갈치이다. 갈치는 생긴 몸꼴이 칼 같다 하여 칼치 또는 도어(刀魚)라 불린다.

# 개복치

복어목 복어과에 속하는 개복치는 한 번에 3억 개 정도의 알을 낳아 바다에서 가장 많은 알을 낳는 어류이다. 연어가 한 번에 2,000~3,000개 알을 낳고, 좀 많이 낳는 축에 드는 어류가 2,000만~6,000만 개를 낳는 것에 비하면 실로 엄청나다.

개복치가 알을 많이 낳는 것은 알들이 성체로 자랄 확률이 낮기 때문이다. 그래서 종족보존을 위해 일단 많이 낳고 봐야 한다. 만약 알의 부화율이 높다면 전 세계 바다는 개복치로 뒤덮이고 말겠지만, 다행인지 불행인지 그러하지는 않다. 어미 개복치는 자기가 낳은 알과 부화한 새끼를 돌보지 않는다. 또한 움직임이 둔하고 성격마저 유순해 치어기뿐 아니라 270킬로그램 이상의 거대한 성체가 된 뒤에도 범고래와 바다사자 등 바다 포유류와 대형 어종의 먹이가 되곤 한다.

개복치의 둔한 움직임은 특이한 몸의 형태 때문이다. 복어과에 속하는 어류가 그러하듯 체형이 공처럼 둥근 구형이라 빠르게 움직일 수 없는데다, 등지느러미와 뒷지느러미가 있지만 추진력을 발휘해야 할 꼬리지느러미가 골판 구조의 키지느러미 모양으로 변형되어 있다. 이런 탓에 물고기의 날렵한 유선형 몸체에 익숙한 눈으로 개복치를 보면 생긴 꼴이 몸의 중간 부분이 잘려나간 듯 뭔가 허전해 보인다. 이런 이상한 모양새와 둔한 몸짓 때문에 개복치는 복어과에 속한다는 의미의 '복치' 앞에 약간 낮춰서 부를 때 사용하는 접사인 '개' 자가 붙었다.

개복치는 하늘이 맑고 파도가 없는 조용한 날이면 표면에 떠올라 옆으로 누운 채 가만히 떠 있다. 서양인들은 이런 모습을 느긋하게 일광욕을 즐기는 것으로 보았는지 '선피시(Sunfish)'라는 이름을 붙였다. 학명도 재미있어 '몰라몰라(*Mola mola*)'이다. 그래서 우스갯소리로 알을 가장 많이 낳는 물고기가 뭐냐고 물을 때 '몰라몰라' 하고 답하면 정답이다.

△ 복어과에 속하는 개복치는 물고기의 유선형 몸체에 익숙한 눈으로 보면 뭉텅한 모양새가 조금 우스꽝스럽다.

# 고등어

고등어(高登魚)는 등이 둥글게 부풀어 오른 고기라 해서 붙인 이름이다.
『동국여지승람東國興地勝覽』*에는 옛 칼의 모양을 닮았다 하여 고도어(古刀魚)로, 『자산어보』에는 푸른 무늬가 있다 하여 벽문어(碧紋魚)로 적었다. 일본에서는 등 푸른 생선이란 의미로 마사바(眞鯖)라 부르고, 중국명은 푸른무늬가 꽃처럼 보여서인지 칭화위(靑花魚)이다.

고등어를 비롯한 많은 어류는 등이 짙고 어두운 색에 배 부분은 밝은색을 띤다. 물고기 사냥에 나선 새들이 하늘에서 내려다보면 물고기 색이 물색에 섞이고, 반대로 포식성 어류들이 수면 아래에서 올려다보았을 때는 밝은 색의 배가 잘 보이지 않는다. 이를 '반대음영'이라 하는데 물 밖, 물속의 적들을 피하기 위한 위장술의 일종이다.

**『동국여지승람』**
1481년(성종 12)에 노사신(盧思愼)등이 중국 명나라 때의 지리책인 『대명일통지大明一統誌』를 본떠 조선 8도의 지리 풍속 및 그 밖의 특기할 만한 사실을 모아 편찬한 책이다. 1530년(중종 25)에 새로 증보한 『신증동국여지승람』이 있다.

고등어는 성질이 급해 잡히자마자 죽어버리는데다 신선도가 떨어지면 붉은살에 많이 있는 히스티딘(histidind)이라는 아미노산이 히스타민(histamine)으로 변해 인체에 들어가면 두드러기와 복통, 구토 등을 일으키므로 "고등어는 살아서도 부패한다"는 말이 있을 정도이다. 이에 대한 대책으로 고등어는 잡자마자 소금에 절여왔다. 그런데 아이러니하게도 부패하기 쉬운 고등어가 바다에서 멀리 떨어진 경북 안동 지방의 특산물이 되었다. 어류는 잡자마자 바로 먹는 것보다는 일정 기간 숙성을 거치면 맛이 깊어지기 때문이다. 교통이 발달하지 않았던 시절, 동해에서 잡힌 고등어가 안동으로 수송되는 하루 동안 자연 숙성이 이루어지고 이렇게 숙성된 고등어가 안동 간잽이(고등어에 소금 간을 들이는 사람)의 능숙한 손길을 거치면서 '안동 간고등어'라는 특산물이 탄생하게 된 것이다.

안동을 거치면 명품이 되지만, 고등어는 서민의 삶 속에 녹아 있는 대중적인 수산물 중 하나이다. 보리처럼 영양가가 높으면서 가격은 싼 편이라 '바다의 보리'라는 별칭으로도 불린다.

지금은 아련한 추억 속의 풍경이지

△ 가을철 부산을 비롯한 남해안에서는 고등어 낚시가 인기를 끈다. 한 번의 낚시질로 서너 마리의 고등어를 낚아 올릴 수 있다.

△ 고등어는 보리처럼 영양가가 높으면서 가격은 싼 편이라 '바다의 보리'라는 별칭으로도 불린다. 갓 잡은 것은 회로도 먹을 수 있지만 백미는 고등어구이이다. 이렇게 구워낸 고등어를 고갈비라는 별칭으로 부른다.

만 1980년대까지만 해도 부산 남포동에 고갈비 골목이 있었다. 고갈비는 고등어를 갈비처럼 구워 먹어서 붙인 이름인데 양은 주전자에 찰랑이는 막걸리와 함께 남포동의 낭만이었다. 특히 고등어는 월동을 앞두고 몸에 지방질을 비축하는 9~11월이 제철로 최고의 맛을 자랑한다. 그래서 "가을 배와 고등어는 며느리에게 주지 않는다"라는 밉상스러운 속담이 전해 내려오고 있다.

△ 고등어가 산더미처럼 쌓여 있는 부산 공동어시장. 고등어는 명태, 오징어와 함께 우리나라 사람들이 즐겨 먹는 어류이다.

△ 부산 공동어시장에 도착한 대형 선망어선에서 고등어가 출하되고 있다.

# 괴도라치

농어목 장갱이과에 속하는 어류인 괴도라치는 툭 불거진 눈, 뭉텅하고 두툼한 입술, 머리·뺨·턱 할 것 없이 온몸에 촉수처럼 튀어나온 돌기까지 그렇게 호감 가는 모양새는 아니다. 이러한 모습이 괴물처럼 보여서인지 괴도라치란 이름이 붙었다. 하지만 험상궂은 모양새와 달리 성격이 온순하고 맛이 좋아 횟감으로 고급 어종에 속한다. 괴도라치는 전복을 주로 잡아먹는다 해서 전복치라 부르기도 한다.

괴도라치가 식용으로 인기를 끌다 보니 2015년 강원도 수산자원연구원에서 국내 최초로 괴도라치 양식 과정을 거쳐 대량 생산하는 데 성공하기도 했다.

△ 온몸에 촉수처럼 튀어나온 돌기 등으로 괴물처럼 보인다.

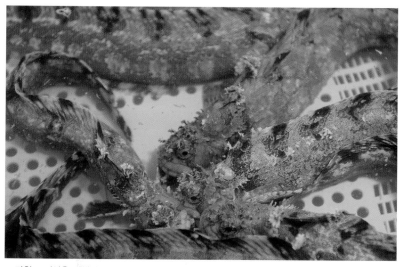

△ 강원도 지역을 여행하다 보면 어시장에서 전복치라고 소개하는 괴도라치를 흔하게 만날 수 있다. 이들은 고급 어종으로 2015년 양식에 성공, 대량 생산이 가능해졌다.

# 군평선이

바다생물 이름 중에는 사람 이름에서 따온 것이 더러 있다. 명천군(함경북도) 태씨 어부가 잡아 왔다는 '명태', 김씨 성을 가진 사람이 처음 양식을 했다는 '김', 임연수라는 어부가 잘 잡았다는 '임연수어' 등이 그러하다.

농어목에 속하는 군평선이도 사람 이름에서 따왔다. 군평선이는 임진왜란 때 군(軍) 관기였던 '평선'이가 이순신 장군에게 대접했던 고기라 전

△ 군평선이는 여자 이름에서 따왔지만 우락부락하고 개성 있게 생겼다.

해지는데 맛이 담백하면서도 감칠맛이 특별해 내장은 물론, 머리까지 아삭하게 씹어 먹을 수 있다.

산란 전에는 등지느러미와 가시뿌리까지 지방이 잘 배어들어가 가시까지 통째로 씹어 먹을 만큼 그 맛이 단연 최상이다. 여수 지방에서는 군평선이를 굴비보다 더 값지게 여겨 '샛서방 고기'라고 부른다. 본남편에게는 아까워서 안 주고 샛서방(남편 있는 여자의 외도 상대)에게만 몰래 차려준다 해서 생긴 말이다.

군평선이는 소금구이, 찜, 조림 등으로 해서 먹으며 살이 탄탄하여 횟감으로도 일품이다. 뼈가 억세고 거칠어 흔히 '딱돔'이라 하며, 살이 흰데다 닭고기 맛이 난다 해서 '닭돔'이라고도 부른다.

# 그루퍼

그루퍼(Grouper)는 온대와 아열대 해역에서 발견되는 농어목 바리과에 속하는 어류이다. 몸길이는 약 12센티미터로 머리와 눈이 큰 편이다. 주로 구이, 튀김, 찜 등의 먹을거리로 이용된다. 그루퍼는 영어명에서 알 수 있듯이 무리(group)를 이룬다. 우리 이름 바리는 '바리바리' 많다는 데서 그 어원을 찾을 수 있다.

**다금바리** 바리과 어류 중 최고급 종으로 제주도 바다에서 간간이 잡히는 희귀종이다. 몸길이는 1미터 정도이며 등은 자줏빛을 띤 담청색이고, 배는 은백색이다. 등지느러미와 꼬리지느러미에 검은색 반점이 있다. 주로 100~140미터 수심의 모래가 섞인 펄 바닥이나 암초 지역에 서식하며, 한 곳에 자리 잡으면 이동을 거의 하지 않아 생태학적 정보가 부족하다. 다금바리는 '다금'과 '바리'의 합성어로 여겨지는데 '다금'은 제주어로 '깊은 밑바닥' 또는 '야무지다'라는 뜻이다.

**자바리** 다금바리가 귀하게 대접받다 보니 제주 지역에서는 다소 흔하게 잡히는 자바리를 다금바리로 혼용해서 부르기도 한다. 자바리 역시 귀하게 대접받는 종이다. 몸은 타원형으로 약간 측편되었으며 자갈색 바탕에 흑갈색 무늬가 앞쪽으로 휘어져 있다. 크기는 보통 60~80센티미터이며 최대 136센티미터에 33킬로그램까지 자라는 것으로 알려져 있다.

**능성어** 바리과 어류 중 고급 종으로 역시 횟감으로 인기가 있다. 몸길이는 90센티미터이며, 회갈색 바탕에 진한 갈색 무늬가 7개 있다. 배지느러미와 뒷지느러미는 검은색이다. 꼬리지느러미는 둥글고 꼬리자루가 높다. 연안과 심해의 바위지역에 서식하며 새우, 게 등의 갑각류와 어류 등을 잡아먹는다.

△ 바닷말류 지대에서 능성어가 빠르게 헤엄치고 있다. 능성어는 다금바리, 자바리 등과 함께 고급 어종에 속한다.

**붉바리** 몸에 붉은색 반점이 흩어져 있어 붉은 바리라는 뜻에서 이름 붙인 연안 정착성 어류이다. 낮시간 동안 바위 구멍이나 바위틈에 숨어 지내다 밤이 되면 먹이활동에 나선다. 다금바리, 자바리, 능성어 등과 함께 고급 종으로 취급되지만 그 수가 매우 적다.

△ 붉바리는 몸에 붉은색 반점이 흩어져 있어 붙인 이름이다. 낮시간 동안 바위틈에 몸을 숨기고 있다.

△ 자이언트그루퍼는 3미터까지 자라는 대형종으로 이들은 작은 상어까지 삼켜버려 '바다의 진공청소기'
라는 별칭으로도 불린다.

**자이언트그루퍼** 농어목 바리과에 속하는 어류 중 가장 대형으로 성장하는
종은 자이언트그루퍼(Giant grouper)로 우리 이름으로는 대왕바리이다. 몸길이
는 2.5~3미터에 이르며 그루퍼 종과 다르게 무리를 짓지 않고 홀로 생활한다.
치어일 때는 검은색과 노란색의 불규칙한 무늬가 온몸에 흩어져 있으나 클수
록 온몸의 무늬가 잿빛으로 희미해진다. 어릴 때부터 탐식성이 강하고 큰 입
으로 작은 물고기, 갑각류, 연체류 등을 포식한다. 성어는 딱딱한 닭새우, 바다
거북 새끼, 소형 상어 등도 큰 입을 벌려 통째로 삼켜버려 '바다의 진공청소기'
라 불린다. 덩치가 큰데다 움직임이 느려 포획이 쉽다.

자이언트그루퍼를 포함한 그루퍼는 먹을거리로 많이 이용된다. 그런데 이
들에게 '시가테라'라는 독이 있으므로 주의해야 한다. 시가테라는 독이 있는
산호 공생 조류를 작은 물고기가 먹고 이 작은 물고기를 그루퍼 등 큰 물고기
들이 포식하는 과정에서 몸에 축적되는 신경마비성 독이다. 시가테라에 중독
되면 구토, 복통, 마비 증세가 나타나며 심할 경우 사망에 이를 수도 있다.

# 꼼치

쏨뱅이목 꼼치과의 꼼치는 사투리인 '물메기' 또는 '곰치'로 더 널리 알려져 있다. 남해안에서는 커다란 머리와 길고 넓적한 몸뚱이가 메기를 닮아 바다에 사는 메기라 해서 물메기라 하고, 강원도 지역에선 둔해 보이는 몸짓이 물에 사는 곰 같아 물곰 또는 곰치라 한다.

꼼치는 생김새가 흉한데다 모양새가 일정하지 않다. 손으로 쥐어 볼라치면 흐물흐물해서 제대로 잡을 수가 없다. 생김새가 이렇다 보니 가지런히 정렬된 비늘로 기품 있는 물고기를 선호해온 선조들에게 제대로 대접받지 못했다.

『자산어보』에는 바다메기라 하여 해점어(海鮎魚)라 적고 속명으로 '혼미할 미(迷)' 자에 '역할 역(役)' 자를 써서 '미역어(迷役魚)'라 기록하고 있다. 이는 이 물고기를 보며 "무엇에 쓰는 물고기인가?" 하고 의문을 가졌음을 짐작해볼 만한 대목이다. 영어명은 스네일피시(Snailfish)라고 한다. 아마도 느물거리는 살이 달팽이를 닮아 붙인 이름인 듯하다.

어부들은 꼼치를 '물텀벙이'라 부르기도 했다. 다른 물고기와 함께 그물에 딸려오면 재수 없이 여겨 다시 바다에 던져버렸다는데 이때 물이 튀면

△ 꼼치는 생김새가 흉한데다 모양새도 일정하지 않아 기품 있는 물고기를 선호해온 선조들에게 대접받지 못했다.

△ 겨울이 제철인 꼼치들이 어시장에 선을 보이고 있다.

서 나는 '텀벙' 소리를 따온 이름이다.

이토록 괄시받던 꼼치이지만 요즘들어서는 탕이나 찜으로 각별한 대접을 받는다. 탕은 개운하고 시원한 맛으로 과음을 한 다음날 애주가들의 속풀이로 인기 있으며, 꾸덕꾸덕 말린 것으로 장만하는 찜은 쫄깃쫄깃한 맛에 미식가들의 입맛을 당긴다. 주로 겨울철에 잡히는 꼼치는 비린내와 기름기가 없어 탕을 끓이면 숙취 해장에 좋다.

## 곰치

꼼치의 강원도 사투리 곰치와 이름이 같은 어류가 있다. 뱀장어목에 속하는 곰치가 그 주인공이다. 주로 열대와 아열대 바다에 살고 있는 곰치는 길쭉한 몸의 대부분을 산호초 사이나 바위틈에 숨기고 쉴 새 없이 입을 벌린 채 날카로운 이빨을 드러내 보인다.

비늘이 없고 두꺼운 피부는 마치 철갑을 두른 듯 강해 보인다. 성질이 포악한데다 턱이 강해 눈에 띄는 물고기들을 닥치는 대로 공격하는데, 한번 물었다 하면 절대 놓지 않는다. 입을 벌릴 때 흉측하게 보이는 입천장의 이빨은 먹이가 도망가지 못하게 고정시키는 역할을 한다. 한번 걸려든 먹이는 안으로 휘어진 이빨의 구조대로 목구멍 쪽으로 이동되며, 안쪽에 있는 예비 이빨로 먹이를 씹어서 넘긴다. 공격적인 곰치의 특성을 이용하여 그리스·로마 시대에는 굶주린 곰치가 들어 있는 큰 항아리에 죄인을 밀어넣어 잔인하게 처벌했다고 한다.

△ 곰치는 성격이 포악한데다 턱이 강해 한번 물었다 하면 절대 놓지 않는다. 길쭉한 몸의 대부분을 바위틈 등에 숨기고 있다가 물고기가 지나가면 용수철 튀듯 쭉 뻗어나와 공격한다.

# 꽁치

　꽁치는 예부터 우리나라 근해에서 잡혔던 친숙한 어종이다. 1980년대
까지만 해도 통조림으로 가공되어 서민들의 큰 사랑을 받았다. 지금이야
참치에게 통조림 소비량 1위를 빼앗겼지만 아직도 통조림 하면 꽁치를
추억하는 사람이 많다.

　정약용의 『아언각비雅言覺非』*에는 아가미 근처에 침을 놓은 듯한 구멍
이 있어 '구멍 공(孔)' 자에 물고기를 뜻하는 '치' 자가 붙은 '공치'가 등장
한다. 지금의 꽁치라는 이름은 공치가 된소리화한 것으로 볼 수 있다. 꽁
치는 옛 문헌에 '추도어(秋刀魚)', '추광어(秋光魚)', '청도어(青刀魚)' 등으로

△ 꽁치라는 이름은 『아언각비』에 등장하는 공치가 된소리로 바뀐 것이다.

소개되어 있다. 이는 "꽁치는 서리가 내려야 제맛이 난다"라는 말이 있듯이 가을이 제철이며, 턱이 새의 부리 모양으로 뾰쪽하고, 몸과 입이 칼처럼 길어서 붙인 이름이다.

　전통 조업법으로 동해안에서 전해 내려오는 '손 꽁치 어업'이 있다. 산란기를 맞아 연안으로 몰려오는 꽁치들이 뜬말* 등에 알을 낳는 습성을 이용하는 방식이다. 5~6월 산란기에 배를 타고 나가 가마니에 바닷말류(해조류)를 매달아 띄워 놓고 손을 넣어 천천히 흔들면 꽁치들이 알을 낳으려고 손가락 사이에 몸을 비비는데 이때 낚아챈다. 이렇게 손으로 잡은 꽁치는 그물로 잡은 것보다 신선도가 좋다. 말린 꽁치는 겨울철 별미인 과메기가 되기도 한다. 원래 과메기는 청어로 만들었지만 청어가 귀해지자 꽁치를 사용하게 되었다.

『아언각비』
1819년(순조 19) 다산 정약용(1762~1836)이 간행한 어원 연구서로 전 3권이다. 한국의 속어(俗語) 중에서 와전되거나 어원과 사용처가 모호한 것을 고증한 책으로, 당시 한자 사용에 착오가 많아 이를 바로잡기 위해 저술했다. 약 200항목에 달하는 수목명(樹木名)·약성명(藥性名)·식물명(植物名)·의관명(衣冠名)·악기명(樂器名)·건축물명(建築物名)·어류명(魚類名)·지리명(地理名)·곡물명(穀物名) 등의 어원을 밝혀두었다.

뜬말
수면에 떠다니는 모자반과 같은 바닷말류(해조류)를 가리킨다. 꽁치를 비롯해 방어, 쥐치, 볼락 등의 어류 산란장뿐만 아니라 치어들이 성어가 될 때까지 머물기도 한다.

△ 꽁치구이로 만든 꽁치김밥은 별미로 대접받는다.

# 꽃동멸

홍매치목 매통이과에 속하는 꽃동멸은 발달한 배지느러미로 바닥이나 암초에 몸을 받치고 머리를 치켜든 채 앉아 있곤 한다. 한자리에 앉아 미동도 않다가 사정거리 안으로 먹잇감이 지나가면 번개처럼 낚아챈다. 날카로운 이빨이 안쪽으로 휘어져 있어 한번 잡힌 먹이는 빠져나갈 수 없다.

꽃동멸은 몸에 있는 적갈색 반점이 꽃무늬를 닮아 붙인 이름이다. 영어명은 머리를 치켜들고 앉아 있는 모양새가 도마뱀을 닮았다는 뜻에서 리저드피시(Lizardfish)이다.

▷ 꽃동멸은 한자리에 미동도 않다가 위협을 느끼면 순간적인 탄력으로 자리를 옮기지만 그렇게 멀리 도 망가지는 않는다.

# 나비고기

　농어목에 속하는 나비고기(Butterfly fish)는 전 세계적으로 120여 종이 있다. 이들은 작고 납작한 체형에 주둥이가 앞으로 튀어나와 있으며, 밝고 화려한 색의 가슴지느러미를 나비 날개처럼 펼치고 다닌다. 나비고기는 열대와 아열대 바다의 산호초 지대가 주 서식지이다. 비록 체형은 작지만 자신들의 영역으로 들어오는 침입자를 맹렬한 기세로 쫓아낸다.

　나비고기 중 일부는 꼬리 부분에 눈 모양의 점이 있다. 포식자가 나비고기를 공격할 때 이 점 때문에 머리가 어느 쪽인지 혼란에 빠지곤 하는데, 이 틈에 위험에서 벗어날 수 있다.

◁ 나비고기 중 일부는 꼬리 부분에 눈 모양의 검은 점이 있어 포식자를 혼란에 빠뜨린다.

▽ 밝고 화려한 색의 가슴지느러미를 활짝 펼치고 유영하는 모습이 마치 나비가 날갯짓하는 것처럼 보인다.

## 깃대돔

깃대돔(깃대돔과)은 나비고기와 비슷하게 생겼다. 깃대돔은 등지느러미에 있는 가느다란 실 모양의 지느러미 가시가 깃대처럼 보여 붙인 이름이다. 나비고기류인 두동가리돔에도 가는 실 모양의 지느러미 가시가 있지만 깃대돔만큼 길지 않다. 또 깃대돔과 두동가리돔은 주둥이 모양이 다르다. 두동가리돔의 주둥이가 약간 둥그스름하다면, 깃대돔은 딱딱한 산호 폴립을 뜯어 먹기 쉽게 원통형으로 돌출되어 있다.

△ 깃대돔은 등지느러미에 가느다란 실 모양의 지느러미 가시가 깃대처럼 보인다.

△ 두동가리돔은 실 모양의 지느러미 가시가 있지만 깃대돔만큼 길지 않고, 또 깃대돔과는 주둥이 모양이 달라 구별할 수 있다.

# 나폴레옹피시

나폴레옹피시는 농어목 놀래기과에 속하는 대형 어류로 영어로는 험프헤드 래스(Humphead wrasse) 또는 나폴레옹 래스(Napoleon wrasse)라고 한다. 같은 놀래기과에 속하는 혹돔(Bulgyhead)도 수컷의 머리가 혹처럼 앞으로 불룩하게 튀어나와 있지만 종이 다르다. 나폴레옹피시라고 이름 지은 것은 툭 튀어나온 이마가 마치 모자를 쓴 프랑스 황제 나폴레옹을 닮았기 때문이다. 이들은 대략 150센티미터까지 자라는데 최대 몸길이가 230센티미터에 이른다. 주 서식지는 홍해와 인도양, 태평양의 산호초 해역이다.

암컷은 5년 정도면 성숙하는데 이때 몸길이가 35~50센티미터이다.

△ 나폴레옹피시의 혹은 수컷에게만 있다. 정소 호르몬에 의해 부풀어 오른 혹에는 지방이 들어 있다. 혹과 입술이 두툼해 약간 기괴하게 보이지만 몸에 새겨진 무늬는 무척 아름답다.

△ 일정한 장소에 머무는 특성이 있어 서식지로 알려진 곳만 찾으면 언제든 만날 수 있다. 세계적인 다이빙 포인트인 팔라우는 나폴레옹피시를 가까이서 관찰할 수 있어 스쿠버 다이버들에게 인기가 있다.

9년이 되면 암컷에서 수컷으로 성전환이 일어나며 성전환 뒤에는 매우 빠르게 성장한다. 성전환을 하지 않고 암컷으로 남아 있는 개체는 수컷보다 성장이 느리다. 보통 물고기 수명이 3~4년이고 대형종인 경우 10여 년을 사는데, 이들의 수명은 대체로 25년 정도다.

나폴레옹피시는 얕은 바다에 사는데다 경계심 또한 부족해 쉽게 잡힌다. 덩치가 크고 맛이 좋아 태평양 도서 지방의 원주민들은 오래전부터 의식 제물로 사용해왔다. 최근에는 고급 레스토랑의 메뉴로 등장하면서 개체 수가 급감하자 나폴레옹피시에 대한 보호의 목소리가 높아지고 있다.

# 날치

날치는 날아다니는 물고기라 해서 붙인 이름이다. 영어명도 플라잉피시(Flying fish)이다. 그런데 날아다닌다 해서 새처럼 날갯짓을 하는 것은 아니다. 빠르게 헤엄치다가 가슴지느러미와 배지느러미를 이용해 수면 밖으로 몸을 비스듬히 세운 다음, 꼬리지느러미로 수면을 강하게 차 몸을 띄운다. 이후 넓은 날개 모양의 가슴지느러미와 배지느러미를 활짝 펼쳐 글라이더처럼 활공한다.

날치가 물 위로 뛰어오르는 순간 속력은 시속 50~60킬로미터이며 활공하는 동안 꼬리지느러미를 틀어 방향을 바꾸기도 한다. 이들의 비행은 수면 위를 미끄러지는 수준이며 공중에 떠 있는 시간도 몇 초에 지나지 않는다. 하지만 바람을 타고 파도의 물고랑을 넘을 때면 활공높이가 2~3미터에 이른다. 한번 튀어 오른 날치는 최장 300~400미터를 비행하기도 한다. 날치의 이러한 행동은 포식자의 위협에서 도망가기 위해서이지만 외부의 자극에 반응하는 경우도 있다.

필리핀 보홀을 찾았을 때다. 필리핀의 전통선박인 방카(양 옆에 균형막대를 단 카누의 일종)를 타고 밤바다를 항해하는데 불빛에 자극을 받은 날치들

△ 열대 바다를 항해하다 보면 날치 떼를 종종 만난다. 푸른 바다를 배경으로 날아오르는 날치 떼의 비상은 멋진 볼거리이다.

이 방카를 향해 튀어 올라 몸에 부딪쳐 왔다. 작은 날치이기에 망정이지 사촌격인 동갈치라면 위험할 수도 있다.

동갈치는 날치와 같은 동갈치목에 속하는 어류로, 이빨이 날카롭고 주둥이가 길고 뾰족하여 영어권에서는 바늘고기(Needle fish)라고 부른다. 길이가 1미터에 이르는 동갈치가 수면을 박차고 튀어 오르면 창이 날아다니듯 상당히 위협적이다.

2004년 팔라우 공화국 해역에서 물에 떠 있던 여성 다이버 얼굴을 향해 동갈치가 날아드는 것을 목격한 적이 있었다. 동갈치의 뾰족한 주둥이에 얼굴이 찔린 여성 다이버는 엄청난 충격에 기절하고 말았다. 얼굴에 큰 상처를 입은 여성 다이버는 응급처치 후 당시 팔라우의 수도 코로

△ 동갈치도 날치와 같은 방식으로 물 밖으로 튀어 오르는데 뽀족하고 긴 주둥이가 상당히 위협적이다.

르(지금은 멜레케오크로 이전) 시의 병원으로 후송되어 큰 수술을 받아야 했다. 아마 주위에 도와주는 사람이 없었다면 목숨을 잃었을지도 모를 일이었다.

## 어류의 유영 속도

바다동물들은 다양한 방법으로 위기에서 벗어난다. 그중 가장 일반적인 것이 빠르게 도망치는 방식이다. 그래서 바닷속 먹이사슬에서 유영 속도는 상당히 중요한 부분을 차지한다. 돌고래는 시속 40킬로미터 정도의 속도로 정어리 떼를 쫓고, 날치는 날아오르기 전 순간적으로 50~60킬로미터에 이르는 가속을 낼 수 있다. 어류 중 최고의 유영 속도를 자랑하는 종은 시속 100킬로미터 이상의 속도를 내는 황새치·돛새치 등 새치류이다. 땅 위에서 뒤뚱거리는 펭귄도 물속에서는 20킬로미터 이상의 속도를 내지만 천적인 표범해표가 30킬로미터 이상의 속도로 따라오니 잡히고 만다. 느림보의 대명사격인 바다거북도 물속에서는 최고 32킬로미터까지 속도를 낸다.

2008년 제29회 베이징 올림픽에서 3분 41초 86의 기록으로 수영 자유형 400미터에서 금메달을 딴 박태환 선수의 기록을 시속으로 환산해보면 6.4킬로미터에 불과하니, 바다동물들이 물속에서 얼마나 빠르게 유영하는지 가늠해볼 수 있다.

△어류를 비롯한 바다동물들에게 유영 속도는 상당히 중요한 부분을 차지한다.

# 넙치

흔히 광어라 부르는 어종의 표준말은 넙치이다. 넓적한 생김새에서 파생된 넙치가 민간에서 '廣(넓을 광)' 자에 '魚(고기 어)' 자를 붙여 광어(廣魚)로 불리게 되었다. 넙치는 우리나라 연근해 수심 20~40미터의 바닥에 넓게 분포해 있어 스쿠버 다이빙을 할 때 자주 만난다.

봄에 산란기를 맞는 넙치는 산란 뒤에는 영양분이 모두 빠져나가 맛이 크게 떨어져 "3월 광어는 개도 먹지 않는다"는 속담이 생기기도 했다. 하지만 이런 이야기는 넙치가 양식되기 전의 말이다. 최근에는 양식기술이 발달해 연중 알과 정자를 얻을 수 있어 산란기라는 개념 자체가 모호해졌다. 넙치는 같은 가자미목에 속하는 가자미와는 사촌지간이라 모습이 비슷하다. 둘 다 성장하면서 한쪽으로 눈이 몰리는 것도 닮았다. 이들을 구별하는 방법은 간단하다. 가자미와 넙치의 배를 아래쪽에 두고 앞에서 볼 때 눈이 왼쪽으로 몰려 있으면 광어(넙치), 오른쪽으로 몰려 있으면 도다리(가자미)이다. 그래서 '左광右도'라는 말이 생겨났다.

그런데 넙치나 가자미가 태어날 때부터 눈이 한쪽으로 몰린 것은 아니다. 태어날 때는 머리 양쪽에 눈이 하나씩 있고 여느 물고기와 같은 방법

△ 넙치가 바닥에 납작 엎드린 채 잠망경처럼 솟아 있는 눈을 좌우로 굴리며 주변을 경계하고 있다. 앞에서 볼 때 눈이 왼쪽으로 몰려 있으면 넙치이다.

으로 수면 가까이에서 헤엄치지만 성장하면서 한쪽으로 눈이 몰리고 삶의 터전도 바닥으로 옮겨간다.

최근 넙치 양식법이 개발되면서 서민들도 부담 없이 넙치 맛을 즐길 수 있게 되었지만 자연산만이 전부이던 시절에 넙치는 대단히 귀한 물고기였다. 자연산만을 고집하는 미식가 중 자신의 입맛으로 자연산을 구별해낸다고들 하지만, 사실 자연산과 양식을 입맛으로 구별하기는 어렵다. 오히려 잡힌 지 오래된 자연산 넙치는 수족관 생활에 적응하지 못한 스트레스로 양식 넙치보다 횟감의 육질이 떨어질 수 있다.

굳이 구별한다면 양식 넙치는 배 밑면에 푸른색 이끼가 있는 반면, 자연산은 배 밑면에 이끼가 없고 흰 편이라는 점이다. 그리고 양식 넙치가

◁ 넙치와 가자미는 피부에 있는 수많은 색소 세포 속의 색소립이 늘었다 줄었다 하면서 몸의 색을 주위 환경 색으로 바꿀 수 있다. 사진은 모랫바닥을 배경으로 몸을 숨긴 넙치의 모습이다.
▷ 정부와 어민들은 수산자원 확보를 위해 넙치 치어 방류사업을 지속적으로 벌이고 있다.

사람이 뿌려주는 사료를 먹고 성장하기에 이빨이 잔잔하고 고르다면 자연산은 약육강식의 야생에 적응하느라 이빨이 크고 불규칙하다. 그러나 이 모든 것은 자연산을 구별하는 하나의 예에 지나지 않을 뿐, 필요충분 조건은 아니다. 넙치는 주변 환경에 따라 몸의 색을 바꿀 수 있기에 가자미와 마찬가지로 '바다의 카멜레온'이라고 한다.

# 노랑촉수

농어목 촉수과에 속하는 노랑촉수는 몸이 긴 원통형으로 등은 붉은색이며 배는 흰색이다. 성체의 크기는 20센티미터 정도이고, 턱 아래에 두 개의 노란색 긴 촉수가 붙어 있어 노랑촉수라는 이름을 붙였다.

촉수에는 감각세포가 있다. 이들은 이 촉수로 펄이나 모래를 파헤쳐 펄 아래 사는 게나 새우류 등의 저서동물을 탐지하여 먹는다. 촉수가 염소 수염처럼 보여서인지 영어명은 염소물고기(Goat fish)이다. 북한에서도 수염고기라 하며, 지역에 따라 노란수염고기라고도 한다.

◁ 노랑촉수가 제주도 성산포 광치기 해변 바닥면을 더듬으며 지나고 있다. 쉴 새 없이 노랑촉수를 움직이며 바닥을 헤집고 다니는 모습을 보고 있으면 참 부지런한 물고기라는 생각이 든다.

# 농어

농어는 최대 1미터까지 성장하는 어류로 8등신이라 할 만큼 균형 잡힌 미끈한 몸매를 자랑한다. 어릴 때는 담수를 좋아하여 연안이나 강 하구까지 거슬러 오르지만 성장하면서 깊은 바다로 이동한다. 농어가 대표종인 농어목은 물고기 전체 종의 40퍼센트를 차지하는, 척추동물 가운데 가장 큰 목이다.

『자산어보』에는 농어가 검은색 물고기라는 의미인 노어(鱸魚)에서 유래했다는 기록이 있다. 농어의 몸 색깔을 단지 검다고만 볼 수는 없지만 보는 방향이나 빛의 반사에 따라서 금속성의 은회색이 조금 검게 보이기도 한다. 이런 노어가 농어로 불리게 된 것은 훈민정음 창제 이후 1933년 10월 19일 「한글맞춤법 통일안」이 제정될 때까지 사용되던 한글 옛 자음의 하나인 'ㆁ'의 음가(소릿값)에 대한 설명이 따라야 한다. 과거에는 'ㆁ'와 'ㅇ'을 각각 구별하여 'ㆁ'는 분명한 음을 가졌다. 지금은 'ㆁ' 자가 없어져 'ㅇ' 자가 첫소리에 쓰이면 창제시의 'ㅇ'이 되어 음가가 없지만 받침에 쓰이면 창제시 'ㆁ' 자가 되어 음가가 있다.

이러한 현상은 한자어를 우리 식으로 옮길 때 두드러지게 나타난다. 정

△ 농어는 보는 방향이나 빛의 반사에 따라서 금속성의 은회색이 조금 검게 보이기도 한다.

약용의 『아언각비』에 따르면 노어(鱸魚)를 '노옹어', 리어(鯉魚)를 '이옹어', 부어(鮒魚)를 '부옹어'로 적고 있다. 이 발음들이 현재에 이르러 'ㅇ'이 앞 글자의 받침으로 붙어 각각 농어, 잉어, 붕어로 음가를 가지게 된 것이다.

농어의 경우 발음에 맞춰 조금 쉬운 한자로 기록하다 보니 '농사 농(農)' 자를 붙여 농어(農魚)로 표기하기도 했는데 정약용은 '農魚'라는 표기는 우리나라에서 만든 말임을 『아언각비』에 밝혀두었다.

농어는 우리나라를 비롯해 중국, 일본 등 동아시아에서 인기가 많다. 농어의 일본명은 스즈키인데, 일본에 스즈키 성씨가 많은 점을 비유해 '일본을 대표하는 물고기'라 말하기도 한다. 농어는 중국에서는 '길(吉)한 물고기'로 대접받았다. 주나라 무왕이 천하를 통일하고 전쟁에 승리한 이유가 바다를 건널 때 농어가 배 위로 뛰어오르는 좋은 징조에 사기가 올랐기 때문이라 한다.

다음은 농어 맛에 관해 전해 내려오는 일화이다. 중국 진나라 시대에 장한이라는 사람이 낙양에서 높은 벼슬을 하고 있었다. 어느 여름날 장한은 문득 고향 송강의 농어 맛이 생각났다. 농어를 잊지 못해 향수에 빠진 장한은 결국 관직을 버리고 고향 송강으로 돌아가고 말았다. 물론 부귀영화의 덧없음에 대한 이야기이겠지만 왜 하필 녹음 짙은 여름철에 농어 맛이 그리워졌을까? 농어가 바로 여름 생선의 백미임이 이야기 속에 숨어 있는 것은 아닐까.

## 껄떼기

농어 새끼를 일컫는 순우리말이다. 『우해이어보』에는 노로어(鱸奴魚)에 대한 설명이 있는데 "노로어(鱸奴魚)는 일명 '노남(鱸鰄)'이다. '남(鰄)'이란 '사내 남(男)'이다. 모양은 농어와 비슷하지만 농어보다 작아서 길이는 6～7촌(寸)에 불과하고, 잘 뛰어오르며 바닷물을 따라 바다와 계곡이 서로 통하는 곳으로 올라온다"라고 설명하고 있다. 이를 바탕으로 살펴보면 노로어는 농어 새끼인 껄떼기로 보인다. 노로어를 '노남'이라고 한 것은 농어 새끼인 껄떼기의 활발한 움직임이 사내(男)를 닮았다고 보았기 때문일 것이다.

강아지, 망아지, 송아지, 병아리 등 육상동물의 새끼를 어미와 구별해서 이름 짓듯 어류도 새끼를 따로 이름 붙인 경우가 많다. 가오리는 간자미, 농어는 껄떼기, 잉어는 발강이, 조기는 꽝다리, 열목이는 팽팽이, 명태 새끼는 노가리, 고등어 새끼는 고도리, 숭어 새끼는 모치·모쟁이·모롱이·동어 등 여러 가지로 불리고, 전어는 특이하게 성장 단계에 따라 이름이 세 가지로 나뉜다. 가장 작은 것이 새살치, 조금 더 크면 전어사리, 더 커서 사람으로 치면 사춘기쯤의 전어는 엇사리라고 한다. 방어 새끼도 아주 작은 것은 떡마래미, 조금 큰 것은 마래미로 불린다. 갈치의 새끼는 풀치라고 한다.

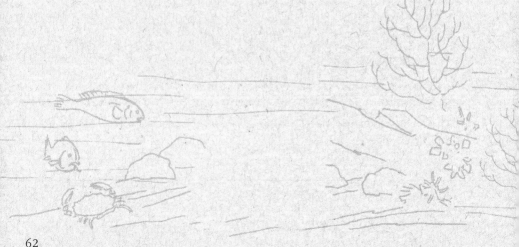

# 달고기

달고기(달고기목 달고기과)는 몸에 보름달을 닮은 둥글고 큰 검은색 반점이 있으며 그 주위를 흰색 둥근 테가 둘러싸고 있다. 오래전부터 먹을거리로 쓰여서인지 둥근 점을 둘러싼 이름들이 제각각이다. 그리스어로는 '성 베드로 고기(Seint-pierre)'이다. 베드로가 그리스도를 대신하여 성전 세(Tribute Money/ 성전에 들어가기 전에 로마 관리에게 내는 세금의 일종)를 내기 위해 달고기 입에서 금화를 꺼낼 때 생긴 손자국이 둥근 점으로 되었다는 거다. 네덜란드에서는 이 둥근 점이 해처럼 보였는지 '태양의 고기(Zonnevis)'라 한다. 일본에서는 둥근 무늬가 활의 과녁을 닮았다고 하여 '마토다이(マトウダイ)'라 한다. 영어명은 이 무늬를 표적(Target)으로 보아 타깃피시(Targetfish)이다.

▷ 달고기는 몸에 있는 둥글고 큰 검은색 반점이 문화권에 따라 각각 다르게 해석되어 이름이 다양하다.

# 대구

    대구는 입과 머리가 크다 해서 대구(大口), 또는 대두어(大豆魚)라 이름 붙인 한류성 어종이다. 사촌격인 명태(대구목 대구과)와 비슷하게 생겼지만, 길이 1미터, 무게가 20킬로그램을 훌쩍 넘고 주둥이 아래에 수염이 하나 있어 구별된다.

    대구는 큰 입으로 닥치는 대로 먹는 폭식성 어류이다. 치어기에는 요각류 등 플랑크톤을 먹고, 덩치가 커지면서 고등어·청어·가자미·정어리·전갱이·꽁치 등의 어류에서부터, 오징어·문어 같은 두족류와 게·새우와 같은 갑각류, 갯지렁이 같은 환형동물 등 눈에 띄는 생명체는 모두 잡아먹는다. 심지어 자기 몸 크기의 3분의 2 정도 되는 어류도 큰 입을 '쫙' 벌려 삼킬 수 있다. 무리를 이룬 대구 떼가 먹이사냥에 나설 때는 폭격기 편대가 융단 폭격에 나서는 것처럼 무차별적이다.

    『동국여지승람』에서 적고 있듯 대구의 본고장은 남해 가덕만과 진해만 일대이다. 이곳에서 잡히는 가덕대구는 고려시대부터 임금님 수라상에 오른 명품이었다. 가덕도 해역에서 태어난 새끼 대구들은 북태평양으로 가서 자란 뒤 산란기인 겨울철이면 알을 낳기 위해 한류를 타고 고향

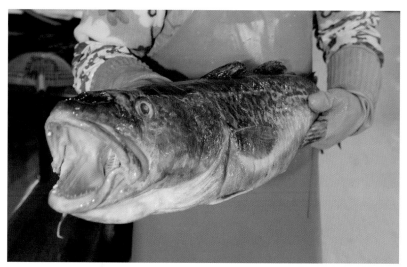

△ 대구는 길이 1미터가 넘는 대형 어류인데다 주둥이 아래에 수염이 하나 있어 명태와 쉽게 구별할 수 있다.

으로 되돌아온다. 그런데 1980년대 중반에 접어들면서 회귀하는 대구 개체 수가 크게 줄어들자 가덕대구는 어지간해서는 맛볼 수 없는 귀한 몸이 되었다. 당시 마리당 30~40만 원을 부를 정도였으니 금대구라는 별칭이 붙을 정도였다. 이후 대구 회귀율을 높이기 위한 관계당국의 꾸준한 수정란 방류사업과 1월 한 달 동안 금어기를 지키는 어민들의 노력이 결실을 거두어 2000년대 들면서 남해안으로 회귀하는 대구 개체 수가 늘게 되었다.

대구라 해서 모두 회유하는 것은 아니다. 서해에서 잡히는 대구는 냉수대에 갇혀 토종화되어 크기가 가덕대구의 절반 정도라 왜대구라 한다. 왜대구는 가덕대구보다 육질이 떨어져 그다지 대접받지 못한다.

대구를 요리하는 방법도 다양하다. 회, 찜, 튀김, 탕 등으로 조리하며 아가미, 알, 창자 그리고 정소(精巢)*로는 젓갈을 만든다. 비타민 A가 많이 들어 있는 간은 약제용으로 귀하게 취급한다. 특히 아가미 뚜껑 부위에 붙은 볼때기 살은 쫄깃쫄깃한 맛이 별미이다. 이 볼때기 살로 만든 대구뽈찜은 매콤한 양념과 함께 어우러져 식도락가의 입맛을 돋운다. '어두육미(魚頭肉尾)'라는 말이 참돔의 머리 부분의 맛이 뛰어난 데서 나왔다는 이야기가 일반적이지만 대구 볼때기 살에서 나왔다는 설이 있을 정도이다. 이 정도이다 보니 대구는 버릴 것 없는 어류라는 찬사가 따라다닌다.

**정소**

대구탕과 명태탕의 맛을 더해주는 꼬불꼬불한 흰색의 덩어리는 수컷의 생식기관인 정소이다. 그런데 이를 '곤이'로 잘못 부르고 있다. 곤은 고기 어(魚) 자에 자손이란 뜻의 곤(昆) 자가 합쳐진 말로 물고기의 배 속에 있는 알 뭉치 또는 물고기의 새끼를 말하며, 국이나 찌개를 끓일 때 넣는다. 복어국에 들어 있는 부드러운 두부와 같은 것도 복어의 정소이다.

△ 경남 창원시 진해구 용원동 의창수협 수산물 위판장은 가덕대구 집하장으로 유명하다. 겨울철이면 이곳 위판장으로 가덕만과 진해만에서 잡힌 대구들로 성시를 이룬다.

# 도루묵

　도루묵은 농어목 도루묵과에 속하는 냉수성 어류로 우리나라 동해, 일본, 사할린, 알래스카 등이 주 서식지이다. 최대 28센티미터까지 자라고, 등 쪽은 황갈색 바탕에 흑갈색 모양의 물결무늬가 있으며 옆구리와 배 부분은 은백색이다. 도루묵은 예로부터 흔하게 잡히던 어종으로 '묵'이라 불렸다. 작고 볼품이 없어 그렇게 귀하게 대접받지는 못했는데 '묵'이 임금님의 은총을 받아 '은어(銀魚)'가 되었다가 다시 '묵'으로 돌아가 도루묵이 되었다고 한다. 이에 대한 이야기는 이의봉이 어휘를 모아 편찬한 사전인 『고금석림古今釋林』*에 등장한다.

『고금석림』
조선 영조·정조 때의 문신 이의봉 (1733~1801)이 여러 나라의 어휘를 모아 편찬한 사전이다. 이 책은 역대 우리말과 중국어를 비롯하여 흉노·토번·돌궐·거란·여진·청·일본·안남·섬라(暹羅: 샴·타이) 등의 어휘를 모아 해설한 어휘집으로 동양의 언어와 문자에 관한 광범한 자료를 집대성했다. 우리의 어문 연구는 물론, 주변국과의 관계를 밝히는 귀중한 자료로 평가되고 있다.

　『고금석림』에 따르면 동해로 피난을 갔던 고려의 어떤 왕이 피난처에서 이 '묵[木魚]'을 먹고 맛이 있어서 '은어(銀魚)'라고 부르도록 명령했다. 이후 환궁한 왕은 문득 피난길에 먹었던 은어가 생각났다. 하지만 다시 산해진미에 익숙해진 입맛으로는 모든 것이 아쉽던 피난 시절의 감칠맛을 찾을 수 없었을 것이다. 그래서 임금은 수라상을

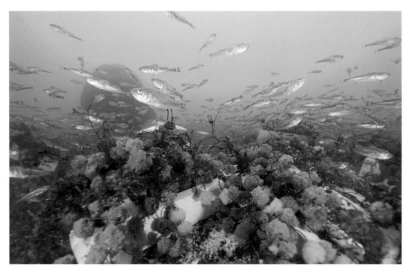
△도루묵은 예로부터 흔하게 잡히던 어종이었지만 최근 자원량이 감소하고 있다. 한국수산자원관리공단에서는 도루묵 자원량 회복을 위해 동해에 모자반 등으로 바다숲을 조성하고 있다. 사진은 강원도 양양군 동산리 모자반 바다숲 조성지역에 도루묵이 떼를 지어 알을 낳은 모습이다.

물리며 "도로 묵이라 불러라" 했다는데⋯⋯, 결국 '묵'이라 불리던 물고기가 성은을 입어 '은어'가 되었다가 다시 '묵'으로 돌아가 '도루묵'이 되고 말았다는 이야기이다. 이후 일이 제대로 풀리지 않을 때나, 애쓰던 일이 수포로 돌아가 헛고생할 때 '말짱 도루묵'이란 말을 쓰게 되었다.

이 왕을 두고 조선의 선조라고 이야기하는 사람도 있지만, 선조의 피난로는 서울에서 의주까지 가는 길이라 서해안을 따라갔을 것이고, 서해안에는 도루묵이 살지 않으므로 잘못된 정보로 보인다.

도루묵은 살이 연해 조금만 불기를 가해도 먹을 수 있어 "도루메기(도루묵의 사투리)는 겨드랑이에 넣었다 빼도 먹을 수 있다"는 말까지 있다. "도루묵이 많이 잡히는 해는 명태도 많이 잡힌다"고 했다. 이는 도루묵 떼를 따라오는 명태의 습성을 잘 관찰한 말로 함경도 지방에선 명태를 도루묵의 다른 이름인 은어에 빗대어 '은어바지'라고도 한다. 반면에 "여름에 명태나 도루묵이 많이 잡히면 흉년이다"라고 했는데 이는 냉수성 어종인 명태나 도루묵이 잡힌다는 것은 한류가 흐른다는 이야기가 되고, 인접한 육지에는 차가운 바닷물에 냉해 피해가 들어 흉년으로 이어진다는 해석이다.

강원도 동해안을 여행하다 보면 '도루묵 전문'이라는 간판을 내건 음식점을 어렵지 않게 찾을 수 있다. 메뉴에 등장하는 소금구이, 찜, 찌개 등을 맛보고 나면 임금이 왜 이 맛있는 물고기를 내쳤는지 의아해진다. 수라상의 산해진미에 비할 바는 못 되겠지만 비리지 않은 부드러운 고기 맛과 톡톡 씹히는 알이 별미이다. 도루묵을 찾는 관광객이 늘어나자 이 지역에선 산란기인 늦가을에 대량으로 잡은 것을 냉동시켜 1년 내내 사용한다. 남해안에서 겨울철에 캔 굴을 급속 냉동하여 사시사철 내놓는 것과 같은 맥락이다.

도루묵은 모래가 섞인 펄 바닥에 몸의 일부를 묻은 채 산다 하여 영어명은 샌드피시(Sand fish)이다. 한자로는 목어(木魚, 目魚), 은어(銀魚), 환목어(還木魚)라고 쓰는데 '돌아갈 환(還)' 자를 사용한 것은 목어로 돌아간다는 의미를 표현하기 위함일 것이다.

△ 도루묵은 부드러운 고기 맛과 톡톡 씹히는 알이 별미이다.

△ 도루묵이 그물에 걸려 있다. 도루묵은 늦가을에 대량으로 잡은 것을 냉동시켜 1년 내내 사용한다.

△ 도루묵이 모래가 섞인 펄 바닥에 몸의 일부를 묻은 채 산다 하여 영어명은 Sand fish이다.

# 도미

우리나라 물고기에는 '돔' 자 항렬이 많다.

여기에서 '돔'은 가시지느러미를 의미한다. 그러니 '돔' 자 항렬을 쓰는 물고기에는 가시지느러미가 있다고 보면 된다. 이 가운데 인기가 있는 종류는 도미과에 속하는 참돔·감성돔, 돌돔과에 속하는 돌돔·강담돔 등이다. 이들은 우리나라·일본·중국 등 동아시아권에서 최고로 대접받는다. 회나 찜 등 입맛을 돋우는 요리에도 그만이지만 수명이 길어 부모님의 무병장수를 비는 회갑잔치에는 반드시 올려야 했으며, 일부일처를 유지하는 어류인지라 결혼잔치 상에도 빠지지 않았다. 하지만 서양에서는 식문화의 차이로 그다지 인기가 없다. 서양인들은 구이용으로 걸맞은 조피볼락 같은 종을 선호한다. 그래서인지 프랑스인들은 돔을 먹이나 축내는 물고기로 폄하하여 '식충어'라 하고 미국인들은 '낚시하기에 재미있는 고기' 정도로 취급한다.

**참돔** 돔 중에서 최고라는 의미에서 '참' 자가 붙었다. 균형 잡힌 몸매는 전체적으로 고운 담홍색을 띠어 '바다의 여왕'이라는 별칭이 붙기도 했다. '어두육미(魚頭肉尾)'는 참돔의 머리 부분의 맛이 뛰어난 데서 유래한 말이라고 전해진다. 『규합총서閨閣叢書』*에는 채소·국수 등 각종 고명을 얹고 양념해서 찐 도미찜을 '승기악탕(勝妓樂湯)'이라고 기록했다. 이에 대한 유래는 다음과 같다. 조선 성종 때 변방의 오랑캐들이 함경도 일대를 침범하여 양민들을 못살게 굴자 조정에서는 의주에 진영을 두고 허종으로 하여금 군사를 통솔하게 했다. 허종이 군사를 거느리고 의주에 도착하자 그곳 백성들은 허종을 환영하여 도미에 갖은 고명을 한 음식을 만들어 대접했다 한다. 음악과 미녀를 좋아하던 허종은 이 음식의 맛이 기생과의 풍류보다 더 낫다고 하여 그 이름을 '승기악탕'이라 명했다고 한다. 이후 승기악탕은 조리법

△ 바닷속에서 참돔이 고운 자태를 뽐내며 유영하고 있다. 참돔은 성장이 빨라 양식을 많이 한다. 그런데 양식으로 참돔의 공급이 늘어나자, 돔 중에서 최고라는 지위가 흔들리기 시작했다. 무엇이든 흔해지면 대접받지 못하는 법이다.

에 약간의 변화를 보이면서 지금까지 전승되고 있다.

**감성돔** 참돔보다 성장이 느려 양식으로는 수지 타산을 맞추기가 힘들다. 이들은 흔히 볼 수 없다는 희소성으로 최근 들어 참돔이 누리던 지위를 차지하고 나섰다. 감성돔은 몸이 금속 광택을 띤 회흑색이라 전체적으로 검게 보인다. 그래서 검은돔으로 불리다가 감성돔으로 이름이 변해서 전해지게 되었다. 감성돔을 가리켜 '구로다이'라 하는데 이는 일본어 '검다'는 '구로(黑)'에 돔을 뜻하는 '다이(鯛)'가 붙은 말이다.

**돌돔** 육질이 단단하고 담백하여 횟감으로 인기 있다. 주로 암초지대에서 서식하기에 돌 자가 붙었다는 것이 정설이지만, 돌처럼 단단한 육질 때문이라고 이야기하는 사람도 있다. 일본어로는 돌을 뜻하는 '이시(石)'에 '다이'를 붙여 '이시다이'라고 부른다.

어릴 때는 암수 모두 뚜렷한 검은색 가로 줄무늬가 7개 있지만, 수컷은 성장하면서 줄무늬가 사라져 전체적인 몸 색깔이 은회색을 띤 청흑색이 되고 주둥이 부분만 검은색을 유지한다. 손가락 마디만 한 치어기에는 줄무늬가 선명해 관상용 열대어로 잘못 알기도 한다.

△ 감성돔은 몸 빛깔이 금속 광택을 띤 회흑색이어서 전체적으로 검게 보인다.

△ 화산암인 독도는 수중 지형이 바위로 되어 있다. 독도 연안의 바다숲 지대에 돌돔이 무리 지어 유영하고 있다.

## 가로 줄무늬와 세로 줄무늬

어류의 몸에 있는 줄무늬가 가로인지 세로인지 가끔 헷갈린다. 어류를 바라볼 때 옆으로 보기도 하고 세워 보기도 하기 때문이다. 가로와 세로는 어류의 머리를 위로 해서 세워 볼 때를 기준으로 한다. 즉 등에서 배 쪽이 가로 방향이고, 머리에서 꼬리 쪽이 세로 방향이다. 사진에서 흰색 바탕에 검은색 줄무늬가 있는 돌돔의 줄무늬는 가로 줄무늬이며, 노란색 바탕에 검은색 줄무늬가 있는 범돔의 줄무늬는 세로 줄무늬이다.

△ 돌돔은 가로 줄무늬, 범돔은 세로 줄무늬이다.

# 돗돔

　돗돔은 전설의 심해어로 불리는 어종으로, 몸길이 2미터에 무게는 300킬로그램에 이른다. 몸은 등 쪽이 회갈색, 배 쪽은 흰색이며, 수압에 대한 적응력이 강해 수심 400~500미터의 암초지역에 서식한다.

　주로 바닥에 가라앉은 죽은 어류를 먹는데 5~7월 산란기가 되면 수심 60~70미터로 이동한다. 가끔 얕은 수심까지 올라오다가 낚시나 어선의 그물에 걸려 잡혀 화제가 되기도 한다.

△ 2017년 6월 대형 선망어선에 의해 대마도 인근에서 잡힌 돗돔(길이 175센티미터)이다. 280만 원에 위탁 판매(위판)되었다.

# 리본장어

리본장어는 얇고 긴 몸을 검정, 파랑, 노랑의 화려하고 예쁜 색으로 치장하고 있어 리본이라는 이름이 붙었다. 대개 바위틈이나 모래구멍 속에서 숨어 지내지만 가끔 유영을 한다. 이들의 하늘거리는 움직임은 체조선수가 허공으로 던져 올린 가늘고 긴 리본의 아름다운 율동을 닮았다. 리본장어는 색깔에 따라 각각 다른 종으로 생각하기 쉽지만 모두 같은 종이다. 흥미로운 것은 이들의 색이 성징을 나타낸다는 점이다.

먼저 유어기에는 몸 전체가 검은색을 띤다. 점점 자라 길이가 65센티미터 이상에 이르면 주둥이 주위를 제외한 전체가 화려한 청색으로 변하는데 이때 수컷의 성징이 나타난다. 이후 성장을 거듭하여 95~120센티미터로 커지면 몸 전체가 노란색으로 변한다. 이때부터 리본장어는 한 달 정도 암컷으로 살아가며 번식을 담당한다. 암컷인 노란색 리본장어는 여간해서는 찾지 못한다. 암컷으로 살아가는 기간이 한 달 정도에 지나지 않는데다 종족 번식이라는 본능적 경계심이 강해져 사람 눈에 잘 띄지 않기 때문이다. 그런데 모든 리본장어가 암컷으로 살 수는 없다. 모계중심적 군락생활을 하는 무리 가운데 가장 완벽하게 성장한 수컷만이 선택적으

△ 암컷 리본장어는 여간해서는 찾아보기 힘들다. 암컷으로 살아가는 기간이 한 달 정도에 지나지 않고, 무리 중 한 마리만 선택적으로 암컷이 되기 때문이다. 인도네시아 부나켄 국립해양공원 수중에서 리본장어 한 마리가 격동적인 몸짓으로 헤엄치고 있다.

로 암컷으로 변할 자격이 있다. 이러한 특성은 종족을 보존하는 데 가장 유리한 방식임을 진화를 통해 터득했기 때문이다.

리본장어 외에 모계중심 사회를 이루며 암컷으로 성을 전환하는 개체 는 말미잘과 공생관계인 아네모네피시에서도 찾을 수 있다. 한 무리의 아 네모네피시에서 암컷이 죽으면 수컷들은 다른 암컷을 찾아 나서기보다 그중 한 마리가 암컷으로 성을 전환해 번식을 담당한다. 이와 반대로 놀 래기, 앵무고기, 그루퍼, 바슬렛 같은 종은 암컷으로 살다가 수컷으로 성 전환한다.

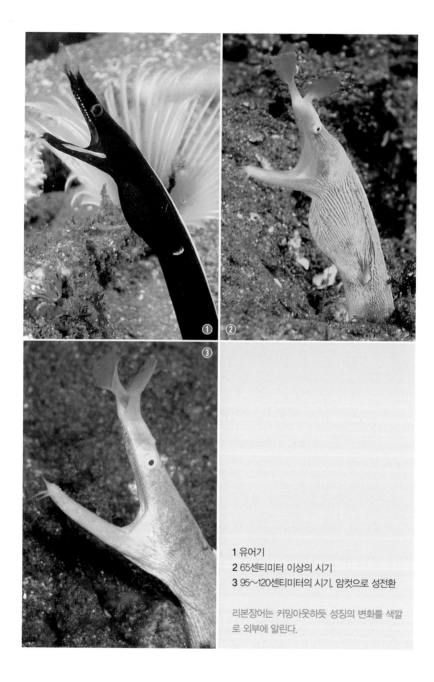

1 유어기
2 65센티미터 이상의 시기
3 95~120센티미터의 시기, 암컷으로 성전환

리본장어는 커밍아웃하듯 성징의 변화를 색깔
로 외부에 알린다.

# 만다린피시

만다린피시(Mandarin fish)는 농어목 돛양태과에 속하며, 5센티미터 남 짓한 작은 바닷물고기이다. 만다린이란 용어는 16세기 후반의 기록에서 부터 등장하는 영어명으로, 주로 서양인들이 중국 왕조의 고급 관리를 가 리켰다. 이 용어에는 중국 관료들이 입었던 화려하고 다채로운 색상의 관 복에서 풍기는 경외와 권력이 함축되어 있다.

열대와 아열대 산호초 해역의 얕은 수심에서 발견되는 작은 물고기에 만다린이란 이름을 붙인 것은 이 어류의 화려하고 선명한 체색 때문이다. 빨간색, 녹색, 파란색이 강하게 대비를 이루면서도 경계선에서는 부드럽 게 어우러져 화사함의 절정을 이룬다.

화려한 색으로 치장한 바닷물고기가 그러하듯 만다린피시에게도 독이 있다. 이들은 몸을 보호하는 비늘이 없는 대신 몸 전체에 고약한 냄새가 나는 점액질이 덮여 있다. 또한 지느러미 촉수에도 강한 독이 있어 포식 자들의 공격에서 스스로를 지킨다.

△한 쌍의 만다린피시가 짝짓기를 하고 있다. 만다린피시의 암수를 구별하기는 쉽다. 덩치가 크고 푸른
색깔이 짙은 쪽이 수컷, 덩치가 작고 붉은색을 띤 것이 암컷이다.

# 망둥이

북한 〈노동신문〉은 2007년 1월 6일 일본의 아베 신조 총리가 유엔 안전보장이사회 상임이사국에 진출하고자 의욕을 내비친 것과 관련, "분수 없는 얼간망둥이 짓"이라고 비난했다. 국어사전에 얼간망둥이를 찾아보면 '언행이 주착없고 아무 데에나 껑충거리기만 하는 사람의 별명'이라고 풀이되어 있다. 북한이나 우리나라나 얼간망둥이에 대한 뜻풀이는 같은 듯하다.

망둥이는 600종 이상으로 지구상에 존재하는 물고기 중에서 가장 흔하다. 너무 흔해서 대접받지 못해서일까? 제 분수를 모르고 남이 하는 대

▷ 망둥이는 너무 흔해서 제대로 대접받지 못한다. 하지만 이들은 바닥에 구멍을 파고 집을 짓는 등 자기 영역을 지키는 어류이다.

로 따라하는 것을 비유할 때 "숭어가 뛰니 망둥이도 뛴다"라 하고, 탐식성
이 있어 적당한 미끼만 있으면 아무나 쉽게 잡을 수 있다 하여 "바보도 낚
는 망둥어"라는 말도 생겨났다. 식탐이 강해 미끼가 없으면 미리 잡아둔
망둥이를 사용하는데 제 동족의 살을 베어 줘도 한 입에 삼켜버린다 해서
친한 사람끼리 서로 헐뜯는 경박함을 "꼬시래기 제 살 뜯기"라고 한다. 여
기서 꼬시래기는 회로 먹을 때 고기 맛이 고소하다고 해서 붙은 경상남도
방언이다. 제 살 뜯어 먹는 습성에 『자산어보』에는 조상도 알아보지 못하
는 물고기라 해서 '무조어(無祖魚)'라고 기록했다.

　망둥이가 수면 위로 뛰어오르는 모습에 빗대어 일을 서두르다가 오히
려 더 늦어지거나 망치는 꼴을 '제 성질에 죽은 망둥이 꼴'이라고 한다.
「전어지」에는 망둥이의 눈이 망원경 모양을 닮아 "망동어(望瞳魚)라고 한
다"고 기록되어 있는데 망둥이란 이름은 이 망동어에서 비롯된 것으로 보
인다.

◁ 망둥이란 이름은 눈이 망원경 모양과 같다는 망동어(望瞳魚)에서 비롯된 것으로 보인다.
▷ 망둥이의 한 종인 짱뚱어는 걸어 다니는 물고기로 가슴지느러미를 이용해 갯벌 위를 뛰어다닌다.

망둥이는 가을 낚시용으로 인기가 있고, 횟감 등 다양한 요리 재료로 쓰인다. 가을이 망둥이 낚시의 제철이어서인지 "봄 보리멸, 가을 망둥이"란 말이 생기기도 했다.

우리나라에 서식하는 망둥이 가운데 대표종인 문절망둑은 몸 앞쪽이 원통 모양에 가까우며, 몸은 담황갈색 또는 담회황색에 다섯 줄가량의 분명하지 않은 암갈색 반점이 세로로 줄지어 있다. 문절망둑은 『우해이어보牛海異魚譜』*에 소개된 72종의 어패류 중 '문절어(文鱒魚)'라는 이름으로 가장 먼저 등장한다. 망둥이의 한 종인 짱뚱어는 걸어 다니는 물고기로 가슴지느러미를 이용해 갯벌 위를 뛰어다닌다. 서·남해안 갯벌에서 이리저리 뛰어다니는 짱뚱어를 보면 물고기는 물속을 헤엄친다는 고정관념이 여지없이 무너져 내린다.

『우해이어보』
우리나라 최초의 바다생물 책자이다. 신유사옥에 연루된 조선 말 문신 김려(1766~1821)는 경상남도 우해(牛海, 진해의 옛 지명)로 유배를 떠나 이곳에 서식하는 72종의 어패류에 대해 명칭과 형태, 포획 방법 등을 기록했다. 함께 신유사옥에 연루되어 흑산도로 유배 간 정약전의 『자산어보』가 발간된 1814년보다 11년 앞선 1803년의 일이었다.
실학자의 관점에서 바다생물에 대해 자세히 묘사한 것이 『자산어보』라면, 『우해이어보』는 한학자의 관점에서 이어(異魚), 즉 특이한 어류를 중심으로 소개하고 있다는 점에서 가치가 있다. 또한 이들을 소재로 지은 한시 39편은 당시의 생활상을 이해하는 소중한 자료로 평가받고 있다.

▷ 열대와 아열대 바다에서 만날 수 있는 망둥이의 일종인 고비(Goby)이다. 경계심이 많아 위협을 느끼면 톡톡 튀듯이 헤엄치는데 암수 한 쌍이 같이 다닌다. 사진의 고비는 붉은색이 불타듯 보인다 해서 'Red fire Goby'라고 이름 붙인 종이다.

# 망상어

　농어목에 속하는 망상어는 연안에서 흔하게 발견되는 종이다. 상품 가치가 그렇게 높지 않아 낚시꾼들은 조금 귀찮게 여긴다. 몸길이는 15~25센티미터이며, 35센티미터까지 자라기도 한다. 몸 색깔은 등 쪽이 청색이며, 사는 곳에 따라 색깔이 달라진다. 몸은 납작하고 타원형이며 머리와 입이 작다. 특히 입이 민물에 사는 붕어처럼 작다 해서 '바다붕어'라 부르기도 한다.

　망상어란 이름은 어류이지만 특이하게 알을 낳지 않고 상어처럼 새끼를 낳는다고 해서 붙인 이름이다. 그런데 망상어는 알을 배 속에 품고 있다가 부화되면 새끼를 낳는 난태생(卵胎生, 볼락·쏨뱅이 등)과는 달리 배 속에서 새끼를 키워서 낳는, 완전한 태생어(胎生魚)라는 특징이 있다. 망상어는 임신 기간 5~6개월이 지나면 5~6.5센티미터까지 자란 새끼가 10~20마리씩 태어난다. 이때 새끼는 꼬리부터 먼저 나온다. 우리나라 남부지방에서는 망상어 새끼가 머리가 아닌 꼬리부터 나오기에 임산부가 먹으면 아기가 거꾸로 나온다고 금기로 여긴다.

△ 망상어는 얕은 수심대를 무리 지어 몰려다닌다. 우리나라 전 연안에서 흔하게 발견되는 종이다.

# 멸치

청어목에 속하는 멸치는 우리에게 상당히 친숙하다. 갓 잡은 멸치는 초고추장과 미나리에 버무려 날것으로 먹으며, 젓갈로 담아서는 사시사철 입맛을 돋우는 데 쓰기도 한다. 커다란 가마솥에 쪄서 말린 마른멸치는 멸치의 대명사격으로 생활 속에 깊이 자리 잡고 있다. 이토록 우리에게 친숙한 멸치이지만 조상들에게는 그다지 대접받지 못했음이 멸치라는 이름 속에 그대로 남아 있다.

『우해이어보』에는 멸치를 멸아(鱴兒), 말자어(末子魚)로, 『자산어보』에는 추어(鰤魚), 멸어(蔑魚)라 전한다. 조상들이 멸치를 얼마나 업신여겼으면 '업신여길 멸(蔑)'자를 썼을까? 거기에다 물에서 잡아 올리면 급한 성질 때문에 바로 죽어버린다 하여 '멸할 멸(滅)'자까지 붙였다. 『자산어보』에 등장하는 추어(鰤魚)라는 이름에도 변변치 못하다는 의미가 들어 있다.

『신증동국여지승람』*에는 제주 산물로 헤엄을

『신증동국여지승람』
1530년(중종 25) 이행, 윤은보, 신공제, 홍언필, 이사균 등이 1481년(성종 12) 50권으로 편찬된 『동국여지승람』을 증수·편찬한 책으로 55권 22책이다. 『신증동국여지승람』은 조선 전기 지리지의 집성편으로 속에 실린 지도와 함께 조선 말기까지 큰 영향을 끼친 지리지이다. 지리적인 면뿐 아니라 정치·경제·역사·행정·군사·사회·민속·예술·인물 등 지방 사회의 모든 방면에 걸친 종합적 성격을 지닌 백과사전식 서적이다. 따라서 조선 전기 사회의 여러 측면을 이해하는 데 꼭 필요한 자료이며, 여러 학문에서도 중요한 고전으로 꼽히고 있다.

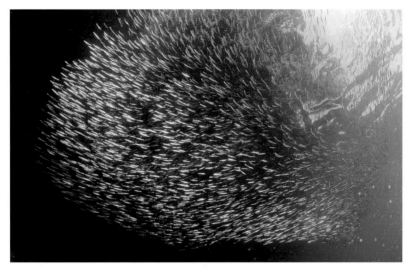

△ 멸치들이 무리를 이루고 있다. 멸치는 바다에 서식하는 물고기 중 개체 수가 가장 많은 어종이며 많은 바다동물들의 먹이가 된다.

잘 치는 크기가 작은 물고기를 묘사한 행어(行魚)가 등장하는데 정문기 박사는 이것을 멸치라 해석했다.

지난날에는 귀하게 대접받지 못했던 멸치이지만 요즘은 사정이 달라져 칼슘의 제왕으로 인식되고 있다. 멸치를 비롯한 생선뼈는 주로 인산칼슘으로 이루어져 있는데 이 화합물은 비타민 D의 도움을 받아야 체내에서 흡수가 잘된다. 비타민 D는 생선 내장에 많이 함유되어 있으므로 내장과 뼈를 통째로 먹는 마른 멸치야말로 칼슘 흡수에서는 최고의 자연식품이라 할 만하다.

동물플랑크톤을 주 먹이로 삼는 멸치는 생태계 먹이사슬에서 매우 낮은 위치에 있지만 바다에 서식하는 물고기 중 개체 수가 가장 많은 어종이다. 전 세계적으로는 8종이 알려져 있으며, 대부분 연안에 서식한다. 우리나라 연안으로 회유하는 종은 일본, 중국 등 동아시아 연근해 따뜻한 바다에 분포하며, 1년에 두 차례 봄과 가을에 산란한다. 계절상 봄 멸치가 유명한 것은 겨울에 비교적 따뜻한 외해에 머물다가 봄이 되면 연안으로 몰려오는데 체내에 지방질을 많이 함유하고 있기 때문이다.

멸치 어업방식에는 크게 네 가지가 있다.

**유자망 어업방식**　그물을 수면에서 수직으로 아래로 펼친 다음, 펼쳐진 그물을 물의 흐름과 바람에 따라 이리저리 떠다니게 하면서 물고기가 그물코에 꽂히거나 둘러싸이게 해서 잡는 방식이다. 부산 기장군 대변항은 전국 유자망 멸치 어획량의 70퍼센트를 차지하고 있으며 이렇게 잡아들인 멸치들은 대개 젓갈용으로 가공된다.

**기선권현망 어업방식**　그물을 끄는 끌배 2척, 어탐선 1척, 가공선 1척, 운반선 2~3척 등 6척 내외의 선박이 선단을 이룬다. 어군탐지기가 장치되어 있는 어탐선이 멸치군을 탐색한 후 작업지시를 내리면 끌배는 어구를 끌어 멸치를 잡아들인다. 잡아들인 멸치는 가공선으로 옮겨져 현장에서 바로 삶은 다음 운반선에 실어 육지로 운반되어 자연건조나 열풍건조를 한다. 주로 경남 통영과 거제, 전남 여수 등 남해안에 분포해 있다. 우리가 먹는 마른멸치(건멸치)의 대부분이 기선권현망 어업방식으로 잡아들인 멸치들이다.

**정치망 어업방식**  멸치 떼가 주로 이동하는 바다 길목에 미리 그물을 쳐놓고 잡는 어업방식이다. 그물을 일정한 장소에 일정 기간 동안 고정해 놓아야 하므로 멸치 떼가 지나가는 길목을 찾는 것이 중요하다. 또한 한자리에 상당 기간 그물이 고정되어 있어야 하므로 대상 해역은 조류가 강하지 않고 수심이 얕아야 한다. 물고기 떼를 따라다녀야 하는 유자망 어업방식과 달리 조업에 쓰이는 비용이 적게 든다.

**죽방렴 어업방식**  원시어업인 죽방렴은 수심이 얕고 물살이 빠른 곳에다 참나무 말뚝을 V 자로 박아 대나무로 그물을 엮어둔다. 이때 조류에 떠밀린 멸치가 V 자 끝에 설치된 불룩한 임통(통발) 안으로 들어오면 빠져나가지 못하는 구조로 되어 있다. 어민들은 시간에 맞춰 임통 안에 들어온 멸치를 망태기로 떠낸다. 강한 조류를 이겨낸 멸치라 몸에 탄력이 있다. 뿐만 아니라 그물로 잡은 멸치보다 선도가 좋아 높은 가격에 거래된다.

우리나라 수산물 검사법에 따른 건멸치 구별
- 대(大)멸 : 전체 길이 77밀리미터 이상
- 중(中)멸 : 76~46밀리미터
- 소(小)멸 : 45~31밀리미터
- 자(仔)멸 : 30~16밀리미터
- 세(細)멸 : 15밀리미터 이하

△ 부산 기장군 대변항에서 어민들이 유자망으로 잡아들인 멸치를 털어내고 있다. 이렇게 털어낸 멸치들로 대부분 젓갈을 담근다.

△ 기선권현망 어업방식은 남해안의 대표적인 멸치 어업방식으로, 마른멸치의 대부분이 기선권현망 어업으로 잡아들인 멸치를 가공한 것이다.

△ 원시어업 형태인 죽방렴 어업은 임통 안으로 들어온 멸치를 망태기로 떠내는 방식이다. 이렇게 떠낸 멸치는 육질이 단단한데다 원형이 잘 보존되어 있어 높은 가격에 팔린다.

◁ 부산 기장군 대변항은 멸치구이와 멸치회로 관광객의 발길을 잡는다.

# 명태

　명태는 우리 민족이 즐겨 먹는 어류 중 하나이다. 명태를 즐기는 나라는 우리나라가 유일하다 해도 과언이 아닐 것이다. 중국이나 일본 근해에서도 명태가 잡히지만 그들은 명태를 즐기지 않는다. 살에 기름기가 적어텁텁한 편이라 식성에 맞지 않기 때문이다.

　하지만 우리 민족은 그 살로 국이나 찌개 또는 찜을 해먹고, 내장은 창란 젓갈을, 알은 명란 젓갈을 담가 먹으며, 간에 들어 있는 기름은 시력 회복에 특효약으로 사용해왔을 뿐 아니라 짓이긴 살로 어묵을 만든다. 이처럼 다양한 먹을거리로 해먹는 명태는 이름까지 다양하다.

△ 명태는 어떻게 가공하느냐에 따라 다양한 이름으로 불린다.

△ 강원도 명태 덕장에서 명태를 말리고 있다. 이렇게 40여 일간 얼었다 녹기가 20번 이상 되풀이되어 누르스름하게 변하면 명태 가공품 중 최고로 대접받는 황태가 된다.

어떻게 가공하느냐에 따라서 냉동하지 않고 싱싱한 상태로 유통되면 '생태', 유통기한을 늘리기 위해 얼리면 '동태', 제사상에 올리거나 뽀얀 국물이 우러나는 국을 끓이기 위해 바짝 말리면 '북어'가 된다. 북어란 이름은 말린 명태를 상인들이 전국으로 유통하면서부터 북쪽 지방에서 온 고기라 하여 '북녘 북(北)' 자를 붙였다. 명태 가공품 중 최고로 대접받는 황태는 겨울철 바닷가 덕장에 걸어두고 눈이 오면 오는 대로, 바람이 불면 부는 대로 40여 일 동안 얼었다 녹기를 20번 이상 되풀이하여 누르스름하게 변한 것이다.

황태를 만들 때 바람이 너무 불어 육질이 흐물흐물해진 것을 '찐태'라 하고, 너무 추워 하얗게 마르면 '백태', 날씨가 너무 따뜻해 검게 되면 '흑

태’ 또는 ‘먹태’, 너무 깡마르면 ‘깡태’라 불렀는데 이들은 황태에 비해 상
품 가치가 떨어진다. 황태를 만들다가 머리나 몸통에 흠집이 생기거나 일
부가 잘려나간 것을 ‘파태’라 하고, 머리를 잘라내고 몸통만 걸어 건조시
킨 것이 ‘무두태’, 작업 중 실수로 내장을 제거하지 않은 채 건조한 것을
‘통태’, 건조 중 바람에 날려 덕대에서 땅바닥으로 떨어진 것을 ‘낙태’라
불렀다. 애주가들의 술안주로 군침을 돌게 하는 ‘코다리’는 내장과 아가미
를 빼고 보름 정도쯤 말려 꾸덕꾸덕해진 것이고, 막걸리 상에 올려 서민
의 애환과 함께해온 ‘노가리’는 어린 명태를 가리킨다. 어린 명태는 ‘애기
태’, ‘애태’라고도 부른다.

　잡는 방식에 따라서도 그물로 잡은 것은 ‘그물태’ 또는 ‘망태’라 불렀고
연승어업으로 잡은 것은 ‘낚시태’ 또는 ‘조태’라 불렀다.

　잡는 시기에 따라 봄에 잡은 것은 ‘춘태’, 가을에 잡은 것은 ‘추태’라 했
는데 이를 더 구분하여 섣달에 잡은 것은 ‘섣달받이’, 동지 전후에 잡은 것

◁ 명태를 바짝 말린 북어는 장기간 보관이 가능해 과거부터 내륙지방까지 유통되었다.
▷ 명태를 잡아 냉동하지 않고 싱싱한 상태에서 유통하는 것을 생태라 한다.

△ 북양(북태평양 북위 45도 이북의 오호츠크 해와 베링 해를 포함하는 어장)으로 진출한 어선에서 명태를 잡아 올리고 있다. 예전에는 동해에서 그토록 흔히 잡히던 명태가 연안 수온 변화로 요즘 들어 원양산으로 대체되고 있다.

은 '동지받이'라 했다. 이외에도 산란을 마친 후 뼈만 남은 것은 '꺾태'라 하여 최하급품으로 다루었다.

어디에서 잡히느냐에 따라 이름도 달라진다. 먼바다에서 잡히는 것을 '원양태', 우리나라 동해에서 잡히는 것을 '지방태'라 했다. 예전 동해에서 그토록 흔히 잡히던 명태가 연안 수온 변화로 요즘 들어 원양산으로 대체되자 '지방태'가 금처럼 귀하다 하여 '금태' 또는 진짜 동해산이라 하여 '진태'라고 대접을 달리하고 있다. 여기에다 북방 바다에서 잡은 것은 '북어(北魚)', 강원도 연안에서 잡은 것은 '강태', 함경도 연안에서 잡은 작은 것은 '왜태(倭太)'라고 했다.

명태는 먹이가 되는 도루묵을 쫓아와 동해에 모습을 드러내기도 했다.

이러한 습성을 관찰한 함경도 지방에선 명태를 도루묵의 다른 이름인 은어에 빗대어 '은어바지'라고도 불렀다.

오랜 세월 동안 우리 민족의 삶 속에 뿌리내린 명태이니만큼 이에 얽힌 속담과 은어도 여럿 전해지고 있다. 몹시 인색한 사람을 가리켜 "명태 만진 손 씻은 물로 사흘을 국 끓인다"라 하고, 과장된 행동에 빗대어 "북어 뜯고 손가락 빤다"라 했다. "북어 껍질 오그라들 듯"이라는 말은 일이 순조롭게 되지 않고 계속 꼬이거나 재산이 점점 줄어듦을 비유한 말이며, "동태나 북어나"라는 말은 이것이나 저것이나 마찬가지라는 뜻이다. 쓸데없이 말이 많은 경우를 일러 "노가리 깐다"라고 하는데 이는 명태가 다른 어류에 비해 알을 많이 낳지만 부화에 성공하는 개체 수가 많지 않음을 비유한 말이다. 변변치 못한 것을 주면서 큰 손해를 입히는 것을 "북어 한 마리 주고 제사상 엎는다"고 했다. 하고 있는 일은 소홀히 하면서 일과 상관없는 엉뚱한 일을 하는 것을 "명태 한 마리 놓고 딴전 본다"라고 했다. 남의 집에서 하는 일 없이 빈둥빈둥 놀며 낮잠이나 자는 것을 "북어 값 받으러 왔나"라고 빈정거렸는데, 지난날 우리 바다에서 명태가 많이 잡힐 때 북어장수들이 전국 곳곳에 객주를 지정해 판매를 맡기고는 돈이 걷힐 때까지 머물곤 했다. 일단 북어를 넘겨준 북어장수는 하는 일 없이 낮잠이나 자면서 돈 받을 날만 기다리면 되었기에 이런 말이 나왔다.

이처럼 이름과 함께 전해 내려오는 이야기가 많다는 것은 명태가 그만큼 우리 민족과 오랫동안 함께해온 친숙한 어류라는 뜻이다. 그렇다면 이토록 다양하게 불리는 명태 이름의 유래는 무엇일까?

조선 인조 임금 때다. 함경도에 새로 부임한 관찰사가 동해안의 함경도 명천군(明川郡)에 들렀다. 명천군 관아에서는 관찰사를 대접하기 위해 여러 반찬을 올렸는데 그중 생선을 넣고 끓인 국도 있었다. 관찰사는 맛나게 국을 먹은 후 생선 이름을 물었지만 주변 사람들에게서 태(太)씨 성을 가진 어부가 잡아온 고기인데 이름은 잘 모르겠다는 답을 들었다. 이에 관찰사는 명천군의 '명' 자에 태씨 성의 '태' 자를 붙여 명태라는 이름을 지어주었다고 한다. 이는 조선 후기 문신 이유원이 조선과 중국의 사물을 고증해놓은 『임하필기林下筆記』*에 전해지는 이야기이다.

『임하필기』
조선 후기의 문신 이유원(1814~1888)이 1871년(고종 8)에 펴낸 문집이다. 조선과 중국의 사물을 고증한 내용으로 광범위한 분야에 걸쳐 저자의 해박한 식견이 백과사전식으로 펼쳐져 있다.

　명태 이름의 유래에 대해 다른 설도 있다. 명태 간으로 기름을 짜서 등잔불을 밝히기도 했으니, 어두운 곳을 밝게 한다는 뜻에서 명태 이름 밝을 '명(明)' 자의 의미를 이야기하기도 한다. 밝게 한다는 의미는 명태의 간유(肝油)가 연료로 사용되었다는 것에만 국한되지 않는다. 명태 살은 지방기가 적어 육질이 조금 팍팍하지만 간에는 엄청난 지방이 축적되어 있다. 간에 들어 있는 지방에는 비타민 A 성분이 많아 예로부터 시력 회복에 특효약이었다. 예전에는 영양 부족으로 시력이 약해진 사람들이 해안 포구를 찾아 한 달 정도 명태 간을 먹고 시력을 회복했다고 하니, 명태의 '밝을 명(明)' 자는 눈을 밝힌다는 의미로도 받아들일 수 있을 것이다. 지금도 명태 간은 약재로 사용된다.

# 민어

　민어(民魚)는 백성의 고기라 해서 붙인 이름이다. 담백한 맛에 비린내가 적어 살아생전 먹지 못하면 죽어서라도 먹는다 해서 제사상에도 올렸다. 농어목에 속하는 민어는 전체적으로 짙은 갈색을 띠지만 배 쪽은 회백색이며, 근해의 수심 15~100미터 펄 바닥에 서식하며 7~9월에 산란한다. 정문기 박사의 『어류박물지』에 따르면, 전남 법성포에서는 30센티미터 내외의 것을 '홍치', 완도에서는 '부둥거리'라 했으며, 서울과 인천 상인들 사이에선 작은 것부터 보굴치-가리-어스래기-상민어-민어라고 불렀다.

**『동의보감』**
허준이 지은 조선 최고의 의서로 25권 25책이 있다. 1596년(선조 29) 허준이 왕명을 받아 집필을 시작해 1610년(광해군 2)에 완성했다. 책 제목의 동의(東醫)란 중국 남쪽과 북쪽의 의학 전통에 비견되는 동쪽의 의학 전통, 즉 조선의 의학 전통을 뜻한다. 보감(寶鑑)이란 보배스러운 거울이란 뜻으로 귀감(龜鑑)이란 뜻을 지닌다.

　『동의보감東醫寶鑑』*에는 회어(鮰魚)라 표기하고 "남해에서 나는데 맛이 좋고 독이 없다. 부레로는 갖 풀(아교)을 만들 수 있다. 일명 부레를 어표라고도 하는데 파상풍을 치료한다"고 하였다. 다른 생선들은 대부분 부레를 버리지만 민어의 부레는 교질 단백질인 젤라틴이 주성분이다. 선조들은 끈끈한 젤라틴 성분의 민어 부레를 끓여

△ 민어는 백성의 고기라 해서 붙인 이름이다. 담백한 맛에 비린내가 적어 살아생전 먹지 못하면 죽어서라도 먹는다 해서 제사상에도 올렸다.

만든 풀로 고급 가구나 합죽선 등을 만들어왔다. 그래서 "이 풀 저 풀 다 둘러도 민애풀 따로 없네"라는 강강술래 매김 소리나, "옻칠 간 데 민어 부레 간다"는 속담이 생겨났다.

민어 부레는 회로도 먹는데 쫀득쫀득하게 씹히는 맛이 별미이다. 씹히는 맛뿐 아니라 부레에 포함되어 있는 콘드로이틴은 노화 방지와 피부에 탄력을 주는 기능성 성분으로 알려져 있다.

민어는 맛뿐 아니라 영양 면에서도 정평이 나 서울·경기지역에서는 삼복 더위에 민어국으로 '복달임'하는 풍습이 있다. "복더위에 민어찜은 일품, 도미찜은 이품, 보신탕은 삼품"이라는 말이 있을 만큼 더위에 지친 기력을 회복하는 데 으뜸이다.

그런데 최근 들어 민어가 백성의 물고기라는 의미가 조금 퇴색되고 말았다. 민어와 비슷하게 생긴 중국산 홍민어가 대량 수입되어 국내 민어 수요량의 70퍼센트 이상을 차지한 탓이다. 홍민어는 잉어와 민어의 교잡종으로 중국 남부의 복근성 일대에서 대량 양식되고 있다.

◁ 큼직한 민어 한 마리로 국을 끓이면 온 가족이 둘러앉아 먹을 수 있어 맛과 영양에다 양까지 금상첨화 격이었다.

# 방어

방어는 전갱이과에 속하는 어류로 몸의 길이가
1미터에 이르는 대형종이다. 몸빛은 등 쪽이 쇳빛
을 띤 청색이고 배 쪽은 은백색인데, 주둥이에서
꼬리자루까지 약간 흐릿한 담황색 띠가 있다『세
종실록지리지』*에 따르면, 방어는 대구 및 연어
와 함께 함경도·강원도에서 가장 많이 생산되는
물고기였다. 기록으로 보아 이때 이미 강원도 이
북의 동해안에서 방어가 중요한 수산물이었음을
알 수 있다. 방어는 남획되기 이전까지 그 자원이
아주 풍부했다.『조선통어사정朝鮮通漁事情』*에 따
르면, 동해안에서 가을에 멸치 떼를 좇아 해안에
접근하는 방어 떼가 너무 커서 멸치를 잡으려다
방어 떼의 방해를 받았다고 하며, 강원도에서는
멸치와 방어를 함께 잡으려고 그물을 쳤는데 방
어 떼가 걸려들어 그물이 무거워 끌어올리지 못

『세종실록지리지』

1454년(단종 2)에 완성된『세종장헌
대왕실록』의 제148권에서 제155권
에 실려 있는 전국 지리지이다. 조
선 초기의 지리서로 사서의 부록
이 아니라 독자적으로 되어 있고,
국가 통치를 위해 필요한 여러 자
료를 상세히 다루었다.

『조선통어사정』

일본 정부에서 파견한 세키자와
아키기요(關澤明淸) 일행이 1892
년 1월 동경을 출발하여 조선 연안
을 시찰하고 1893년 3월 동경으
로 돌아온 후, 조선의 수산·어업
상황 등을 책으로 엮었다. 책의 크
기는 국판(菊版)이며 172쪽이다. 세
키자와는 이 책을 일본 어민들의
조선 연안 어업 장려 및 안내를 위
한 기본서로 활용하고자 했다. 이
처럼 실재에 적용하기 위한 목적
으로 책을 편찬한 것은 이 책이 최
초라고 할 수 있다. 그만큼 근대 해
양·수산사에도 의의가 있으며, 일
본의 조선해 진출과 일본에 의한
조선해 침탈 양상도 비교 대조해
볼 수 있을 것이다. 현재 부산광역
시립시민도서관에 소장되어 있다.

△ 방어는 방추형으로 생긴 데서 그 이름의 유래를 찾을 수 있다.

하고 결국 그물이 대파되었던 일도 있었다고 한다.

　방어의 몸은 방추형(紡錘形)이다. 방추형은 실을 자아내는 물레의 가락과 비슷한 모양으로, 가운데가 불룩하고 양쪽 끝이 뾰족한 형태를 말한다. 방어에 대한 한자어 기록이 方魚·魴魚인 점을 고려하면 방어의 이름이 방추형에서 유래했음을 추정해볼 수 있다.

# 부시리

방어와 비슷하게 생긴 어종으로 부시리가 있다. 이 두 어종의 가장 쉬운 구별은 턱의 모양을 살피는 방법이다. 위턱의 뒤쪽 끝이 네모나게 각이 져 있으면 방어, 둥근 형태이면 부시리이다. 각진 정도가 애매하면 가슴지느러미와 배지느러미의 끝의 위치(길이)를 보면 된다. 방어는 두 지느러미의 끝이 거의 나란하지만 부시리는 배지느러미의 끝이 가슴지느러미의 끝보다 뒤쪽에 있다. 크기는 부시리의 몸길이가 방어보다 길어 약 2미터까지 자란다.

부시리를 부르는 명칭은 지역마다 다양하다. 전북지역에선 '평방어', 포항에선 '납작방어'라 부르고 강원도에서는 '나분대', 북한 함경도 지방에서는 '나분치'라고 부른다. 일본명은 '히라스(ヒラス)'이다.

부시리는 속도와 힘이 넘치는 어류이다. 빠를 때는 시속 50킬로미터가 넘는 속도로 헤엄치는데 낚시를 하는 사람들 사이에서는 힘이 좋고 순식간에 수십 미터씩 나간다 하여 '미사일', '바다의 천하장사', '바다의 레이서' 등으로 불린다. 수면 가까이를 정신없이 돌아다니는 부시리를 '나분대', '나분치'라고 부른 것은 가만히 있지 못하고 나부대는 습성에서 붙인 이름이 아닐까 한다. 부시리는 공격적이고 힘이 엄청나 낚싯줄은 물론이고 낚싯대까지도 순식간에 부러뜨리는 일이 다반사로 일어나곤 하는데 이런 어류의 특성을 생각하면 부시리란 이름이 '부수다'에서 나온 것은 아닐까 추정해본다.

△ 부시리는 방어와 비슷하게 생겨 구별이 어렵지만 위턱의 뒤쪽 끝이 둥글게 생겼다. 방어가 겨울이 제철이라면 부시리는 여름에서 가을이 제철이다.

# 밴댕이

청어목 청어과의 밴댕이는 스트레스에 민감하다. 물에서 잡아 올리면 그 스트레스를 이기지 못해 몸을 비틀면서 '부들부들' 떨다가 죽어버린다. 그래서 뱃사람이 아니고는 살아 있는 밴댕이를 쉽게 볼 수 없다. 흔히 속이 좁고 너그럽지 못해 작은 일에도 쉽게 흥분해 새파랗게 넘어가는 사람을 일컬어 "밴댕이 소갈머리(소갈딱지) 같다"고 하는데 이는 밴댕이의 이 같은 습성을 빗댄 표현이다. 실제로 밴댕이 속은 상당히 좁다. 길이가 15센티미터 정도로 멸치보다 덩치가 크지만 내장을 포함한 배 속은 멸치의 반에도 못 미친다. 서유구의 『난호어목지蘭湖漁牧志』*에는 밴댕이를 한글로 '반당이'로 적고 있는데, 이는 몸이 눈에 띄게 납작한데다 멸치의 반에도 못 미치는 배 속을 비유한 것이 아닐까 한다. 이러한 기록들을 바탕으로 밴댕이란 이름이 반당이에서 나왔음을 추론할 수 있다.

도회지 사람들에게는 익숙하지 않지만 밴댕이는 회로도 먹는다. 회를 뜰 때는 양 옆면으로 한 번씩 두 번만 살을 발라내는데 살이 아주 부드럽고 달콤하다. 하지만 밴댕이 살은 무르고 부패가

『난호어목지』
1820년 서유구(1764~1845)가 저술한 어류에 관한 책이다. 수산동물의 한글명·한자명과 함께 형태, 생태, 조리, 식미 등을 설명했다.

△ 밴댕이는 길이가 15센티미터 정도로 멸치보다 크지만 내장을 포함한 배 속은 멸치의 반에도 못 미친다.

빨라 바로 잡은 것 말고는 횟감으로 쓸 수 없다. 그래서 밴댕이는 대부분 젓갈이나 말려서 식재료로 사용한다. 조선시대에 제대로 삭힌 밴댕이 젓갈은 수라상에 올랐다. 궁중의 음식을 맡아보던 사옹원에 밴댕이 젓갈을 담당하는 전담반을 둘 정도로 밴댕이는 귀한 물고기였다. 이순신의 『난중일기』 을미년 5월 21일자에 "전복, 어란과 함께 밴댕이젓을 어머니께 보냈다"는 글이 있는 것으로 보아 밴댕이젓갈이 선조들의 음식 문화와 함께했음을 짐작할 수 있다.

남부지방에서는 밴댕이 말린 것을 '띠포리'라 한다. 띠포리는 마른 멸치처럼 국물 맛을 낼 때 사용하며, 시원한 특유의 국물 맛으로 인기가 있다. 밴댕이는 산란기를 맞아 기름기가 오르는 5~6월에 가장 맛이 좋다. 그래서 변변치 않지만 때를 잘 만났다는 것에 빗대어 '오뉴월 밴댕이'라고 한다.

△ 밴댕이 말린 것을 띠포리라 한다. 띠포리란 이름은 등 푸른 생선인 밴댕이를 말릴 때 등 쪽에 푸른색의 흔적이 '띠'처럼 나타나고, 납작하게 '포'를 뜬 것처럼 보여 붙인 것은 아닐까? 경남 창원시 진동 지역에서는 납작하게 보여서인지 '납사구'라고도 한다.

# 뱅어

뱅어는 바다빙어목 뱅어과에 속하는 어류로 크기가 10센티미터 정도이며, 몸이 옆으로 납작하다. 『우해이어보』에 뱅어는 비옥(飛玉) 또는 옥어(玉魚)로 등장한다. 뱅어는 옥어(玉魚)라고 표현할 만큼 반투명하여 옥(玉)처럼 맑다. 이처럼 날아갈 '비(飛)'에 구슬 '옥(玉)' 자를 붙인 것은 아마 뱅어가 조류를 타고 빠르게 헤엄치는 모습이 마치 날아가는 듯 보였기 때문일 것이다. 뱅어는 『세종실록지리지』나 『신증동국여지승람』의 각지 토산에 '백어(白魚)'로 등장하며 상품은 진상했다는 기록이 전해진다.

우리나라에는 뱅어가 7종이 있는 것으로 알려졌다. 이중 벚꽃뱅어·도화뱅어·실뱅어·붕통뱅어는 주로 서해안에 살며, 뱅어·젖뱅어·국수뱅어는 서해와 남해에서 서식한다.

뱅어는 4~5월쯤 강을 거슬러 올라와 알을 낳고, 새끼가 자라 가을이 되면 바다로 내려간다. 김려 선생은 "비옥은 백소(白小, 은어)와 비슷하지만 조금 크고 비늘이 없다. 달걀이나 오리 알을 입혀서 기름으로 지지면 매우 맛이 좋다"고 했다. 요즘도 진해와 남해안에서는 뱅어에 달걀 옷을 입혀 전을 만들어 먹는데 그 맛이 별미이다.

△ 뱅어는 비옥(飛玉) 또는 옥어(玉魚)로 등장한다. 뱅어는 몸이 반투명하여 옥(玉)처럼 맑다.

뱅어는 바닷가 사람들에게 매우 인기 있는 어류였다. "월하시(홍시) 맛에 밤새는 줄 모르고, 뱅엇국에 허리 부러지는 줄 모른다"는 속담도 있다. 한때 영산강 지역의 여인들 사이에 뱅어를 먹기 위한 계가 유행했는데 이를 '뱅어되리'라고 한다. 이는 초겨울에 뱅어를 먹으면 속살까지 희어진다는 속설 때문으로, 뱅어의 흰 몸빛에서 우윳빛 살결을 떠올린 것으로 보인다.

그런데 뱅어는 베도라치 새끼인 실치와 온몸이 투명하다가 죽으면 흰색으로 바뀌는 사백어(死白魚, 농어목 망둑어과)와 혼동되기도 한다. 비슷하게 생긴 탓도 있지만 연안 오염으로 뱅어가 귀해지자 그 대체물로 등장하면서부터다.

실치는 충남 당진·보령·태안 앞바다가 주 무대이다. 특히 매년 봄이면 당진 장고항에서는 실치 축제가 열린다. 사백어는 경남 지방에서는 '병아리'라 부르며 횟감 또는 외줄낚시의 미끼로 쓰이는 조금 흔한 종이다.

그런데 뱅어·실치·사백어에 관한 흥미로운 연구 결과가 나왔다. 2011년 6월 28일 경상남도 수산자원연구소는 남해안 어업인들이 백어·사백어·실치라고 부르며 바다에서 잡던 어류가 붕장어 새끼인 실뱀장어라고 발표했다. 수산연구소의 발표는 한국해양연구원(현재 한국해양과학기술원)과 부경대학교의 유전자 분석과 형태학적 분석 등에 의해 과학적으로 입증되었다. 결국 사람들이 뱅어·실치·사백어라고 혼동하여 부르며 먹어왔던 어류의 상당량이 붕장어의 새끼인 실붕장어라는 이야기이다.

# 범돔

범돔(농어목 황줄깜정이과)은 호랑이에서 따온 이름이다. 이름만 듣고 백수의 제왕 호랑이를 떠올리면 상당한 카리스마를 지녔을 거라고 생각할 만하지만 실상은 그렇지 않다. 실제 크기가 20센티미터 정도에 지나지 않고, 상대를 위협할 만한 무기도 지니지 않았다. 이름에 '범' 자를 붙인 것은 황색 바탕에 검은색 줄무늬가 호랑이 무늬를 닮았기 때문이다.

범돔은 제주도 바다 등 온대 해역에서 무리 지어 다니는 비교적 흔한 어류이다. 식용으로 상업성은 없으나 크기가 작고 수족관에 적응을 잘해 관상용으로 인기가 있다.

▷ 범돔의 세로 줄무늬가 호랑이 무늬를 닮았다.

△ 범돔은 무리를 이루어 생활한다.

# 병어

병어는 농어목 병어과에 속하는 어류로, 몸이 납작하며 몸빛은 청색과 은색을 띤다. 무리 지어 생활하는 흰살 생선으로 맛이 담백하다.

병어라는 이름은 무리 지어 다니는 모양새가 병졸들의 행진이 연상되어 '병졸 병(兵)' 자를 붙였다. 한자로 '창어(鯧魚)'라고도 한다. 무리 지어 헤엄치면 금속 광택을 띤 은백색 몸이 퍽 아름답게 보여 '고기 어(魚) 자'에 '아름다울 창(昌)' 자를 붙였다. 『자산어보』에는 몸의 형태가 납작해서인지 '편어(扁魚)', 모양이 작은 항아리를 닮아 '병어(瓶魚)'라고 기록하고 있다.

▷ 병어는 잡히는 즉시 스트레스로 죽기 때문에 살아 있는 개체를 보기 힘들다.

# 복어

복어목에는 참복과, 가시복과, 개복치과, 거북복과, 쥐치과 등이 있다. 이 중 일반적으로 복어라 하면 참복과에 속하는 어류들을 말한다. 참복과에는 120~130종이 있다. 식용이 가능한 종으로는 참복, 황복, 자주복, 검복, 까치복, 복섬, 밀복, 졸복 등을 들 수 있다. 최고급 종은 참복, 자주복 등이며 까치복, 밀복, 졸복 등은 다소 대중적이다.

복어는 오래전부터 다양한 요리로 개발되어왔다. 이 중 백미는 회이다. 복어회를 주문하면 쟁반 바닥이 비칠 정도로 얇게 썰어 내온다. 이는 복어의 육질이 너무 단단하기 때문이다. 두껍게 썰면 단단한 육질이 고무 씹는 듯해 적당한 식감을 유지하려면 최대한 얇게 썰어야만 한다. 그래서인지 얼마나 얇게 썰 수 있느냐가 주방장 능력을 평가하는 기준이 되기도 한다.

복어가 지닌 독특한 미감은 오래전부터 전 세계 사람들에게 사랑받아왔다. 미식가들은 복어를 철갑상어 알인 '캐비아', 떡갈나무 숲의 땅속에서 자라는 버섯인 '트러플', 거위 간 요리인 '푸아그라'와 함께 세계 4대 진미로 꼽고 있다. 중국 북송 시대의 시인 소동파는 복어 맛을 가리켜 "사람

이 한 번 죽는 것과 맞먹는 맛"이라
극찬했다. 복어를 좋아하기는 일본
인도 한가지이다. "복어를 먹지 않
는 사람에겐 후지산을 보여주지 말
라"는 말이 있을 정도다. 우리나라
에서는 참복을 최고로 치지만, 중
국에서는 황복이, 일본에서는 자주
복이 인기가 있다. 이집트인들도

△경남 통영 서호시장 난전에서 한 상인이 졸복
을 장만하고 있다. 복어는 요리를 하기 전 독이
있는 내장, 간, 생식소, 알 등을 완전히 제거하고
충분히 씻어내야 한다.

복어 요리를 즐기며, 복어 껍질로 만든 지갑은 행운을 가져다준다고 믿고
있다. 아마 복어 몸이 부풀어 커지는 데서 연유한 상징적 의미일 듯하다.

복어는 위기를 느끼면 물이나 공기를 들이켜 몸을 부풀린다. 대부분의
포식자들은 갑작스러운 크기 변화에 놀라 주춤거리거나 달아나 버린다.
위험이 사라지면 부푼 몸의 크기는 원상태로 돌아온다. 이와 같이 배를
부풀리는 습성을 이름에 담아내고자 했던지 복어의 이름은 '배[腹]'와 관

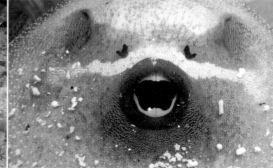

△위기를 느낀 복어가 물을 들이켜 배를 부풀리고 있다.

**『본초강목』**

중국 명나라 때의 본초학자 이시
진(1518~1593)이 거의 30년 만인
1578년에 초고를 완성하였고, 호
승룡이 이를 총 52권의 약학서로
1596년에 간행하였다. 약용으로
쓰이는 대부분의 것을 분류하였으
며 총 1,892종의 약재가 망라되어
있다.

**서시(西施)**

춘추 전국시대의 월나라 미인이다.
적국인 오나라 국왕 부차에게 끌
려간 후 부차가 나라를 다스릴 수
없을 정도로 혼을 빼놓아 결국 오
나라를 망하게 했다고 전해진다.

련이 있다.

『본초강목本草綱目』*에서는 복어를 서시유(西施乳)라 소개했다. 이는 '복어 껍질과 점막 사이의 살이 고대 중국 월나라의 절세미인 서시*의 젖가슴처럼 부드럽고 희다'고 보았기 때문이다. 이외에도 복어를 일컬어 공기를 흡입하여 배를 부풀게 한다 하여 기포어(氣泡魚), 폐어(肺魚)라 하고, 공 모양으로 둥글다 하여 구어(毬魚)라고도 불렀다. 일본에서는 '후구'라고 부르는데 이는 복어가 물 위로 떠오를 때 표주박(후쿠베) 같다고 해서 붙인 이름이다.

영어로 퍼퍼(Puffer)라 부르는 것도 물과 공기를 빨아들이면 '퍼' 하고 배가 부풀어 오르는 데서 이름을 따왔다.

복어는 종에 따라 각각의 이름이 붙었다.

까치복은 암회색 바탕에 흑갈색의 얼룩무늬가 등과 가슴지느러미 뒤쪽에 줄지어 있는데 이 줄무늬를 까치 무늬에 빗대어 붙인 이름이다. 그래서 한자로는 '까치 작(鵲)' 자를 붙여 작돈(鵲魨)이라 쓴다. 밀복(蜜服)은 활돈(滑魨)이라고도 하는데 몸이 매끄럽다는 의미이다. 여느 복어와 달리 바다에서 살다가 산란하기 위해 강으로 올라오는 황복(黃鰒)은 등이 회갈색, 배는 은색으로 몸의 옆면에 폭이 넓은 노란 줄무늬가 있어 전체적으로 노랗게 보인다. 황복을 가리켜 하돈(河豚)이라고도 한다. 복어 이름에 '돼지 돈(豚)' 자를 붙인 것은 배를 부풀린 복어의 모양새가 뚱뚱한 돼지를 닮은데다 돼지 우는 소리를 내기 때문이다.

**가시복**   복어가 테트로도톡신이라는 강력한 독으로 무장한 것과는 달리 몸에 날카롭고 긴 가시가 있다. 포식자에게 쫓기면 여느 복어처럼 배를 부풀리는데, 평상시 옆으로 누워 있던 가시들이 몸이 팽창하는 정도에 따라 꼿꼿하게 곧추서면서 포식자를 위협한다.

**거북복**   몸이 통통하고 둥글며 거의 네모나게 생겼다. 거북복이란 이름은 여느 복어와는 달리 비늘이 거북의 등딱지처럼 육각형의 굳은 갑판으로 되어 있기 때문이다. 거북복은 여느 복어처럼 물을 삼켜 몸을 부풀리지는 못하지만, 딱딱한 갑판으로 몸을 싸고 있어 포식자들이 만만하게 대할 수 없다.

**롱혼즈카우피시**   머리에 달린 뿔이 소의 뿔과 비슷하다고 해서 붙인 이름이다.

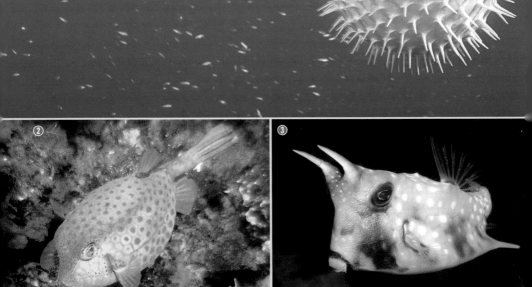

1 가시복이 물을 들이켜 몸을 부풀리자 옆으로 누워 있던 가시가 날카롭게 곧추섰다. 이렇게 되면 어떤 포식자도 가시복어를 공격할 수 없다.

2 거북복은 비늘이 거북의 등딱지처럼 육각형의 굳은 갑판으로 되어 있다.

3 롱혼즈카우피시는 열대성 어류로 제주도 해역에서도 가끔 발견된다. 모양이 독특하여 수족관에서 관상용으로도 인기가 있다.

## 복어독

복어에는 테트로도톡신이라는 맹독 물질이 있다. 테트로도톡신은 색깔과 냄새, 맛이 없는데다 끓여도 파괴되지 않는다. 어류학자 정문기 박사는 『어류박물지』에서 이 독의 위력이 청산가리의 열 배가 넘는다고 했다.

사람이 이 독을 먹으면 입술 주위나 혀끝이 마비되면서 손끝이 저리고 구토를 한 뒤 온몸이 경직되다가 결국 호흡 곤란으로 사망하게 된다. 이러한 증상은 30분 이내에 시작되고, 여덟 시간 만에 치사율이 40~80퍼센트에 이른다.

독이 조금만 남아 있는 채로 조리를 해도 치명적이므로 복어를 요리할 때 독을 제거하기 위해 충분히 씻어내야 한다는 의미로 "복어 한 마리에 물 3말"이라는 속담이 생겨났다.

테트로도톡신은 복어의 분류학상 과명인 'Tetraodontidae'에서 따온 이름이다.

# 볼락

쏨뱅이 양볼락과에는 볼락, 불볼락(열기), 조피볼락(우럭), 개볼락(꺽저구), 띠볼락 등 여러 종이 있다. 게다가 이들은 지역마다 뽈락, 뽈라구, 꺽저구, 열갱이, 열광이, 우럭, 우레기, 볼낙, 감성볼낙, 술볼래기, 검처구 등의 사투리로도 불린다. 이 볼락류는 단백질은 많지만 지방질이 거의 없는 전형적인 고단백 저칼로리 수산식품으로 회, 구이, 매운탕으로 인기가 있다. 볼락은 경상남도 도어(道魚)이기도 하다. 이는 볼락이 남해안 특산으로 맛이 뛰어난데다 이 지역에서 대규모로 양식하기 때문이다.

『우해이어보』에는 볼락을 '보라어(甫羅魚)'로 기록하고, 진해 사람들은 보라(甫鮳) 또는 볼락어(乶犖魚)라 부른다고 전한다. 그리고 보라어에 대한 풀이로 "우리나라 방언에 엷은 자주색을 보라(甫羅)라고 하는데, 보(甫)는 아름답다는 뜻이니 보라는 아름다운 비단이라는 말과 같다"라며 볼락이라는 이름이 곱고 아름다운 색(色)에서 나왔음을 이야기하고 있다.

그런데 볼락 중 조피볼락처럼 검은색을 띠는 종도 있다. 우리나라에서 넙치 다음으로 양식을 많이 하는 조피볼락은 우럭이라는 이름으로 더 잘 알려져 있는데 볼락류 중에서 가장 큰 종으로 몸길이가 60센티미터 이상

성장하기도 한다. 조피볼락이라는 이름은 고운 색의 볼락과 달리 암회색의 몸색이 거칠게 느껴져 식물의 줄기나 뿌리 따위의 거칠거칠한 껍질을 의미하는 우리말인 '조피'를 붙인 것으로 보인다.

조피볼락을 흔히 우럭이라 부르는 것은 「전어지」에 '울억어(鬱抑漁)'라 기록된 것에서 그 유래를 찾을 수 있다. 이는 조피볼락이 입을 꾹 다물고 있는 모습이 고집스럽고 답답해 보여 '막힐 울', '누를 억' 자를 쓴 것으로 추정된다. 입을 꾹 다물고 말하지 않는 답답한 상황을 "고집쟁이 우럭 입 다물 듯"이라고 하는 것도 이런 맥락이다. 『자산어보』에는 조피볼락을 "언제나 돌 틈에 노닐면서 멀리 헤엄쳐 가지 않는다"고 묘사하고 있다. 실제로 조피볼락은 바위틈을 좋아해 암초지대에서 살아간다. 이런 습성 때문에 서구에서 조피볼락을 록피시(Rock fish)라 한다. 조피볼락은 육질이 단단해 구이를 좋아하는 음식 문화권에서는 최고의 어류로 대접받는다.

◁ 햇빛이 충분히 투영되는 얕은 수심에서 볼락을 관찰하면 몸빛이 참 곱다는 것을 느낄 수 있다. 볼락이라는 이름은 아름다운 몸빛에서 비롯되었다.
▷ 야행성인 볼락은 낮 시간 동안 주로 암초 주위에서 무리를 이루며 밤을 기다린다.

1 조피볼락 우리나라에서 넙치 다음으로 양식을 많이 하는 어종이다. 입을 꾹 다물고 있는 모양새가 상당히 고집스럽게 보여 우럭이라는 방언으로도 불린다.

2 불볼락 전남 신안군 흑산도, 가거도, 홍도 해역은 불볼락 산지이다. 매년 9월 말 홍도를 중심으로 한 도서 지역에서 불볼락 축제가 열린다. 불볼락이란 이름은 이들의 몸 색깔이 불타듯 붉게 보이는 데서 찾을 수 있다.

3 개볼락(Sebastes pachycephalus) 몸 전체에 황갈색, 적갈색, 흑갈색, 남색 등 매우 다양한 색이 나타나는 등 주변 환경에 따라 색의 변화가 심하다. 이런 몸 색깔의 변화가 다소 지저분하고 산만하게 보여서인지 볼락 앞에 '개' 자가 붙었다. 선조들은 가치가 없는 것을 지칭할 때 '개' 자를 붙이곤 했다.

4, 5 띠볼락 볼락류와 구별되는 가장 큰 특징은 꼬리지느러미 뒤쪽에 흰 테두리가 있다는 점이다.

# 블루라인스내퍼

블루라인스내퍼는 인도양과 태평양 열대 해역의 얕은 수심대에서 주로 발견된다. 화려한 몸 색깔과 함께 어우러진 움직임은 수중세계를 방문하는 사람들의 눈을 행복하게 해준다. 수백 마리가 한 덩어리가 되어 산호초 사이를 통통 튀듯 다니는데, 그 현란한 움직임이 마치 오케스트라 지휘자의 지휘봉 끝에서 나오는 듯 율동적이다.

멀리서 보면 전체적으로 노란색이지만 가까이 다가가면 몸에 새겨진 네 줄의 푸른색 세로 줄무늬를 관찰할 수 있다. 이들 블루라인스내퍼는 통돔과에 속한다.

▷ 열대 바다 산호초 지대에 서식하는 블루라인스내퍼는 노란색 몸에 파란색 줄무늬가 있다.

# 빨판상어

호랑이가 여우를 잡았다. 교활한 여우는 호랑이에게 호통을 쳤다.

"나는 천제(天帝)의 명을 받은 사자(使者)다. 네가 나를 해치게 되면 천제의 명을 어기는 것이니 큰 벌을 받을 것이다. 천제의 명을 다른 동물들은 다 알고 있는데 너는 어찌 모른단 말이냐. 만약 내 말이 믿기지 않는다면 내가 앞장설 테니 내 뒤를 따라와 봐라……."

호랑이는 고개를 갸웃거리며 여우와 함께 길을 나섰다. 그런데 만나는 짐승마다 모두 꼬리를 내리고 달아나기에 바쁜 게 아닌가? 사실 짐승들이 달아나는 것은 여우 뒤를 따라가던 호랑이 때문이었지만 호랑이는 그 사실을 깨닫지 못했다. 이는 중국 고사에 등장하는 '호가호위(狐假虎威)'에 대한 이야기로 아랫사람이 윗사람의 권위를 빌려 위세를 부리는 행위를 말한다.

바닷속에는 상어, 거북, 가오리, 고래 등 대형종에 빌붙어 사는 종이 있다. 마치 여우가 호랑이의 위세를 이용하듯 이들은 덩치 큰 바다동물을 따라다니며 자기 이익을 챙긴다. 바닷속 호가호위의 주인공은 바로 농어목에 속하는 빨판상어이다. 빨판상어라는 이름은 빨판으로 상어 몸에 붙

△ 빨판상어 두 마리가 상어 배에 붙어 있다. 빨판상어라는 이름은 빨판으로 상어 몸에 붙은 채 다닌다 해서 붙인 이름일 뿐 상어와 분류학상 연관성은 없다.

어 다닌다 해서 붙인 이름일 뿐 상어와는 분류학상 아무 연관성이 없다. 등지느러미가 변형된 타원형의 빨판에는 20~28개의 흡반이 있는데 이 흡반을 자유자재로 상대 어류의 몸에 붙이고 떼어낼 수 있다. 이들이 대형종에 붙어 다니는 것은 자신에게 여러모로 이득이기 때문이다. 대형종이 사냥할 때 떨어뜨리는 부스러기를 받아먹을 수 있을 뿐 아니라 먼 거리를 힘 안 들이고 다닐 수도 있다.

특히 다른 동물들을 내려다보는 호가호위의 위세는 나름 즐길 만할 것이리라. 상어나 덩치 큰 바다동물에 붙어 다니는데 어느 간 큰 동물이 함부로 덤빌 수 있겠는가?

△ 등지느러미가 변형된 타원형의 빨판에는 20~28개의 흡반이 있다.

# 삼치

삼치는 농어목 고등어과에 속하는 물고기이다. 고등어와 생김새가 닮아서인지 삼치의 학명도 'Skombros(고등어)'와 'Homoros(닮은)'의 합성어인 *Scomberomorus*이다. 하지만 등이 둥글게 부풀어 오른 고등어와 달리 크기가 1미터에 달하는 삼치는 미끈하게 잘생겼다. 삼치라는 이름은 이 늘씬한 물고기가 2~3미터까지 쭉쭉 뻗어 자라는 삼(대마)을 닮았다고 보았기 때문은 아닐까? 삼은 과거 삼베옷을 만들기 위해 농가에서 재배했던 흔한 식물이었다.

◁ 삼치는 미끈하게 잘생겼다. 삼치라는 이름은 이 늘씬한 물고기가 쭉쭉 뻗어 자라는 삼(대마)을 닮았기 때문은 아닐까?

소금구이, 찜, 튀김 등으로 요리해 먹는 삼치는 살이 연한데다 맛이 고소하고 부드럽다. 그런데 이런 맛깔스러움은 싱싱한 경우에만 그러하며 다른 생선보다 부패가 빨라 겉으로는 싱싱해 보여도 속이 상한 경우가 더러 있다. 서유구의 『난호어목지』에는 삼치를 마어(麻魚) 또는 망어(亡魚)라 기록하며 어민은 즐겨 먹으나 사대부는 입에 대지 않을 뿐 아니라 기피했다는 설명을 붙였다.

삼치에 '망할 망(亡)' 자가 붙은 데에는 다음과 같은 이야기가 전해진다.

과거 강원도 관찰사로 부임한 아무개가 동해에서 잡히는 삼치 맛에 흠뻑 빠졌다. 소금을 쳐서 구워 먹으면 짭조름하고 고소함이 별미 중 별미였다. 관찰사는 자신을 이곳에 보내준 한양의 정승에게 고마움의 표시로 큼직한 것을 골라 수레에 가득 실었다. 강원도에서 출발한 수레가 한양 정승 집에 도착한 것은 몇 날이 지난 후였을 것이다. 삼치를 받아든 정승은 큼직큼직하고 미끈한 모양새에 흡족했다. 그런데 그날 밥상에 오른 삼치 맛을 본 정승은 입안에 가득 찬 썩은 냄새에 비위

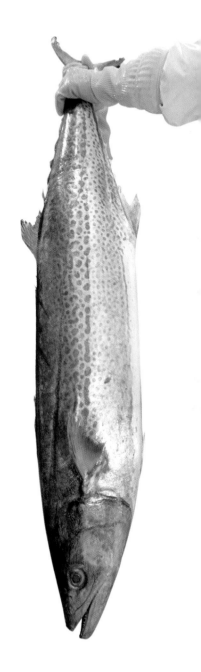

가 상해 며칠 동안 입맛을 잃어버리고 말았다 한다. 겉모습은 멀쩡해도 속은 이미 상할 대로 상해버린 탓이다.

이후 관찰사는 어떻게 되었을까?

정승은 썩은 고기를 보냈다는 괘씸함에 관찰사를 파직시키고 말았다는 데……. 관찰사 입장에선 삼치 때문에 벼슬길이 망한 꼴이다. 그래서 후세 사람들은 삼치를 망어로 부르게 되었으며, 사대부는 벼슬길에서 멀어지는 고기라 해서 멀리하였다고 한다.

# 상어

상어는 바닷속 위험한 동물의 대명사이자 강력한 포식자이다. 이러한 상어의 명성은 날카로운 이빨 때문이다. 이빨은 상어의 상징이며 400여 종의 상어마다 기능적인 특성을 달리한다.

영화 「죠스」의 백상아리는 삼각형 이빨에 가장자리가 톱니형으로 되어 있어 아무리 큰 먹이라도 입에 물고 턱을 좌우로 흔들면 쉽게 잘라 먹을 수 있다.

헤밍웨이의 소설 「노인과 바다」의 모델인 청상아리는 뾰족한 송곳 모양의 이빨이 예리하게 안으로 휘어져 있어 먹이를 포크처럼 찔러 꼼짝 못하게 만든 다음 입안으로 끌어들이면서 씹어 먹는다.

현존하는 어류 중 가장 덩치가 큰 고래상어는 이빨의 크기가 3밀리미터 안팎에 지나지 않는다. 그래서 먹이사냥도 수염고래처럼 물을 쭉 들이켜 함께 휩쓸려 들어온 작은 어류나 플랑크톤을 걸러서 먹는 방식을 사용한다. 어류임에도 포유류인 고래 이름을 붙여 고래상어(Whale shark)로 부르는 것은 덩치가 고래만큼 큰데다 먹이사냥 방식 또한 고래를 닮았기 때문이다.

△ 상어는 바닷속 위험한 동물의 대명사이자 강력한 포식자이지만 상어가 헤엄치는 모습은 매력적이다.

△ 상어 이빨은 크게 백상아리형과 청상아리형으로 나눌 수 있다. 백상아리(왼쪽)는 삼각형 이빨에 가장 자리가 톱니형으로 되어 있고, 청상아리(오른쪽)는 뾰족한 송곳 모양의 이빨이 예리하게 안으로 휘어져 있다.

△ 상어가 나타나자 스쿠버 다이버들이 긴장하고 있다. 상어 또한 사람의 출현에 긴장하기는 매한가지이다. 상어에게 위협적인 행동을 하지 않으면 대부분의 상어들은 사람을 공격하지는 않는다.

△ 상어 이름은 피부에서 유래한다. 한자 문화권에서 상어를 사어(沙魚)라고 쓴다. 이는 피부가 미세한 돌기구조라서 껍질이 모래(沙)처럼 거칠기 때문이다.

상어 이름은 피부에서 유래한다. 한자 문화권에서 상어를 사어(沙魚)라고 쓴다. 이는 피부가 미세한 돌기구조라서 껍질이 모래(沙)처럼 거칠기 때문이다. 예전에는 상어 껍질을 말려 사포 대용으로 사용했다니 거친 정도를 짐작할 만하다. 그런데 상어 피부의 돌기구조는 상어가 빨리 움직이는 데 도움을 준다. 2002년 시드니 올림픽에서 오스트레일리아의 '이언 소프'는 목에서부터 발목까지 감싸는 전신 수영복을 입고 3관왕에 올랐다. 전신 수영복의 재질과 디자인은 빠른 속도로 물살을 헤치는 상어에서 아이디어를 따왔다. 매끄러운 몸으로 수영을 하면 물이 피부에서 빙글빙글 맴도는 와류현상이 일어나 마찰 저항이 늘어나지만 상어 피부와 같은 돌기구조를 차용한 수영복은 와류현상을 억제해 마찰을 줄여주기에 수영 속도를 높여준다. 이러한 원리는 수영복뿐 아니라 항공기, 자동차, 잠수함 등에도 차용되어 연료효율을 높이는 데 크게 기여하고 있다.

**고래상어** 전 세계적으로 400여 종에 이르는 상어는 종의 수만큼이나 크기가 다양하다. 그 가운데 가장 작은 상어는 콜롬비아 해역에 서식하는 돔발상어과의 스카리올루스 라티카우두스로 성체가 20센티미터 안팎에 불과하다. 가장 큰 상어는 길이 18미터, 무게가 15~20톤에 이르는 고래상어이다. 몸의 크기나 작은 바다생물을 걸러 먹는 식습성을 보면 수염고래류와 꼭 닮았지만 해부학적으로는 물렁뼈가 있는 연골어류라 상어로 분류한다.

고래상어라는 이름은 1828년 '앤드류 스미스(Andrew Smith)'라는 사람이 남아프리카 테이블 만에서 작살로 잡은 표본에 Whale shark라 이름 붙인 것에서 유래한다.

△ 지구상에서 가장 큰 어류로 분류되는 고래상어는 수염고래처럼 물을 들이켜 크릴이나 작은 바다생물을 걸러 먹는다.

지중해를 제외한 열대와 온대 바다에 걸쳐 광범위하게 분포하는 고래상어는 이따금 우리나라 연안을 찾아와 화제가 되기도 한다. 2004년 8월에 거제도 앞바다에서 현지 스쿠버 다이버에 의해 촬영되어 그 신비로운 몸짓을 선보이더니 2006년 9월에는 해운대 바닷가에서 기진맥진한 채 발견되기도 했다. 당시 탈진한 고래상어를 바다로 돌려보내기 위해 많은 사람들이 노력을 기울였지만 결국 죽고 말았다. 2017년 8월에는 경북 영덕군 강구면 오포해수욕장으로 떠밀려온 고래상어를 바다로 돌려보내기도 했다.

고래상어를 비롯한 상어들은 그물에 걸리거나 물리적인 제약으로 헤엄을 치지 못하면 익사한다. 어류인 상어가 물속에서 숨이 막혀 죽는다는 것에 대해 고개를 갸우뚱할 수 있겠지만 일반적인 어류는 아가미를 능동적으로 펌프

질 하며 아가미를 통과하는 물속의 산소를 흡수할 수 있지만, 아가미 기능이 수동적인 상어류는 물이 아가미를 통과할 수 있게 늘 입을 벌리고 헤엄쳐야 한다. 이때 물리적 원인 등으로 헤엄칠 수 없게 되면 상어들은 체내에 산소 공급이 끊겨 죽음에 이르고 만다.

고래상어는 고기 맛이 좋아 대만, 필리핀 등 동남아 지역에서 비싼 가격으로 거래되는데다 성장까지 느려 멸종위기를 맞고 있다. 이 때문에 2003년부터는 「사이테스(CITES, Convention on International Trade in Endangered Species of Wild Fauna and Flora)」*에 따라 멸종위기 종으로 보호받고 있다.

제브라샤크(Zebra shark)  어릴 때 검은색과 흰색 줄무늬가 있어 얼룩말을 닮았지만, 성장하면서 줄무늬가 사라지고 몸 전체에 검은색 점무늬가 생긴다. 제브라샤크는 수족관에 적응을 잘해 인기 있는 어종이다.

▽ 제브라샤크

# 서대

가자미목 서대아목에 속하는 물고기의 총칭으로 서대기라고도 한다. 「전어지」에는 혀를 닮았다고 보았는지 '설어(舌魚)'라 썼고, 우리말로는 셔대 또는 서대라 했다. 『자산어보』에는 "장접(長鰈)이라 하고, 몸은 좁고 길며 짙은 맛이 있다. 모양은 마치 가죽신 바닥과 비슷하다"고 하고 속명을 '혜대어'라고 하였다. 영어명은 '붉은 혓바닥'이란 의미의 'Red tongue sole'이다.

서대는 가자미·넙치와 같은 저서성 어류로 바닥에 납작 엎드려 지낸다. 눈이 없는 쪽의 몸에는 색소가 없으며 바닥에 닿아 있다. 서대는 여수를 중심으로 한 남해안 중서부 지방의 명물로, 이 지방에선 "서대가 엎드려 있는 개펄도 맛있다"고 할 만큼 맛 좋은 생선으로 대접한다.

△ 바닥에 은신하고 있는 서대의 모습이다. 황갈색 바탕에 9~13쌍의 흑갈색 가로띠가 예쁘게 보여서인지 각시서대라는 이름이 붙었다.

# 성대

물고기 가운데 소리를 내는 종이 있다. 쏨뱅이목 성대과에 속하는 성대
가 주인공이다.

성대는 배 속에 있는 위장을 강한 근육으로 누르면서 부레를 압축하여
마치 개구리가 우는 것처럼 '꾸룩꾸룩' 소리를 낸다. 성대를 여럿 잡아 어
선 안의 창고(어창)에 넣어두면 물 밖으로 머리를 내밀고 울어대는 소리로
소란스럽다.

성대는 소리를 내는 것 이외에도 몇 가지 독특함이 있다. 가슴지느러미
가 넓은 부채모양인데 이를 활짝 펼치면 상대를 놀라게 할 정도이다. 성
대류는 가슴지느러미가 변형된 발을 이용해 바닥을 기어 다니기도 한다.

△ 성대의 붉은색 몸과 푸른색의 지느러미는 보는 시각에 따라 위협적일 수 있다.

△ 쭉지성대과에 속하는 쭉지성대가 넓은 가슴지느러미를 활짝 펼치고 있다. 이 가슴지느러미는 노란색
바탕에 갈색 타원형 무늬가 있고, 끝부분은 푸른빛을 띤다.

# 솔저피시

    금눈돔목 얼게돔과에 속하는 솔저피시(Soldierfish)는 산호초가 주 무대인 열대 어류이다. 낮에는 산호초 틈이나 동굴 속에서 휴식을 취하다가 밤이 되면 무리를 이루어 활동한다. 무리 지어 움직이는 모습이 마치 행군하는 군인들을 닮았다 해서 '솔저'라는 이름이 붙었다.

    대부분의 어류가 먹이를 쪼아 먹는 데 비해 솔저피시는 먹이에게 돌진한 다음 큰 입으로 삼켜버린다. 등지느러미가 날카롭고 비늘도 갑옷처럼 뾰족하다. 눈이 커서 '빅아이피시'라고도 불리며, 붉은색을 띠고 있어 우리말로는 '적투어'라 이름 붙였다.

△ 솔저피시의 유영 모습이 행군하는 군인들을 닮았다.

# 송어

청어목 연어과에 속하는 송어는 연어와 비슷하게 생겼다. 연어와 비교하면 몸길이가 60센티미터로 조금 작은 편이며, 주둥이가 약간 뭉텅하다. 몸 색깔은 등 쪽이 짙은 청색, 배 쪽은 은백색이고 등과 꼬리지느러미에 검은색 반점이 있는 것이 특징이다. 주로 경남 이북의 동해안에 분포하지만 과거 한류 세력이 강했을 때는 남해안에 있는 하천을 거슬러 오르기도 했다.

송어는 5~6월께 하천을 거슬러 올라와서 8~10월께 하천 상류에 산란을 한 다음 죽는다. 부화한 치어는 1년 내지 2년 정도 하천에서 살다가 9~10월 바다로 내려간다. 연어와 한가지로 모천 회귀성을 지니고 있어 바다에서 2, 3년 지낸 뒤 유어기 때 살던 하천으로 되돌아간다.

송어라는 이름에 대해 『난호어목지』에는 살의 빛깔이 붉고 선명하여 소나무 마디와 같으므로 그 이름을 송어라 하였고, 『오주연문장전산고五洲衍文長箋散稿』*에는 몸에서 소나무 향기가 나므로

『오주연문장전산고』
실학자 이덕무의 손자이며 19세기의 학자 이규경(1788~1863)이 쓴 백과사전 형식의 책으로 60권 60책의 필사본이 전하고 있다. 역사·경학·천문·지리·불교·도교·서학·풍수·예제·재이(災異, 재해나 자연현상의 이상징후)·문학·음악·병법·풍습·서화·광물·초목·어충(魚蟲)·의학·농업·화폐 등에 관한 내용이 망라되어 있다.

△ 강원도 평창군에서 열린 송어축제에 참가한 관광객들이 송어를 들어 올리며 밝게 웃고 있다.

△ 매년 겨울 강원도 평창군에서는 송어축제가, 화천군에서는 산천어축제가 열려 지역의 대표 축제로 자리매김하고 있다. 사진은 산천어축제를 찾은 관광객들의 모습이다.

송어(松魚)라 한다고 하였다. 지금은 무지개처럼 아름다운 색을 띤 무지개 송어를 사육하는데 이는 수산자원을 늘리기 위해 1965년 미국 캘리포니아에서 종란 1만 개를 수입하여 강원도 평창에서 양식을 시작한 것에서 비롯되었다.

바다로 나가 산란기에만 돌아오는 송어 중에서 생활습성이 바뀌어 강에 머물러 사는 어류가 산천어이다. 일본명 야마메(ヤマメ, 山女魚)는 '산의 여인'이라는 뜻이다. 60센티미터까지 자라는 송어와 달리 몸길이가 그 절반에도 미치지 못하는 경우가 대부분이다.

산천어는 수온이 섭씨 20도를 넘지 않고, 용존 산소량이 9ppm을 넘는 강 상류의 맑은 물에서 살아간다. 송어와 마찬가지로 예로부터 고급 식용어였으며, 현재는 양식을 하기도 한다. 강에 사는 산천어는 암컷보다는 수컷이 많은데, 이는 암컷이 바다로 내려가 생활하다가 산란기가 되어야 올라오는 반면, 수컷은 바다로 내려가지 않고 강에서 생활하는 방식에 적응한 것으로 추정된다.

◁ 경북 민물고기전시장 수족관에 전시된 산천어 모습이다. 산천어는 송어 중 생활습성이 바뀌어 강에 머물러 사는 종이다.

# 숭어

    숭어는 우리나라에 서식하는 물고기 중 방언과 속담을 가장 많이 가진 어종이다. 방언의 대부분은 숭어가 성장함에 따라 이름이 달라 '출세어'라고도 하는데 그 종류만도 100개가 넘는다. 서남해 해안가에서는 작은 것을 '눈부럽떼기'라고 부른다. 크기가 작다고 무시해서 "너도 숭어냐" 했더니 성이 난 녀석이 눈에 힘을 주고 부릅떠서 붙은 이름이다. 한강 하류지방 사람들은 7월 숭어를 '게걸숭어'라 불렀다. 이는 산란 직후 펄 밭에서 게걸스럽게 먹이를 먹는 모습에서 비롯되었다.

    이외에도 6센티미터 정도의 작은 것을 '모치'라 하고, 8센티미터 정도면 '동어'라 한다. 크기가 커짐에 따라 글거지, 애정이, 무근정어, 무근사슬, 미패, 미렁이, 덜미, 나무래미 등으로 불리며 그 밖에도 걸치기, 객얼숭어, 나무래기, 댕기리, 덜미, 뚝다리, 모그래기, 모대미, 모쟁이, 수치, 숭애, 애사슬, 애정어, 언지 등의 이름이 있다.

    숭어와 관련된 속담을 살펴보면 선조들의 관찰력과 해학을 엿볼 수 있다. 숭어는 빠르게 헤엄치다 꼬리지느러미로 수면을 쳐서 1미터 가까이 뛰어오르는 습성이 있다. 그런데 너무 흔해 만만하게 취급받던 망둥이도

△부산 송도해수욕장에 숭어가 모습을 드러냈다. 숭어는 우리나라 전 연안에 걸쳐 흔하게 발견되는 어종이다 보니 이들에 관한 방언과 속담이 많다.

갯벌에서 '풀쩍풀쩍' 뛰어오른다. 선조들은 숭어와 망둥이가 뛰는 꼴을 비유하여 남이 하니까 분별없이 덩달아 나선다는 의미로 "숭어가 뛰니까 망둥이도 뛴다"라는 속담을 만들어냈다.

수온에 따라 서식환경을 바꾸는 숭어는 계절에 따라 맛의 차이가 있다. 이를 빗대어 "여름 숭어는 개도 안 먹는다", "겨울 숭어 앉았다 나간 자리 펄만 훔쳐 먹어도 달다" 등의 속담이 전해진다. 북한 속담에 "숭어와 손님은 사흘만 지나면 냄새 난다"라 했는데 이는 아무리 반가운 손님도 너무 오래 묵으면 부담이 되고 귀찮은 존재가 됨을 비유적으로 이르는 말이다. 이외에 "그물 던질 때마다 숭어 잡힐까", "숭어 껍질에 밥 싸먹다가 논 판다" 등의 속담이 전해지고 있다. 물고기 하나에 이렇게 방언과 속담이

△부산 가덕도 어민들이 전통 어업방식인 '육수장망 어로법'으로 숭어를 잡아들이고 있다. '육수장망'이란 배 여섯 척이 장막을 치듯 바닷속에 그물을 깔아놓고 기다리면, 산에 올라 숭어의 움직임을 살피던 어로장이 신호를 보낸다. 이때 일제히 그물을 끌어올려 숭어를 잡는 방식이다.

많은 것은 숭어가 오랜 세월 동안 선조들의 삶과 함께했다는 방증이기도 하다.

숭어는 '수어(秀魚)'로도 불렸는데 이름의 유래는 다음과 같다. 옛날 중국 사신이 와서 숭어 맛을 보고 고기 이름을 묻자 역관이 '水魚'라 대답했다 한다. 중국 사신이 물에서 나는 고기이면 다 '水魚'가 아니냐며 빈정대자 옆에 있던 다른 역관이 '빼어날 수(秀)'를 붙여 '秀魚'라 한다고 하자 그제야 고개를 끄덕였다 한다. 숭어는 흔한 편이지만 '숭상받을 숭(崇)' 자나 '빼어날 수(秀)' 자를 붙인 것은 미끈하고 큼직한 몸매에 둥글고 두터운 비늘이 가지런히 정렬되어 기품 있어 보이는데다 금상첨화로 맛 또한 뛰어나 제사상뿐 아니라 수라상에도 올랐기 때문이다.

## 가숭어

숭어와 비슷하게 생긴 가숭어는 눈이 노란색을 띠며 기름눈꺼풀(눈에 있는 투명한 막)이 없어서 숭어와 구별된다. 숭어가 전국에 고루 분포하는 반면 가숭어는 주로 서해안에 서식하고, 숭어보다 기수역 더 가까이에 서식한다. 꼬리지느러미 끝자락 윤곽이 제비 꼬리처럼 깊게 파인 숭어에 비해 가숭어는 거의 직선에 가깝게 약간 오목한 편이 또 다른 구별점이다. 가숭어는 숭어보다 훨씬 씨알이 커 1미터까지 자라기도 한다.

생김새도 늘씬해 가숭어를 '참숭어'로, 숭어를 '개숭어' 또는 '뻘숭어'라고 부르기도 하여 주객이 뒤바뀐 경우가 종종 발생한다. 숭어는 10월에서 이듬해 2월에 산란하므로 여름~가을철이 맛이 있고, 가숭어는 5~6월에 산란하므로 겨울에서 이듬해 이른 봄이 제철이다. 따라서 "여름 숭어는 개도 안 먹는다"는 속담에 등장하는 숭어는 가숭어이다.


## 슈베르트의 가곡은 「숭어」가 아니라 「송어」

독일 작곡가 슈베르트는 1817년 가곡 「송어Die Forelle」를 작곡했다. 낚시꾼이 거울같이 맑은 물속에 사는 송어를 잡기 위해 물을 흐려놓고 송어가 어리둥절한 틈을 타 낚아 올린다는 내용으로, 어수선한 사회 분위기 속에서 설쳐대는 간교한 사람들의 속임수를 은유적으로 표현한 가곡이다.

그런데 이 Forelle가 일제 강점기 당시 일본인들이 숭어로 번역하여 전달하는 바람에 아직도 슈베르트의 가곡을 「송어」가 아닌 「숭어」로 잘못 알고 있는 사람이 많다.

## 어란

어란(魚卵)은 숭어 알젓을 가리킨다. 거의 모든 물고기가 알을 낳지만 일반명
사인 어란이 고유명사처럼 쓰이게 된 것은 그만큼 맛이 좋아 귀하게 대접받
기 때문이다. 어란은 산란기의 알집을 끄집어내서 소금물에 담가 핏물을 뺀
후, 하루 정도 맑은 간장에 절인 다음 그늘에서 건조-압축-재건조 등의 과
정을 거쳐 만들어지며 생산량이 많지 않은 귀한 음식이다.

　어란 중에는 예로부터 영암 어란을 으뜸으로 쳤다. 기름진 펄을 먹고 알이
통통하게 밴 참숭어가 알을 낳으러 올라오는 영산강이 바로 전남 영암에 인
접해 있기 때문이다. 일본의 에도(江戶)시대에는 어란을 성게 생식선, 해삼 창
자와 함께 천하 3대 진미로 다루었다.

# 슈림프피시

물고기 중에는 갈치나 해마처럼 바로 서서 다니는 종이 있는가 하면, 머리를 아래로 하여 이동하는 슈림프피시 같은 종도 있다. 이들이 물구나무서기로 다니는 것은 포식자의 눈을 속이기 위함도 있지만, 주식인 작은 새우를 잡아먹는 데 주둥이를 아래로 향하는 것이 효율적이기 때문이다. 뿐만 아니라 삐죽삐죽 튀어나온 성게가시나 산호 가지 사이에 몸을 숨기기에도 적합하다.

영어권에서 슈림프피시라고 이름 붙인 것은 주식으로 작은 새우(Shrimp)를 잡아먹기 때문이다. 다른 이름으로 '면도칼고기(Razorfish)'라고도 불리는데, 이는 배가 면도날처럼 얇기 때문이다. 큰가시고기목에 속하는 슈림프피시는 10센티미터로 작지만, 하루에 1,000마리 정도의 새우를 잡아먹는 대식가이다.

△ 이들이 물구나무서기로 다니는 것은 주식인 작은 새우를 잡아먹는 데 주둥이를 아래로 향하는 것이 효율적이기 때문이다.

△ 한 무리의 슈림프피시가 혹가시산호 가지 사이로 몸을 숨기고 있다.

# 스톤피시

　쏨뱅이목 쑤기미과에 속하는 스톤피시는 강렬한 독을 지닌 위험한 어류이다. 산호초 위나 바닥에 부채모양으로 생긴 커다란 두 가슴지느러미로 몸을 받친 채 움직임을 멈추고 있는데, 물속에서 보면 갑옷처럼 거칠고 단단한 겉모습이 돌덩이처럼 보여 '스톤피시(Stone fish)'라는 이름

△ 해질 무렵 바닷속에서 만난 스톤피시이다. 스톤피시의 존재를 인식하지 못하고 가까이 가면 상당히 위험하다.

을 붙였다. 지역에 따라서는 무시무시한 독을 특징화하여 '독전갈물고기(Poison scorpionfish)'라고도 부른다.

스톤피시의 은신과 기다림은 먹이사냥을 위함이다. 스톤피시의 존재를 인식하지 못하고 지나가는 먹잇감이 있다면 엄청난 순발력을 가진 스톤피시를 피할 수 없다. 이들은 큰 먹이를 통째로 삼킬 수 있을 정도로 입과 위가 크다. 입은 아래턱이 위쪽으로 향하고 있어 위로 지나가는 먹이를 한 번에 삼킬 수 있도록 잘 발달되어 있다. 혹여 포식자가 스톤피시를 잘못 건드리면 등 부위에 있는 12~14개의 독침으로 공격한다. 독침은 강하고 날카로워 웬만한 바다동물의 몸을 뚫을 수 있다.

스톤피시는 대개 검은색 계통의 흑갈색이지만 회색, 노란색, 주황색 등으로 변할 수 있다.

# 실러캔스

1938년 12월 22일 남아프리카공화국 이스트런던박물관의 큐레이터인 라티머는 이상하게 생긴 물고기가 잡혔다는 연락을 받고 현장으로 달려갔지만 그 역시 물고기 정체를 알 수 없었다. 라티머는 물고기를 스케치한 그림과 관찰기록을 남아프리카공화국 로데스대학교의 어류학자인 스미스 교수에게 보내 감정을 의뢰했다. 스미스 교수는 라티머가 보낸 자료를 보고 이 물고기가 이미 6,600만 년 전에 지구상에서 멸종한 것으로 알려진 실러캔스임을 확인했다.

△ 남아프리카 공화국 J.L.B 스미스 어류연구소에 박제로 보관중인 처음 잡힌 실러캔스 표본이다. 몸의 길이는 1.5미터 정도이며 가슴지느러미, 배지느러미가 크다.(사진 제공: J. L. B 스미스 어류연구소)

실러캔스는 1839년 스위스의 고생물학자인 아가시가 영국 잉글랜드 북동부의 더럼 지역에 분포하는 고생대 페름기의 슬레이트에서 산출된 어류 표본을 근거로 최초로 기재했다. 그는 발견한 표본의 어류가 꼬리지느러미 가시의 속이 비어 있는 것을 발견하고, 고대 그리스어에서 이름을 따와 실러캔투스(Coelacanthus)로 명명했다. 실러캔스(Coelacanth)는 실러캔투스를 현대의 라틴어화한 것으로, 한자로는 공극어류(空棘魚類)라 한다.

고생물학계에서는 1938년의 현생 실러캔스 발견을 '20세기의 가장 위대한 발견' 중의 하나로 인정하고 있다. 이는 실러캔스 화석이 전 세계적으로 약 3억 9,000만 년 전인 고생대 데본기부터 약 6,600만 년 전인 중생대 백악기 사이의 암석에서만 산출되고, 그 이후의 암석에서는 산출되지 않았기 때문에 실러캔스가 공룡과 함께 백악기 말에 절멸된 것으로 여겼기 때문이다. 그러나 1938년 현생 실러캔스가 잡히면서 이들이 지구상에서 완전히 사라지지 않고 거의 4억 년 동안 현재 형태를 유지하며 살고 있었다는 것이 확인되었다. 실러캔스처럼 화석 속의 모양과 지금 살아 있는 생물의 모양이 똑같은 생물들을 '살아 있는 화석'* 이라고 한다.

실러캔스는 헤엄칠 때 오른쪽 가슴지느러미와

왼쪽 배지느러미를 함께 움직인다. 그다음엔 왼쪽 가슴지느러미와 오른쪽 배지느러미를 함께 움직이는데 이 같은 실러캔스의 움직임은 인간을 포함하는 네발 달린 척추동물이 걸을 때의 움직임과 동일하다. 사람은 걸을 때 왼발이 앞으로 나갈 때 오른쪽 팔이 앞으로 나간다. 그다음 오른발과 왼팔을 앞으로 내디딘다. 네발 달린 동물도 한가지이다. 오른쪽 앞발과 왼쪽 뒷발을 함께 앞으로 내딛고, 그다음 왼쪽 앞발과 오른쪽 뒷발을 앞으로 내디뎌서 걷는다.

이 같은 육상동물의 동작을 근거로 과학자들은 실러캔스가 고생대 데본기에 최초로 나타난 네발로 걷기 시작하는 육상동물의 진화와 관련 있다고 생각한다. 최근 유전학적 연구에 따르면, 네발로 걷기 시작한 육상동물의 직접적인 조상은 폐어이며, 실러캔스는 폐어의 사촌쯤 되는 것으로 보고 있다.

# 쏠종개

쏠종개는 메기목 쏠종개과에 속하는 어류이다. 몸은 가늘고 긴 편이며, 머리는 위쪽으로 갈수록 납작하다. 다른 어류와 비교할 때 가장 큰 특징은 민물메기처럼 납작하고 둥근 주둥이 주위에 네 쌍의 수염이 있다는 점이다. 이러한 모습 때문인지 제주도에서는 '바다메기'라 부르며, 영어권에서는 고양이 수염과 연관 지어 '캣피시'라는 이름을 붙였다.

야행성인 쏠종개는 턱밑에 나 있는 네 쌍의 수염으로 깜깜한 밤에도 먹잇감인 갑각류나 어린 물고기 등을 탐지해낸다. 이 네 쌍의 수염이 메기의 수염을 닮아서 쏠종개는 메기목으로 분류되지만 쏨뱅이목에 속하는 어류처럼 가시로 상대방을 '쏠' 수 있다. 그래서 '쏘다'라는 의미에서 쏠종개란 이름을 붙였다.

쏠종개의 등지느러미 가시에는 강한 독이 있어 가시에 찔리면 참을 수 없을 정도의 고통을 겪게 된다. 쏘인 부위가 빨갛게 부어오르고, 감각 이상 증상이 나타나는데 통증이 1~2일 정도 지속되기도 한다. 쏠종개에 쏘였을 때는 응급처치로 뜨거운 물에 쏘인 부위를 담그는 게 좋다. 뜨거운 물은 단백질 성분인 독의 작용을 멈추게 하는 데 도움을 주며, 근육의 경

런성 수축을 해소하는 효과가 있다. 쏠종개는 죽은 후에도 가시에 독이
남아 있어 조심해야 한다. 낚시나 그물에 걸려든 쏠종개를 멋모르고 만지
다가는 화를 당할 수 있다.

쏠종개는 등지느러미와 가슴지느러미의 가시를 기부의 뼈에 문질러 마
찰음을 내면서 짝을 찾아 나선다. 이렇게 소리를 내는 어류를 '발음어'라
한다. 어류들은 상대에게 경고를 보내거나, 번식기를 앞두고 짝을 찾기 위
해 다양한 방식으로 소리를 낸다. 발음어는 바다물고기뿐 아니라 담수어
에서도 발견된다. 쥐치와 복어는 이빨을 문질러서 마찰음을 내며, 성대와
동갈민어, 벤자리 등은 부레 근육을 진동시켜 진동음을 낸다. 민물어류인
미꾸라지는 장호흡으로 공기를 들이마실 때 소리를 낸다.

△ 야행성인 쏠종개는 턱밑에 나 있는 네 쌍의 수염으로 깜깜한 밤에도 먹잇감을 찾아낼 수 있다.

# 쏨뱅이

어류 중 가시로 상대를 위협하는 종이 더러 있다. 이들은 대개 쏨뱅이목으로 분류한다. 쏨뱅이목은 전 세계적으로 350여 종이 있으며, 이 중 57종에 독침이 있다. 이들의 이름은 가시로 쏜다는 말에서 '쏘다'가 '쏨'으로 변해 쏨뱅이가 된 것이 그 유래이다. 쏨뱅이목을 가리키는 Scorpaeniformes에서 Scorpaen은 전갈(Scorpion)을 의미한다.

**쏠배감펭** 쏨뱅이목에 속하는 어류는 자신에게 독이 있음을 나타내기 위해 화려한 색채에 강렬한 무늬를 띠거나 겉모습이 독특하다. 그리고 독이 있다는 자신감 때문인지 움직임은 느리다 못해 느긋할 정도다. 이 중 화려하고 느긋하기로 둘째가라면 서러워할 물고기가 바로 쏠배감펭이다. 쏠배감펭은 위협을 느끼면 지느러미를 최대한 넓게 펼쳐 18개의 독가시를 곤추세운다. 이렇게 되면 어떤 바다동물도 함부로 대하지 못한다. 잘못 건드렸다가는 독가시에 혼쭐이 나기 때문이다. 영어권에서는 이들의 가시가 사자 갈기를 닮았다고 보았는지 '라이온피시(Lionfish)'라 한다.

△ 쏨뱅이가 붉은색 해면에 몸을 숨기고 있다. 이들의 은신은 사냥을 위한 예비동작이기도 하다.

**미역치** 쏨뱅이목 양볼락과에 속하며, 성체의 길이가 7~10센티미터에 지나지 않는 작은 물고기다. 작은 크기에 움직임도 별로 없고, 몸의 색까지 화려하다 보니 만만한 관상어 정도로 보인다. 그런데 겉모습에 이끌려 함부로 손이라도 내밀었다가는 낭패를 당한다. 쏨뱅이목에 속하는 어류가 그러하듯 미역치도 자신을 지키기 위해 강력한 독으로 무장하고 있기 때문이다. 미역치는 위협을 느끼면 등지느러미 가시의 독침으로 상대를 공격하는데 한번 쏘이면 참을 수 없을 정도의 고통이 따른다.

미역치란 이름은 미역이 많이 자라는 연안 바닷말류 해역에서 주로 발견된다 하여 붙였다. 방언으로는 '쐐기', '쏠치', '똥수구미', '개쒀미', '쐐치', '쌔치' 등으로 불리는데 정감이 가는 이름은 하나도 없다. 식용으로 쓸 만한 어류도 아닌 것이 독침으로 쏘아대니 상당히 혐오스럽게 생각했음을 알 듯하다. 이름에 'ㅆ'이나 'ㅅ'이 붙은 어류는 침이나 가시로 '쏘다'라는 의미가 있는데 이 앞에 '똥' 자나 '개' 자까지 붙인 것은 미역치에 대한 적대감 때문일 것이다.

영어명은 레이스호스(Racehorse) 또는 레드핀 벨벳피시(Redfin velvetfish)이다. Racehorse는 유영을 할 때 덩치에 비해 상대적으로 큰 등지느러미가 뒤로 젖혀지는 모습이 달리기 경기를 벌이는 경주마처럼 보이기 때문이고, Redfin velvetfish는 등지느러미를 제외한 다른 지느러미 끝이 붉은색인데다 몸이 매끄러워 아름다운 융단같이 보인다 해서 붙인 이름이다.

△ 쏠배감펭이 18개의 독가시를 곧추세우면 어떤 바다동물도 함부로 대하지 못한다.

△ 미역치는 크기가 작아 만만하게 보이지만 등지느러미 가시에 강력한 독이 있어 위험한 어류이다.

# 아귀

아귀는 참 못생겼다.

넓적한 몸에 비대칭적으로 큰 머리와 그 머리의 대부분을 차지하는 입은 괴물이 연상될 만큼 흉측하다. 생긴 꼴이 이러니 예전 어부들은 그물에 아귀가 걸려들면 재수 없이 여겨 물에 다시 던져버리곤 했다. 이때 떨어지면서 '텀벙' 소리가 난다 해서 아귀가 '물텀벙'이 되었다.

그런데 언제부터인가 아귀를 찜이나 탕으로 만들어 먹기 시작하면서 신분이 급상승하더니 요즘은 웰빙 보양식으로 귀하게 대접받고 있다. 아귀찜의 원조격인 '마산 아귀찜'은 관광공사에서 선정한 1지역 1명품에 올라 있을 만큼 전국적인 명성을 떨친다. 특히 달콤한 맛과 함께 비타민 A가 풍부하게 포함되어 있는 아귀 간 요리는 세계 3대 진미 중 하나인 프랑스의 거위 간 요리인 푸아그라(Foie-gras)에 비유되기도 한다.

아귀라는 이름은 불가에서 악업을 저질러 굶주림의 형벌을 받는 입이 굉장히 크고 흉하게 생긴 귀신을 일컫는 아귀(餓鬼)에서 비롯된 것으로 추정된다. 귀신 아귀는 탐욕이 많았던 죗값을 치르기 위해 사후에 굶주림의 형벌을 받는데 큰 입으로 닥치는 대로 음식물을 집어넣지만 목구멍이

바늘구멍만 해 음식물을 삼킬 수가 없어
늘 굶주림에 시달린다.

하지만 물고기 아귀는 큰 입과 함께
위장은 신축성이 뛰어나 몇 배로 늘어나
기도 해 자기 몸집만 한 물고기도 '아구
아구' 삼킬 수 있다. 큰 아귀를 한 마리
잡으면 그 위장 속에 들어 있는 다른 물
고기도 함께 얻을 수 있을 정도이니, 입
과 바로 통해 있는 위장의 부피가 얼마
나 큰지 미루어 짐작할 만하다. 아귀의

△그물에 잡힌 아귀 입속에 작은 물고
기들이 가득하다. 아귀는 넓적한 몸에
비대칭적으로 큰 머리와, 그 머리의 대
부분을 차지하는 입이 괴물이 연상될
만큼 흉측하다.

식습성을 관찰해『자산어보』에는 낚시를 하는 물고기라는 의미로 '조사어
(釣絲魚)'라 적었다.

실제로 물속에서 아귀가 사냥하는 장면을 지켜보면 정약전 선생이 왜
낚시를 한다고 설명했는지 이해를 할 수 있다. 헤엄치는 속도가 느린 아
귀는 물고기를 따라다니며 잡을 수가 없다. 그래서 먹잇감을 유인하는 방
법을 터득했다. 이들은 바닥에 납작 엎드린 채 긴 등지느러미의 첫 번째
가시를 미끼처럼 흔든다. 이를 본 물고기는 만만한 먹잇감으로 알고 가까
이 접근한다. 이때 아귀는 순간적으로 큰 입을 '쩍' 벌려 한입에 삼켜버린
다. 영어권에서는 아귀가 미끼를 가지고 낚시하는 물고기라는 의미에서
'앵글러피시(Angler-fish)'라 한다.

## 씬벵이

아귀목에 속하며 은둔과 은신의 귀재이다. 이들은 몸 색깔을 수시로 바꿀 뿐 아니라 피부와 몸의 형태까지 주변 환경에 맞게 변화시킬 수 있다. 어지간한 주의력이 아니고는 물속에서 씬벵이를 발견하기가 힘들다. 씬벵이가 뛰어난 위장 능력을 가지게 된 것은 몸 전체가 구형으로 땅딸막한데다 움직임마저 느려 위장이라도 하지 않으면 포식자에게 쉽게 발각되기 때문이다.

씬벵이는 유어기의 대부분을 모자반의 뜬말에서 보내는데 이 때문에 영어 명이 'Sargassum fish', 즉 '모자반고기'이다. 또 'Frog fish'라고도 하는데 이는 가슴지느러미를 마치 발처럼 이용하는 모습이 개구리를 닮았기 때문이다. 씬벵이는 등지느러미가 변형된 가시로 낚시를 한다 하여 아귀와 함께 앵글러 피시로 불린다.

△씬벵이 한 마리가 해면 사이에 몸을 숨기고 있다. 이들은 은둔과 은신의 귀재로 움직임을 멈춘 채 있으면 발견하기가 쉽지 않다.

# 아홉동가리

농어목 다동가리과에 속하는 어류이다. 머리부터 꼬리자루까지 비스듬한 아홉 줄의 흑갈색 가로띠가 있어 이름 붙였다. 꼬리지느러미는 황갈색을 띠고 흰색 반점이 흩어져 있는 것이 특징이다. 제주도 연안 암초지대에서 흔하게 볼 수 있으며 40센티미터 이상으로 자란다.

주로 낮 시간 동안 활동하고 홀로 생활한다. 동작은 느리며 그늘이나 암초 위에 움직이지 않고 가만있는다. 주둥이가 두툼하고 눈빛이 초점을 잃은 듯해 약간 멍청해 보이기까지 한다. 비늘이 억세고 살에서 갯바위 냄새가 나서 식용으로는 인기가 없다. 일본에서는 맛이 없어 딸을 애먹이는 사위에게 주는 어류라는 의미로 '무고나가세'라고 한다.

△아홉동가리는 제주도 연안 암초지대에서 흔하게 발견되는 종이다. 자망, 정치망, 낚시 등으로 종종 잡지만 거의 식용하지 않는다.

# 양태

횟대목 양태과에 속하는 양태는 부레가 없고 머리가 납작하며 몸통이 가늘고 길다. 바닷속을 다니다 보면 모래나 펄을 뒤집어쓴 채 바닥에 납작하게 엎드려 있는 모습을 흔하게 볼 수 있다. 가까이 다가가면 날카롭게 째려보는 듯 좌우로 눈을 굴리며 바짝 긴장하는데, 팽팽한 긴장의 끈이 끊어지는 순간 후다닥 도망간다. 양태머리는 납작한데다 살이 없다. 그래서 "고양이가 양태머리 물어다 놓고 먹을 게 없어 하품만 한다"거나 "양태머리는 미운 며느리나 줘라"는 말이 생겨났다. 그런데 양태머리에 붙은 볼때기 살은 대구 볼때기 살에 견줄 만큼 맛이 좋다. 그래서 밉상을 보였던 며느리는 "양태머리에는 시엄씨 모르는 살이 있다"라고 맞받아쳤다고 하니 양태를 놓고 고부간 장군명군인 셈이다.

양태의 눈은 찌그러진 타원형인데다 날카롭게 째려보는 듯하다. 이 때문일까? 남해안 어촌마을에서는 "양태를 먹으면 눈병이 생긴다"고 했지만 근거는 없다. 미끈하고 비늘이 가지런한 어류를 선호하던 선조들 입장에선 양태가 주는 것 없이 밉게 보였나 보다. 하지만 최근 들어 양태는 생선회뿐 아니라 탕, 찜 등의 식재료로 많이 활용되고 있다. 양태의 영어명은

△양태는 머리가 납작하며 몸통이 가늘고 길다. 우리나라 남해안을 다니다 보면 바닥에 납작하게 엎드려 있는 모습을 흔하게 볼 수 있다.

머리가 납작하다고 해서 '플랫헤드(Flat head)'이며 일본에서는 옛날 관리들이 손에 쥐던 작위를 나타내는 얇은 판인 '고쓰(笏)'를 닮았다 하여 '고치(コチ)'라 하며, 중국에서는 양태의 꼬리가 소꼬리처럼 생겼다 해서 '뉴웨이위(牛尾魚)'라 한다.

# 앵무고기

전 세계 열대 바다에 80여 종이 살고 있는 앵무고기(Parrotfish)는 돌출된 주둥이가 앵무새 부리를 닮았다. 흔히 통니라고 불리는 앵무고기의 넓적하면서도 날카로운 이빨은 딱딱한 경산호를 긁는 데 편리하다. 통니로 산호를 긁어먹은 후 입 속에서 잘게 부숴 위장으로 넘기면 산호 분쇄물 속에 들어 있는 주산텔라(Zooxanthellae) 등의 바닷말류는 소화되고 석회분말은 그대로 배설된다. 대개 초식성이지만 일부 종은 통니로 성게를 깨어먹기도 한다.

앵무고기 중 버팔로피시(Buffalofish 또는 Buffalo Parrotfish)라 불리는 종이 있다. 이들은 얕은 수심에서 수백 마리가 무리 지어 몰려다니면서 산호를 긁어먹는다. 거대한 몸집을 유지하기 위해 쉴 새 없이 산호를 긁어먹고, 먹은 만큼의 석회 가루를 배설하기에 버팔로피시 떼가 이동할 때면 물속이 뿌옇게 흐려진다. 이러한 모양새가 마치 들소(버팔로) 떼가 황야를 질주할 때 일으키는 흙먼지로 비유하면서 버팔로피시라는 이름을 붙였다.

△앵무고기의 돌출된 주둥이가 앵무새 부리를 닮았다. 밤이 되면 이들은 바위틈에 몸을 숨긴 채 잠을 잔다.

# 에인절피시

산호초에 사는 물고기들은 자신들이 살고 있는 환경에 맞춰가기 위해 저마다 화려한 색으로 치장하고 있다. 이 중 단연 돋보이는 물고기는 나비고기와 에인절피시(Angelfish)일 것이다.

에인절피시는 노란색 바탕에 뚜렷한 청색의 형광색 줄무늬가 새겨져 있는 모습이 너무 예뻐서 에인절이라는 찬사가 붙었다. 가끔씩 제주도 근해에서도 발견되곤 하는데 몸에 있는 청색 줄무늬를 특징으로 하여 우리말로는 '청줄돔'이라 한다.

△ 에인절피시는 몸에 새겨져 있는 청색 줄무늬를 특징으로 하여 우리말로는 청줄돔이라 한다.

# 연어

연어는 청어목 연어과 연어속의 냉수성 어류로 우리나라 동해안과 일본, 사할린, 알래스카, 캐나다 등 북태평양에 7종(참연어·곱사연어·황연어·홍연어·은연어·시마연어·아마고연어)이 분포한다. 이 중 우리나라 동해안으로 회유하는 종은 참연어(Chum salmon)로 어미의 크기는 대략 50~80센티미터에 몸무게는 2~7킬로그램 정도이다. 여느 어류와 달리 우리가 연어에 대해 감상적이 되는 것은 알래스카와 베링 해를 거치는 이역만리 타향을 떠돌다가 자기가 태어난 하천으로 돌아와서 분신을 남기고 생을 마감하는, 이들이 지닌 독특한 생의 순환 때문이다.

연어는 문헌에 한자로 '年魚·鰱魚·連魚'라고 적었다. 『훈몽자회訓蒙字會』\*와 『신동국여지승람』에는 연(鰱) 자를 '연어 련'이라고 했다. 이는 연어가 강을 올라올 때 꼬리에 꼬리를 물고 연달아 올라오는 모습에서 '이어질 연(連)' 자를 붙인 것으로 보인다. 『세종실록지리지』에는 '해 년(年)' 자를 써서 연어(年魚)로 표기하고 함경도에서 많이

『훈몽자회』
1527년(중종 22) 최세진이 지은 한자 학습서이다. 당시 한자 학습에 사용된 『천자문』, 『유합』 등은 옛이야기와 추상적인 내용이 많아 어린이들이 익히기에 적합하지 않아 이를 보충하기 위하여 새·짐승·풀·나무의 이름과 같은 실자(實字)를 위주로 편찬했다. 상·중·하 3권에 나누어 한자 3,360자를 33항목으로 갈라 한글로 음과 뜻을 달았다.

△10월 중순 한 쌍의 연어가 강원도 오십천을 거슬러 오르고 있다. 코끝이 휘어지고 이빨이 날카로운 녀석이 수컷(오른쪽)이다. 수컷은 암컷이 무사히 산란할 수 있도록 보호하기 위해 예민하면서도 공격적이 된다.

잡히고, 강원도와 경상도 몇몇 지방에서 잡힌다고 기록했다. 이는 1년에 한 차례, 때가 되면 모습을 나타내는 연어의 회귀 특성을 나타내고자 한 것으로 보인다. 『난호어목지』에도 '年魚'라 하고 그 속명을 '鰱魚'라 기록하고 있다.

# 용치놀래기

술뱅이라는 사투리로 더 잘 알려져 있는 용치놀래기(농어목 놀래기과)는 우리 연안에서 흔하게 볼 수 있는 어류이다. 무리 지어 다니는 이들은 호기심이 많고 눈치가 빠르다. 먹잇감이 나타나면 무리 전체가 상대방의 빈틈을 찾아 탐색전을 벌이다가 조금이라도 빈틈이 발견되면 한꺼번에 달려든다. 경우에 따라서는 덩치 큰 바다동물이 사냥한 먹이를 가로채기도 하는데 이를 보고 있으면 백수의 왕이라 불리는 사자가 사냥한 먹이를 가로채가는 아프리카 초원의 겁 없는 하이에나가 연상되기도 한다.

용치라는 이름은 송곳니가 용의 이빨처럼 날카롭고 뾰족하기 때문이다. 잠수 도중 멍게나 성게의 배를 갈라 피딩(feeding, 물고기 먹이주기)을 하면 제일 먼저 용치놀래기 떼가 달려든다.

튀어나온 입 모양이 상징하듯 식탐이 워낙 강해 먹이 앞에서는 물불을 가리지 않는다. 이런 특성을 이용하면 용치놀래기를 쉽게 잡을 수도 있다. 양파망에 멍게 조각을 넣고 망의 주둥이를 벌리고 물속에 앉아 있으면 얼마 지나지 않아 이들이 양파망 안으로 모여든다. 이때 망의 주둥이 부분을 끈으로 조이면 망태기 안에 용치놀래기가 가득 차 있다.

△ 용치놀래기들이 성게를 포식하기 위해 달려들고 있다.

△ 무리 지어 사냥하는 이들의 습성은 아프리카 초원의 하이에나를 닮았다.

△용치놀래기라는 이름은 튀어나온 송곳니가 용의 이빨처럼 날카롭고 뾰족하기 때문이다.

용치놀래기는 몸 색깔이 현란하게 번들거려 횟감으로 먹기에는 조금 혐오스럽지만 육질이 단단하고 담백해 튀김용으로 인기가 있다. 서구에서는 번들거리는 몸 색깔이 무지개를 닮았다 하여 레인보피시(Rainbow fish)라고도 한다.

용치놀래기 수컷은 청색, 암컷은 붉은색을 띤다. 색이 다른 것은 놀래기과에 속하는 물고기의 특징인 2차 성징 때문이다. 암컷으로 살아가는 놀래기류는 그중 선택받은 일부가 수컷으로 성전환하는데, 용치놀래기는 이러한 삶의 전환점에서 커밍아웃을 선언하듯 스스로 몸의 색을 바꾼다.

용치놀래기가 속해 있는 놀래기류는 전 세계적으로 500여 종이고, 우리나라에는 20여 종이 분포한다. 이들의 가장 큰 특징은 뾰족한 주둥이에 두툼한 입술이 튀어나와 있다는 점이다. 영어명은 이런 두툼한 입술에서 따와 '늙은 아내'란 뜻의 '래스(wrass)'이다. 아마도 처음 래스라 이름 지은 사람의 아내가 나이 들면서 심술보가 터져 늘 입을 삐죽 내밀며 다닌 듯하다. 지역에 따라서는 놀래기류의 튀어나온 입이 돼지 입 모양을 닮았다고 보았는지 '호그피시(Hogfish)'라고도 한다. 용치놀래기가 속한 *Halichoeres* 속의 이름은 그리스어로 '얕은 바다'와 '새끼돼지'의 합성어이다. 얕은 수심에서 돼지처럼 엄청난 식탐을 보이는 용치놀래기의 특성을 비유한 것으로 보인다.

178

# 유니콘피시

복어목 쥐치복과에 속하는 어류이다. 이마에 있는 뼈로 된 뿔 모양에서 유니콘피시(Unicon fish)라는 이름이 붙었다. 유니콘은 하얀 말의 모습에 이마에 뿔이 하나 있는 상상 속의 동물이다. 환상적인 아름다움을 지닌 동물이지만 중세 유럽 우화에는 잔혹한 괴물로 등장하기도 한다. 이마의 뿔도 칼처럼 날카로워 코끼리마저 관통시키는 것으로 묘사하고 있다.

바닷속에서 만나는 유니콘피시도 위험한 어류이다. 이마에 나 있는 뿔보다 쥐치복과에 속하는 어류의 공통점으로 꼬리지느러미 양쪽에 외과의사가 사용하는 수술칼처럼 날카로운 가시가 있기 때문이다. 이들은 평상시에는 가시를 뉘어 몸에 붙이지만 위험을 느끼면 가시를 잽싸게 곤두세워 상대를 위협한다. 가시에 베이면 상당히 고통스럽다.

△ 유니콘피시는 이마에 나 있는 뼈로 된 뿔 모양에서 이름을 붙였다.

# 임연수어

　"옛날 관북지방(함경도)에 임연수(林延壽)라는 어부가 살았다. 이 어부는 수심 1백~2백미터의 바닥에 사는 물고기를 잘 잡아 올렸다. 아마 그물 아랫부분을 바다 밑바닥에 닿도록 하여 어선으로 끄는 기술이 각별했던 듯하다. 사람들은 그 어부가 잡아 올린 고기에 어부의 이름을 따서 임연수어(林延壽魚)라 불렀다."

　이상은 서유구의 『임원경제지林園經濟志』*의 16갈래 중 하나인 「전어지佃漁志」*에 전해지는 임연수어에 대한 이야기이다. 이에 대해 『신증동국여지승람』에는 음이 같은 한자어를 써서 임연수어(臨淵水魚)라 적었다. 임

◁ 어물전의 임연수어이다. 임연수어는 어부 임연수의 이름에서 따왔다.

연수어를 경남지방에서는 '이면수어'라 부르는데
이는 발음이 임연수어보다 쉽기 때문일 것이다.
함경북도에서는 이민수, 함경남도에서는 찻치, 강
원도에서는 새치, 다롱치, 가지랭이라고 한다. 강
원도 지역에서는 임연수어가 어릴 때에는 청색을
띤다 해서 청새치라 부르기도 한다. 영어명은 아
트카 매커럴(Atka mackerel)이다. 이는 유명한 임
연수어 어장인 알래스카 남부의 아트카 섬의 이
름에서 따왔다.

쏨뱅이목 쥐노래미과에 속하는 임연수어는 냉
수성 어종이다. 크기는 30~50센티미터에 이르
는데 특히 두꺼운 껍질이 맛있어 강원도 지역 어
민들은 임연수어를 잡으면 노릇하게 구운 껍질
을 벗겨 밥을 싸먹기도 한다. 그 맛이 워낙 좋아
"강원도 남정네 임연수어 껍질 쌈밥만 먹다가 배
까지 팔아먹는다"거나 "임연수어 쌈 싸먹다가 천
석꾼이 망했다", "임연수어 쌈밥은 애첩도 모르게
먹는다"라는 이야기가 전해질 정도이다. 임연수어는 쉽게 껍질을 벗겨낼
수 있어 횟감으로도 인기가 있다. 이런 임연수어가 먹성이 좋아 동해안의
소중한 어족자원인 노가리(명태의 새끼)를 닥치는 대로 잡아먹어 천덕꾸러
기 대접을 받기도 한다. 어민들은 'ㅡ데기'라는 천대하는 접미사를 붙여
임연수어를 '횟데기'라 부르기도 한다.

『임원경제지』
조선 후기 실학자인 서유구(1764~
1845)가 저술한 박물지로 16갈래로
나누어져 있어 『임원십육지』 또는
『임원경제십육지』라고도 불린다.
조선 후기 농업정책과 자급자족의
경제론을 편 실학적 농촌경제 정
책서이다. 113권 52책에 이르는 방
대한 분량으로 생활백과사전적 가
치가 있다.

『전어지』
『임원경제지』의 16갈래 중 하나로
목축과 사냥, 고기잡이에 관한 기
술을 담고 있다. 모두 4권으로 1권
과 2권은 목축에 관한 것이고 3권
은 수렵과 고기잡이에 관한 기술
을 담고 있으며 4권은 물고기에
관한 내용이다.
「전어지」는 『우해이어보』, 『자산어
보』와 함께 조선의 3대 어류 전문
서로 평가받고 있다. 또한 우리가
아는 동물 대부분을 다루고 있어
'동물백과사전'이라 할 만하다. 다
만 객관적인 동물의 모습을 담았
다기보다는 인간의 생명 유지에
필요한 섭생의 대상으로 다룬, 기
존의 백과사전과 다른 동아시아식
백과사전이다.

# 자리돔

봄에서 여름에 이르는 시기, 제주도 연안은 무리 지어 다니는 자리돔으로 풍성해진다. 붕어만 한 크기인 자리돔은 '돔' 자 항렬을 쓰는 물고기 중 가장 작고 못생겼다는 우스갯소리도 전해지지만, 제주도 서민들 입장에서는 배고픔을 달래주었을 뿐 아니라 단백질과 칼슘 공급원의 역할을 해왔기에 더할 수 없이 고마운 존재였다. 제주도 사람들은 자리돔 잡는 것을 '자리뜬다'라고 한다. 이는 테우라는 전통 배를 타고 그물로 떠내는 방식으로 자리돔을 잡아왔기 때문이다.

자리돔은 제주도에서는 자리, 제리, 자돔이라 부르고 경남 통영에서는 생이리라고 부른다. 자리돔의 몸은 달걀 모양이며 몸의 크기에 비해 비늘이 큰 편이다. 등 쪽은 회갈색이며 배 쪽은 푸른빛이 나는 은색을 띠는데 물속에 있을 때는 등지느러미 가장 뒤쪽 아랫부분에 눈 크기의 흰색 반점이 보이지만 잡혀서 물 밖으로 나오면 곧 없어진다.

이들은 수심 2~15미터 지점에 형성되어 있는 암초지대에 큰 무리를 이루어 넓게 분포한다. 바닷속에서 관찰하면 수심에 따라 무리 짓는 개체들의 크기가 다르다는 것을 알 수 있다. 비교적 얕은 수심에 작은 크기의 자리돔들이 모여 있다면 수심이 깊어질수록 큰 개체들이 모여 있다.

아열대성으로 따뜻한 물을 좋아하는 자리돔은 멀리 이동하지 않고 한 자리에서 일생을 보낸다. 자리돔이란 이름의 유래도 평생을 한자리에 머물며 산다고 해서 붙인 것이다. 과거 우리나라에서는 제주도 연안에서만 볼 수 있어 제주도 특산으로 여겼지만, 요즘은 부산을 비롯해서 남해안뿐 아니라 동해안 울릉도 해역에서도 흔하게 발견되고 있다. 이는 우리나라 연안의 수온이 자리돔이 정착할 수 있을 정도로 상승하고 있음을 보여주는 방증이다.

자리돔 요리법 중에서 가장 대표적인 것이 자리물회이다. 예전에 제주 어민들은 자리를 잡다가 끼니때가 되면 뼈째 썬 자리에 채소와 양념을 섞은 다음 물을 부어 마셨다는데……. 알고 보면 지금 관광자원으로 된 자리물회는 변변한 먹을거리를 준비하지 못했을 어로 현장의 부산물이었던 셈이다. 제주 특산이 된 자리물회의 제철은 유채꽃이 필 무렵이다. 이때 잡히는 자리는 뼈가 아직 여물지 않아 뼈째 썰어 먹기에 적당하다.

▽ 제주도 서귀포 앞바다에 자리돔이 무리를 이루고 있다. 이들은 한자리에 머물러 산다고 해서
자리돔이라 이름 지었지만 지금은 해류를 타고 우리나라 남해를 비롯해 동해까지 자리를 옮겨
다닌다.

## 테우

주로 자리돔 어업에 사용하는 제주도의 전통적인 고깃배이다. 부력을 최대
화하기 위해 통나무를 나란히 엮은 뗏목이 이층으로 되어 있다. 2002년 한
일 월드컵이 열린 서귀포 월드컵경기장은 테우를 형상화하여 화제가 되기도
했다.

△제주도 전통 어업방식인 테우를 이용한 자리돔 잡기를 재연하고 있다.

186

# 장어

장어(長魚)는 이름 그대로 몸이 긴 물고기이다. 분류학적으로는 경골어류 뱀장어목에 속하는 모든 종류가 포함되지만 무악류인 먹장어도 길쭉하게 생겨 장어라 불린다. 그렇다면 우리 주변에서 흔히 접하는 뱀장어와 갯장어, 붕장어, 먹장어는 어떻게 구별할까?

**먹장어** 흔히 곰장어라 부르는 먹장어는 엄밀히 말해 어류에 포함되지 않는다. 일반적으로 어류라 하면 턱뼈가 있는 '악구상강(顎口上綱)'에서 경골어류와 연골어류로 나뉘는데 먹장어는 턱뼈가 없다. 그래서 칠성장어, 다묵장어 등과 함께 원시어류인 무악류로 분류한다. 학자에 따라서는 먹장어의 입이 둥글어 원구류로 분류하기도 한다.

무악류 또는 원구류로 분류되는 먹장어는 척추동물 중 가장 하등한 무리이다. 이들은 죽은 바다동물의 몸에 둥근 입을 붙이고 유기물을 섭취하기에 '바다의 청소부'라는 별칭도 있다. 조금 징그러운 생김새도 그러하지만 혐오스러운 식습성 때문에 다른 나라에서는 먹장어를 먹지 않는다. 하지만 우리나라에서는 먹장어가 보양식품으로 상당히 인기가 있다. 먹장어가 보양식품이 된 것

△원구류로 분류되는 먹장어의 입 부분이다. 이들은 죽은 바다동물의 몸에 입을 붙여 유기물을 빨아 먹는다.

은 가죽을 벗겨내도 한참 동안 살아 있고 불판에 올려 두어도 '꼼지락꼼지락' 움직이는 모습을 힘이 좋다고 받아들였기 때문이다. 먹장어는 꼼지락거리는 움직임으로 곰장어(꼼장어)라는 속칭으로 더 널리 알려져 있다. 곰장어의 원조격인 부산 자갈치 시장 곳곳에서는 사시사철 고소한 곰장어 굽는 냄새가 지나가는 사람들을 유혹한다. 원래 곰장어는 핸드백·구두·지갑 등 고급 피혁제품의 가죽을 얻기 위해 잡아들였다. 그런데 먹을거리가 부족하던 해방 직후 가죽을 벗겨낸 후 버렸던 고기를 구워 먹어 보니 맛이 그럴듯해 식용하기 시작했다.

먹장어라는 이름은 깊은 바다에 살다 보니 눈이 퇴화되어 피부에 흔적만 남아 '눈이 먼 장어'라 해서 붙인 이름이다. 서양에서는 턱이 없고 '쭈글쭈글'한 입 모양에 빗대어 해그피시(Hagfish)라 한다. Hag는 '보기 흉한 노파'를 뜻한다.

붕장어 『자산어보』에도 등장하며 일본식 이름인 '아나고(穴子)'로 널리 불린다. 붕장어의 학명 Conger myriaster에서 Conger은 그리스어로 구멍을 뚫는 고기란 뜻의 Gongros에서 유래한다. 일본명 아나고 역시 모랫바닥을 뚫고 들어가 사는 습성 때문에 '구멍 혈(穴)' 자를 붙였다. 야행성인 붕장어는 모랫바닥에 구멍을 뚫고 몸통을 반쯤 숨긴 채 낮 시간을 보낸다. 밤이 이슥해지면 구멍에서 나와 활동을 시작하는데 이때 작은 물고기 등을 닥치는 대로 포획하

◁ 붕장어는 항문에서 머리 쪽으로 38~43개의 옆줄 구멍이 뚜렷하여 다른 장어류와 구별된다.
▷ 붕장어를 횟감으로 장만하려면 물에 깨끗이 씻어서 핏기를 빼내야 한다. 이는 붕장어 핏속에 들어 있는 독기를 제거하기 위함이다.

는 습성이 있다. 이렇게 밤에 돌아다니며 먹이사냥을 하는 습성으로 이들에게 '바다의 갱'이라는 별칭이 붙었다. 붕장어는 항문에서 머리 쪽으로 38~43개의 옆줄 구멍이 뚜렷한데 옆줄 구멍이 별 모양 같아 중국에서는 '싱만(星鰻)', '싱캉지만(星康吉鰻)'이라 부른다. 붕장어는 뱀처럼 친근하지 않은 모습 때문인지 아리스토텔레스는 붕장어를 문어, 큰 새우와 함께 '바다의 3대 괴물'로 기록했다.

붕장어를 횟감으로 장만하려면 물에 깨끗이 씻어서 핏기를 빼내야 한다. 핏속에 이크티오톡신이라는 독이 있기 때문이다. 이크티오톡신이 인체에 들어가면 구역질 등 중독 증상을 일으키며, 눈이나 피부에 묻으면 염증이 생긴다. 이크티오톡신은 민물장어인 뱀장어의 피에도 많이 들어 있는데, 다행히 열에 약해 60도 전후에서 분해되므로 익혀 먹으면 전혀 걱정할 필요 없다.

**갯장어**  생김새가 붕장어와 닮았지만 붕장어보다 주둥이가 길고 뾰족하다.

크기도 붕장어보다 큰 편이라 200센티미터에 이른다. 바다를 의미하는 '갯'이라는 접사를 붙인 것은 바다와 민물을 오가며 사는 민물장어와 구별하기 위함이다.

갯장어의 생김새에서 가장 큰 특징은 억세고 긴 송곳니를 비롯한 날카로운 이빨에 있다. 이들은 성질이 사나워 물에 올려놓으면 사람에게 달려들어 물어뜯기도 한다. 『자산어보』에는 "입은 돼지같이 길고 이빨은 개처럼 고르지 못하다"며 개의 이빨을 닮았다 하여 '견아려(犬牙鱺)'라고 기록했다. 『조선통어사정』에는 "경상도의 도처에 서식하는데 사람들이 잘 잡지 않고, 또 잡더라도 뱀을 닮아 먹기를 꺼려하여 일본인에게만 판매하였다"고 적고 있다.

이처럼 우리나라 사람들은 갯장어를 그다지 선호하지 않지만 일본인들은 무척 즐긴다. 갯장어를 이용해 만든 유비키(샤브샤브와 비슷하다. 갯장어 머리와 뼈 등을 고아 육수를 만들고 거기에 채소를 넣고 끓인 뒤 칼집을 낸 갯장어 포를 집어넣으면 살

△해양 체험에 나선 여고생들이 그물에 잡힌 갯장어를 들어 보이고 있다. 갯장어는 성체의 크기가 200센티미터가 넘는다.

△이빨이 날카로운 갯장어는 상당히 공격적이다. 물에 올려놓으면 사람에게 달려들어 물어뜯기도 한다.

점이 오므라들면서 칼집 부분이 꽃 모양처럼 보이는데 부드러우면서도 쫄깃한 육질을 느낄 수 있다)는 최고 요리로 대접받는다. 일제 강점기 당시에는 갯장어를 수산통제종으로 분류해 우리나라에서 잡히는 갯장어는 모두 일본에 반출되기도 했다. 갯장어를 일본에서는 하모(ハモ)라 한다. 이는 갯장어가 아무 것이나 잘 무는 습성이 있어 '물다'라는 뜻의 일본어 '하무(はむ)'에서 유래했다.

**뱀장어**  흔히 민물장어라 부르는 종이다. 장어류 가운데 유일하게 바다와 강을 오가며, 등지느러미가 가슴지느러미보다 훨씬 뒤쪽에서 시작한다는 점에서 갯장어나 붕장어와 차이가 있다. 회유성 어류인 뱀장어는 산란을 위해 자기가 태어난 강으로 돌아오는 연어와 반대로, 적도 인근의 깊은 바다에서 산란을 한 후 치어 상태로 강으로 돌아온다.

유어기 때는 성체와 전혀 닮지 않은 투명한 버드나무 잎 또는 대나무 잎처럼 생겨 댓잎뱀장어(Leptocephalus)라 한다. 댓잎뱀장어는 자라면서 난류를 타고 북상해 어미가 떠난 하구 부근에 도착하면 실처럼 가늘고 투명한 실뱀장어로 변해 강을 거슬러 오른다. 실뱀장어 어업에 종사하는 어민들은 매년 3월 초에서 말까지 하구에 모여드는 실뱀장어를 잡아 뱀장어 양식의 종묘로 사용한다.

뱀장어는 비타민 A, E가 풍부할 뿐 아니라 몸의 세포막을 구성하는 레시틴 성분이 포함되어 있어

△흔히 민물장어라 불리는 뱀장어는 등지느러미가 가슴지느러미보다 훨씬 뒤쪽에서 시작한다.

우리나라뿐 아니라 세계적으로도 보양식품으로 널리 알려져 있다.

뱀장어 중에 풍천장어가 유명하다. 여기서 풍천은 지역을 가리키는 말이 아니다. 뱀장어가 바닷물을 따라 강으로 들어올 무렵이면 육지 쪽으로 바람이 불기 때문에 바람을 타고 강으로 들어오는 장어라는 의미에서 '바람 풍(風)'에 '내 천(川)' 자를 붙였다. 풍천장어의 유래가 된 곳이자 특산으로 유명한 전라북도 고창군 선운사 앞 인천강은 서해안의 강한 조류와 갯벌에 형성된 풍부한 영양분으로 장어가 살아가는 데 천혜의 조건을 갖추고 있다. 그래서 이곳에서 잡히는 뱀장어를 최고로 친다.

**가든장어** 상당히 민감한 바다동물이다. 가든장어(Garden eel)의 서식지를 찾더라도 이들을 관찰하는 사람이 있는가 하면 호흡기에서 내뿜는 거친 숨소리와 큰 몸동작 때문에 관찰하지 못하는 사람이 있다. 예민한 가든장어는 얕은

△가든장어는 모래 구멍에 몸의 대부분을 숨긴 채 머리 부분만을 노출시킨다.

수심 바닥에 구멍을 파고 머리만 내민 채 들어앉아 있다가 물의 파장 변화나 조그마한 위협만 감지되어도 구멍 속으로 몸을 숨긴다. 이들의 꼬리는 자신의 보금자리이자 도피처인 구멍을 파기 좋게 기능적으로 진화되어 있다. 가든장어라는 이름은 한 뼘가량 되는 머리 부분만을 밖으로 내민 채 무리를 이루고 있는 모습이 마치 정원에 피어 있는 풀처럼 보이는 데서 유래한다.

**무태장어** '무태'는 크기가 큰 것을 지칭하는 접사로, 뱀장어과에 속하는 열대성 대형종이다. 우리나라에서는 경상도·전라도·제주도 등에서 극소수의 개체가 발견되는 희귀종이지만 중국(남부)·타이완·일본(남부)·필리핀·인도네시아에서는 흔하게 발견된다. 뱀장어처럼 먼바다에서 태어난 치어들이 어미가 떠난 하천을 찾아온다. 우리나라로 돌아오는 무태장어의 산란지가 어디인지는 아직 밝혀지지 않았다.

제주도 천지연폭포는 무태장어의 서식지로 알려져 있다. 이곳에서 귀하게 발견되어 1978년 천연기념물 제258호로 지정되었으나 이후 남해안 일부에서 서식이 확인되고, 양식용으로도 수입되자 2009년 6월에 천연기념물에서 지정 해제되었다. 다만 천지연의 서식지는 계속 천연기념물로 보호되고 있다.

△ 무태장어의 몸 바탕은 황갈색 또는 흑갈색이고, 배는 흰색이며 온몸에 짙은 흑갈색 얼룩무늬가 흩어져 있다. 뱀장어와 비교하면 뱀장어보다 머리가 굵고 짧은 편이다.

# 전갱이

고성의 어촌 아낙은 배도 잘 부려서
키를 돌려 뱃머리 열자 제비처럼 날아간다.
매가리 젓갈 서른 항아리면
당연히 이천 냥은 불러야지

『우해이어보』에 수록된 「우산잡곡」 중 매가리에 대한 이야기이다. 김 려 선생은 매가리를 "작은 물고기로 길이가 5, 6치이며, 모양이 조기와 유 사하나 약간 좁다. 빛깔은 담황색이고 맛은 산뜻하다. 젓갈로 담그는 것이 가장 좋다. 본토박이들은 이를 매갈(梅渴)이라고 하는데, 매년 고성 어촌의 여자가 작은 배에 젓갈을 싣고 와서 판매한다"라고 기록했다. 매가리는 전갱이 새끼를 지칭하는 경상도 방언이다.

전갱이는 완도에서는 가라지, 제주에서는 각재기, 전라도에서는 매생 이 등으로 불린다. 각 지방에서 부르는 이름이 다양한 여느 물고기가 그 러하듯 이들은 우리나라 전 연안에 걸쳐 서식한다. 경상도 지방에서는 전 갱이로 식혜와 젓갈을 즐겨 담가 먹었는데 「우산잡곡」에서 볼 때 당시 고

△ 전갱이들이 무리를 이루고 있다. 전갱이는 고등어와 비슷한 등 푸른 생선이다.

△ 전갱이에는 옆줄 뒷부분에 방패비늘(모비늘)이라는 특별한 황색 비늘이 있다.

성 아낙이 진해로 매가리 젓갈을 팔러 오곤 했음을 알 수 있다.

같은 농어목에 속하는 고등어와 생김새나 식습성이 비슷하지만 옆줄 뒷부분에 방패비늘(모비늘)이라는 특별한 황색 비늘이 있어 고등어와 구별된다. 맛은 고등어보다 쫄깃하고 비린내가 덜한 편이며 등 푸른 생선 계열 중에서 비타민 $B_1$을 가장 많이 함유하고 있다. 일본인들은 전갱이를 횟감이나 구이용으로 즐긴다. 그래서 전갱이의 이름도 '아지(鰺, あじ)'라 지었다. 아지는 일본말로 '맛'을 뜻한다.

# 전어

"가을 전어 대가리에는 참깨가 서 말", "가을 전어는 썩어도 전어", "전어 굽는 냄새에 집 나갔던 며느리 다시 돌아온다", "전어는 며느리 친정 간 사이 문 걸어 잠그고 먹는다", "봄 도다리 가을 전어"……

어류에 관해 전해오는 속담 중 맛에 비유한 이야기가 전어처럼 다양한 경우도 드물다. 그래서 이름의 유래도 맛에서 찾을 수 있다. 서유구의 『임원경제지』 「전어지」에는 고기 맛이 좋아 사람들이 값도 생각하지 않고 사 들인다 해서 돈을 뜻하는 전(錢) 자가 붙어 전어(錢魚)가 되었다며 이름의 유래를 소개하고 있다. 혹자는 '돈 전(錢)' 자가 붙은 유래에 대해 전어 몸에 새겨진 동그란 무늬가 엽전을 닮았기 때문이라고도 한다.

전어는 남쪽에서 겨울을 보낸 후 4~6월에 난류를 타고 북상하여 연안의 기수역에서 산란한다. 연안에서 부화한 치어들은 계속 성장하여 가을이 되면 몸길이가 20센티미터 안팎으로 자란다. 가을 전어가 특히 유명한 것은 봄에 비해 지방질이 3배 이상으로 많아져 맛이 고소하기 때문이다. 그래서 초가을 횟집에 내걸린 '가을 전어 개시'라는 현수막은 사람들의 입맛을 자극할 뿐 아니라 가을이 왔음을 알리는 상징이 되고 있다.

전어는 성미가 급하다. 횟집 수족관에 들어 있는 전어를 보면 잠시도 가만있지 못하고 왔다리 갔다리 정신없이 돌아다닌다. 가뜩이나 성질이 급한 전어가 좁은 수족관에 갇혔으니 그 답답함이 오죽할까? 이 급한 성미 때문에 수족관으로 옮겨지기 전 단계인 어선의 좁은 어창 속에서 하루를 넘기지 못한다. 그래서 그날 잡은 전어는 그날 바로 횟집으로 수송해야 한다. 높은 파도로 조업이 어려운 날은 공급량이 모자라 시중에서 전어 값이 크게 뛰어 금값이 된다. 물량이 부족해지자 2005년 10월 일부 어민들이 경남 진해 해군부대 작전해역에까지 들어가서 전어를 잡다가 해군과 물리적으로 충돌하는 일이 벌어지기도 했다. 어민들이 가을 한철 동안 전어잡이 전쟁을 치르다 보니 이제는 錢魚가 아니라 戰魚가 된 꼴이다.

전어는 '화살 전(箭)' 자를 써서 箭魚로 소개되기도 한다. 납작하고 유선형으로 생긴 몸꼴이 화살촉을 닮은데다 급한 성질을 이기지 못하고 빠르게 헤엄치는 모습이 마치 시위를 떠난 화살처럼 보이기 때문이다.

전어로 젓갈도 담근다. 내장 중에서도 '전어밤'이라는 구슬처럼 생긴 부분을 골라 담근 전어밤젓은 귀한 음식이다. 전어밤을 들어내고 내장만을 모아 담근 것은 전어속젓, 전어 새끼로 담근 것은 엽삭젓 또는 뒈미젓이라 부른다. 호남지방에선 깍두기를 담글 때 전어를 같이 썰어 넣는, 이른바 전어 깍두기가 별미로 대접받는다.

횟집에서 전어를 주문하면 세고시로 장만할지 물어본다. 세고시는 뼈를 바르지 않고 뼈째로 잘게 썰어낸다는 뜻의 일본말 '세고시(背越し)'에서 비롯되었다. 세고시는 2013년 '뼈째회'라는 우리말로 다듬어 부르기로 결

△ 전어 이름은 '돈 전(錢)' 자가 붙어 전어(錢魚), '화살 전(箭)' 자를 써서 전어(箭魚), '전쟁 전(戰)' 자를 써서 전어(戰魚)가 되기도 한다.

정되었다. 이렇게 뼈째회로 장만한 전어는 살과 함께 잔뼈가 입속에서 아삭아삭 씹혀 더욱 맛깔스럽다. 일본에서는 전어를 '고노시로(鰶)'라 한다. 고기 이름에 '제사 제(祭)'가 붙은 것은 전어를 귀하게 대접하여 제사나 축제 때 반드시 올렸기 때문이다.

## 제철 어류

전어가 가을에 맛이 뛰어나듯 생선은 1년 사계절 가운데 맛이 좋은 철이 따로 있다. 이 시기를 제철이라 부른다. 생선은 지방이 가장 많은 시기가 맛이 제일 좋으며, 영양분도 풍부하다. "봄 도다리 가을 전어"라는 말은 도다리는 봄에, 전어는 가을에 지방이 많아서 맛이 제일 좋다는 의미이다. 가을 전어는 봄 전어보다 지방 함량이 3배 정도나 된다.

맛이 좋은 시기를 결정하는 지방 함량은 산란기와 관계가 있다. 어패류는 산란을 앞두고 먹이활동이 활발해져 몸에 영양분을 비축한다. 가을철 대표 주자로는 전어를 비롯해 고등어, 낙지 등을 들 수 있으며 봄은 도다리를 비롯해 방어, 삼치, 학공치 등이 대표적이다. 여름은 농어, 돌돔의 계절이며, 겨울은 복어, 조피볼락, 넙치 등이 입맛을 자극한다. 조개류 등은 글리코겐 함량이 많은 시기가 맛이 제일 좋다. 전복과 멍게는 여름, 굴은 겨울이 제철이다.

# 정어리

계절 회유성 어종인 정어리는 '바다의 쌀' 또는 '바다의 목초'로 불린다. 이는 정어리가 플랑크톤을 먹고 성장한 후 고등어·명태·가다랑어·방어·상어 등 육식성 어류뿐 아니라 바다 포유류인 물개와 돌고래 등 거의 모든 포식자의 먹잇감이 되기 때문이다. 바다동물의 먹이인 정어리는 뭉쳐서 다니는 것 말고는 방어수단이 없는 약한 어류이다. 그래서일까, 일본식 한자 '정어리 약(鰯)' 자는 '고기 어(魚)' 자에 '약할 약(弱)' 자를 붙여 쓴다.

정어리는 바다동물에게는 훌륭한 먹을거리이지만 변질이 빨라 사람들에게는 그다지 대접받지 못했다. 대개 통조림으로 가공되었으며 선도가 떨어지는 경우는 사료용으로 쓰였다. 이는 선도가 떨어지는 정어리를 먹었을 때 입에 매운맛이 나며 혀끝이 마비되는 듯한 중독 증세 때문이다. 정어리라는 이름의 유래도 쉽게 변질되는 특성에서 찾을 수 있다.『우해이어보』에는 이런 증세를 '증울(蒸鬱)'이라 하여 "매우 찌는 듯이 덥고 답답해서 머리가 아프다"라고 설명한다. 이는 정어리란 이름이 증울에서 나왔음을 유추해볼 수 있는 단서가 된다.

기록을 좀 더 자세히 보면 "증울은 색깔이 푸르며 머리는 작다. 맛은 좋

△ '바다의 쌀'이라 불리며 바다동물들의 먹잇감인 정어리는 뭉쳐서 다니는 것 말고는 별다른 방어수단이 없다. 사람이 나타나자 정어리들이 본능적으로 뭉쳐들고 있다.

지만 약간 맵고 떫다. 잡으면 바로 구워 먹어도 좋고, 혹은 국을 끓여도 먹을 만하다. 잡은 지 며칠이 지나면 살이 더욱 매워져서, 사람들에게 두통을 일으키게 한다. 이곳 사람들은 정어리를 '증울(蒸鬱)'이라고 하는데, 증울이란 '덥고 답답해서 머리가 아프다'는 말이다. 그래서 이곳 사람들은 정어리를 많이 먹지 않고, 잡아서 인근의 함안, 영산, 칠원 등 어족이 귀한 지방에 가서 판다"라고 기록했다.

이렇듯 하급어류로 대접받던 정어리가 건강에 대한 관심이 높아지면서 등 푸른 생선이라는 프리미엄과 함께 특유의 핵산 성분이 있어 노화 방지와 피부 미용, 탈모 방지 등에 도움을 주는 건강식품으로 각광받고 있다.

# 제비활치

    농어목 제비활치과에 속하는 어류이며, 옆으로 납작한 몸은 50센티미터 정도 길이인데 지느러미가 길어 몸의 길이보다 몸높이가 더 길다. 제비활치라는 이름은 성체가 되기 전 지느러미가 제비 날개처럼 날렵한데다 몸이 활처럼 생겼기 때문이다.

    서구에서는 눈을 가로 지르는 검은 줄무늬에 빗대어 배트피시(Batfish)라 부른다. 또는 삽처럼 납작하게 생겼다 하여 스페이드피시(Spadefish)라

△어린 제비활치의 모습이다. 등지느러미와 뒷지느러미가 위아래로 매우 길고 몸 전체가 활 모양으로 생겨 성어 때와는 모습이 다르다.

고도 한다. 성격이 유순한데다 움직임 자체가 느려 다이버들과 친숙한 편
이다. 제비활치는 식성이 까다롭지 않고 적응을 잘해 관상용으로도 인기
가 있다.

△제비활치는 눈을 가로지르는 검은 줄무늬로 Batfish라고도 한다.

# 조기

우리나라 사람이 가장 많이 먹는 어류는 고등어, 명태, 오징어 등이다. 이 트로이카 어종들은 엎치락뒤치락 매년 순위 경쟁을 벌이지만 가장 좋아하는 어류라는 타이틀은 늘 조기 차지이다. 서해가 주산지인 조기는 제사나 명절 차례상에 반드시 올렸던 어류이며, 잔치상에도 빠지지 않았다. 조기는 민어과의 보구치·수조기·참조기 등을 통틀어 이르는 말로 몸길이는 30~40센티미터, 잿빛을 띤 은색으로 광택이 있다. 굴비는 조기를 소금에 절여 말린 것으로 대량으로 잡히는 조기를 보관하는 방법에서 유래했다.

조기는 전 세계에 약 162종이며, 우리나라 연해에는 참조기, 보구치, 부세, 흑구어, 물강다리, 강다리, 세리니 등 11종이 분포하는데, 이 중에서 황색을 띠어 황조기라고도 불리는 참조기가 으뜸이다.

조선 영조 때의 언어학자 황윤석의 『화음방언자의해華音方言字義解』*에 따르면, 조기의 우리말은 머릿속에 단단한 뼈가 있어 석수어(石首魚)인

『화음방언자의해』
조선 영조 때의 언어학자 황윤석(1729~1791)이 지은 어원연구서. 한국어의 어원을 화음(華音: 漢字의 중국음)과 비교하여 설명한 것으로, 중국어뿐만 아니라 산스크리트어까지를 비교하는 방법으로 고찰하였다. 국어학 연구의 좋은 자료로 평가되고 있다.

△ 가거도 해역에서 잡아들인 참조기들이다. 어민들은 금어기(4. 22.~8. 31.)와 그물코 크기 50밀리미터 이상 규정을 지키며 참조기 자원 회복을 위해 노력하고 있다.

데 중국명인 종어(鯼魚)를 급하게 발음하여 '조기'로 변했다고 기록하고 있다. 하지만 다른 견해도 있다. 조선 영조·정조 때의 문신 이의봉의 『고금석림』에는 석수어의 속명이 '조기(助氣)'인데 이는 사람의 기운을 돕는 것이라고 기록되어 있다.

동해안의 명태처럼 많이 잡힌다 해서 '전라도 명태'라는 별칭으로도 불렸던 조기는 전라남도 영광을 중심으로 한 어촌에 풍요로움을 안겨주었다. 이곳 뱃노래에 "돈 실로 가자 돈 실로 가자 칠산 바다(전남 영광 법성포 앞바다)로 돈 실로 가자"라는 노래가 있을 정도였다.

조기는 고온다습한 시기에 대량으로 어획되므로 보관 방법으로 굴비와 같은 염장 가공법이 발달했다. 곡우(양력 4월 20일께) 즈음하여 잡힌 산란 직전의 조기는 살은 적지만 알이 있는데다 연하고 맛도 좋아 '곡우살 조기' 또는 '오사리 조기'라 하여 최상품으로 대접받았다. 곡우살 조기를 말린 굴비를 '곡우살 굴비' 또는 '오가재비 굴비'라 한다. 곡우 때가 되면 산란을 위해 어김없이 칠산 바다에 나타나는 조기의 습성에 빗대어 약속을 못 지키는 사람을 '조구만도 못한 놈'이라 했다.

△ 참조기 금어기(4월 22일~8월 31일)가 풀리는 9월부터 전라남도 신안군 가거도에서는 참조기 조업과 가공작업으로 분주하다. 근해에서 잡아들인 참조기들이 가거도 항으로 들어오면 이곳에서 염장 과정을 거친 다음 운반선에 실어 목포나 영광으로 보낸다.

조기 이야기를 하면서 빼놓을 수 없는 것이 굴비이다. 굴비는 조기의 가공품이지만 조기보다 더 유명하다. 굴비라는 이름은 소금에 아무리 절여도 모양이 굽어지지 않기에 붙였다는 것이 정설이지만 역사적 사실을 기반으로 한 다음과 같은 이야기가 전해진다.

고려 말 왕의 척신 이자겸은 인종을 폐하고 스스로 왕이 되고자 난(이자겸의 난 )을 일으켰다가 실패하여 정주(지금의 전남 영광)로 귀양을 가게 된다. 귀양살이를 하던 그는 해풍에 말린 조기 맛에 감탄하여 말린 조기에 정주굴비(靜州屈非)라는 글자를 써서 임금에게 선물로 보냈다. 이자겸이 말린 조기에 굴비(屈非)라고 쓴 것은 왕에게 선물을 보내는 자신의 행동이 죄를 감면받고자 하는 비굴함 때문이 아님을 전하기 위함이었다는데……. 이때부터 사람들이 말린 조기를 굴비라 불렀다고 한다. 혹자는 이에 대해 이자겸이 굴비를 보낸 대상은 왕이 아니라 인조에게 시집보낸 두 딸이며 자신은 비록 귀양살이를 하지만 목숨을 부지하기 위해 비굴해지지 않겠다는 의지를 보인 것이라고 설명하기도 한다.

이야기의 사실 여부를 떠나 예나 지금이나 영광지역 굴비 맛이 뛰어났음은 분명한 듯하다. 영광 굴비가 유명한 것은 영광 법성포 근해가 수심이 얕고 플랑크톤이 풍부해 제주도 남서쪽에서 겨울을 보낸 후 북상하는 조기들에게 최적의 산란장이었기 때문이다. 이곳에서 잡아들인 조기는 간수를 뺀 천일염을 뿌려 하루쯤 두었다가 염도가 낮은 깨끗한 소금물로 다섯 번 이상 헹구고 걸대에 걸어 2~3일 정도 말린다. 질 좋은 소금에다 조기가 급히 마르거나 썩지 않는 천혜의 기상조건(해풍, 습도, 일조량)이 조화를 이루면서 명품 영광굴비가 탄생하게 된다.

이자겸의 난

고려 말 왕의 척신 이자겸은 자신의 둘째 딸이 예종 비로 들어가 인종을 낳자 인종에게 셋째, 넷째 딸을 비로 들여보내며 인종의 외할아버지이자 장인으로 왕권을 위협하는 권력을 손에 쥐었다. 지나친 권력으로 인종의 견제를 받은 이자겸은 스스로 왕이 되고자 난을 일으켰다가 뜻을 이루지 못하고 정주로 귀양을 떠난다.

△ 굴비는 조기의 가공품이지만 조기보다 더 유명하다. 영광 굴비가 유명한 것은 질 좋은 소금에다 조기가 급히 마르거나 썩지 않는 천혜의 기상조건(해풍, 습도, 일조량)이 조화를 이루기 때문이다.

# 준치

　"썩어도 준치"라 했다. 본바탕이 좋은 것은 비록 낡고 헐어도 그 바탕만
은 변하지 않음을 이르는 말이다. 청어목에 속하는 준치는 밴댕이와 비슷
하게 생겼지만 몸집이 좀 더 크다. 평생 한번도 준치를 보지 못한 사람이
많지만 "썩어도 준치"라는 속담은 한 번씩 쓰거나 듣곤 한다.

　준치를 비유한 속담 중에 호사다마(好事多魔)와 비슷한 의미로 쓰이는
"맛 좋은 준치는 가시가 많다"라는 말이 있다. 얼마나 그럴듯한 물고기였
으면 준치에 빗대어 이렇게 비유했을까? 이와 비슷한 예로 중국 송대의
문인 유연재는 세상을 살면서 느낀 다섯 가지 가운데 하나로 '시어다골(鰣

△ 청어목에 속하는 준치는 밴댕이와 비슷하게 생겼지만 크기가 50센티미터에 이른다.

魚多骨)'을 들었다. 이는 세상살이에 좋은 면이 있으면 좋지 않은 면도 있음을 말하고자 준치가 맛은 뛰어나지만 뼈가 많아 먹기에 불편함을 이르는 사자성어이다. 시어다골에서 알 수 있듯이 준치는 '때 시(時)' 자를 넣어 '시어(鰣魚)'라 했다. 준치가 봄철이 지나면 완전히 사라졌다가 다음해 봄에 다시 나타나는, 때를 지키는 어류로 보았기 때문이다.

아무튼 준치는 가시가 많아 유명세를 치르게 되었는데 민담에 따르면 원래 준치에는 가시가 없었다고 한다. 맛이 좋은데다 가시까지 없다 보니 바다에 사는 큰 물고기와 사람들이 준치만을 잡아먹어 준치의 씨가 마르기 시작했다. 이에 용왕은 바다에 사는 물고기들의 가시를 하나씩 빼서 준치 몸에 꽂아주었다는데……. 과유불급이라 했던가, 준치는 꼬리지느러미에까지 가시가 박혀 결국 가시투성이 몸이 되고 말았다.

# 줄도화돔

농어목 동갈돔과에 속하는 줄도화돔은 제주도 해역에서 흔하게 볼 수 있는 어류로, 놀라운 부성애를 지녔다. 이들은 암컷이 알을 낳으면 수컷이 정액을 뿌려 수정시키는 것까지는 여느 물고기와 다를 바 없지만, 수정란을 돌보지 않는 암컷 대신 수컷이 부화와 육아를 담당한다. 수컷은 암컷

△줄도화돔은 짝을 이루어 다니는 금슬이 좋은 어류이다. 무리를 이루어도 각자의 짝은 구별한다.

이 떠난 후 수정란을 입속에 머금어 부화시키고, 부화된 후에도 치어들이 독립하여 생활할 수 있을 때까지 입속에 넣어 보호한다. 수컷은 그 오랜 시간 동안 수정란과 치어들에게 신선한 물과 산소를 공급하기 위해 이따금 입만 뻐끔거릴 뿐 먹이를 전혀 먹지 않는다. 치어들이 성장해서 수컷의 입을 떠나면, 수컷은 매우 수척해진다. 더러는 탈진해서 죽기까지 한다니 자식을 위한 이만한 헌신도 없을 듯하다.

줄도화돔이란 이름은 도화돔(금눈돔목 얼개돔과)에서 유래했다. 도화돔이 복숭아꽃처럼 붉은빛을 띠고 있어 도화(桃花)라는 이름을 붙였다면, 여기에 폭넓은 검은 줄이 있다 하여 줄도화돔이 된 것이다. 도화돔과 줄도화돔은 분류학상 다른 종이지만 둘 다 부성애를 가지고 있다. 선조들은 이들이 구내보육(口內保育)을 하는 동안 수척해져 머리가 바늘처럼 가늘어진다 해서 '침두어(枕頭魚)'라 하고, 헌신적인 부성애를 일컬을 때 '침두어 사랑'이라고 칭송해왔다.

# 쥐노래미

쥐노래미는 같은 쏨뱅이목에 속하는 노래미와 닮았지만 20센티미터 남짓한 노래미보다 커서 40~50센티미터까지 자란다. 노래미의 몸 색깔이 좀 더 현란하고 짙은 반면, 쥐노래미는 회색을 띤다. 경상도 지역에서는 게르치, 전라도 지역에서는 놀래미라 부른다.

△ 쥐노래미는 부레가 퇴화되어 움직임을 멈추면 바닥에 가라앉기에 대부분의 시간을 바닥에 엎드려 지낸다.

쥐노래미란 이름은 몸 색깔이 회색인데다 뾰족한 입 모양이 쥐를 닮은데서 유래한다.

『우해이어보』에는 다음과 같은 기록이 전한다.

"서뢰(鼠鱱)는 쥐고기(鼠魚)이다. 온몸이 쥐와 비슷하고 귀와 네 다리가 없다. 색은 엷은 회색이며, 껍질은 모두 비릿하고 끈끈해서 손으로 만질 수 없다. 큰 것은 1척(尺)이며 항상 물속에 엎드려 있다. 낚시 미끼를 잘 물지만 입이 작아서 삼키지 못하고 옆에서 갉아먹는 것이 마치 쥐와 같다."

이에 대해 여러 문헌에서는 『우해이어보』에 등장하는 서뢰가 쥐치라고 이야기하지만 필자는 서뢰를 쥐노래미라고 생각한다. 김려 선생은 이 물고기가 항상 물속에 엎드려 있다고 했는데 이는 부레가 퇴화된 쥐노래미의 특성상 움직임을 멈추면 바닥에 가라앉기 때문이다. 아마 김려 선생은 잡아온 쥐노래미가 움직임을 멈추고 바닥에 엎드려 있는 모양새를 관찰했을 것이다.

# 쥐치

주둥이가 튀어나온 쥐치의 넓적하고 뾰족한 이빨은 쥐의 이빨을 닮았다. 예전에는 낚시를 하다 쥐치가 잡히면 땅 위의 쥐가 연상되어 버리곤 했지만, 요즘에는 말린 포뿐 아니라 자연산이라는 프리미엄이 붙어 횟감용으로도 상당한 인기가 있다. 쥐치의 인기가 높아져 집중 포획되다 보니 쥐치가 즐겨 먹는 해파리의 천적이 줄어드는 꼴이 되었다. 결국 쥐치 포획은 해파리의 대량 번식으로 이어져 연안 생태계 질서가 무너지는 재앙이 되고 있다.

쥐치는 튀어나온 주둥이와 이빨을 기능적으로 사용한다. 쥐치가 성게를 사냥하는 장면을 관찰하면 흥미롭다. 성게는 날카로운 가시로 몸을 보호할 수 있지만, 몸이 뒤집혀 가시가 없는 배 부분이 노출되면 위기를 맞는다. 쥐치는 성게를 뒤집기 위해 튀어나온 주둥이를 노즐(nozzle, 액체나 기체를 내뿜는 대롱 모양의 작은 구멍)처럼 이용하여 잔뜩 들이켠 물을 세차게 뿜는다. 물 폭탄을 맞은 성게가 뒤집어지면 뾰족하고 단단한 이빨로 성게의 배 부분을 찢어발겨 생식선과 알 등을 포식한다.

쥐치의 학명 *Stephanolepis cirrhifer*는 그리스어의 관(冠, Stephanos)

과 비늘(Lepis)의 합성어로 제1등지느러미가 늠름한 관처럼 보여 붙였다. 실제 등지느러미를 펼치고 유영하는 쥐치는 상당히 멋있다. 영어명 '파일피시(File fish)', 또는 '레더 재킷(Leather jacket)'은 쥐치의 표피가 줄이나 가죽처럼 꺼칠꺼칠한 것을 나타낸다. 중국명의 '초(草)' 또는 '상피어(橡皮魚)' 역시 거칠고 질긴 껍질을 나타낸다. 일본명은 '가와하기(皮剝)'라 하는데 이는 횟감으로 장만할 때 껍질이 한번에 잘 벗겨진다 하여 붙인 이름이다.

△ 주둥이가 튀어나온 쥐치는 넓적하고 뾰족한 이빨이 쥐를 닮아 붙인 이름이다. 이들은 먹이사냥에 나설 때 튀어나온 주둥이와 이빨을 기능적으로 이용한다. 사진은 쥐치가 주둥이를 노즐처럼 이용해 바닥면에 물을 뿜어대면서 먹이를 찾고 있는 모습이다.

쥐치는 크게 쥐치복과와 쥐치과로 나눌 수 있다. 쥐치복과에 속하는 쥐치류는 열대 해역에 서식하며 꼬리지느러미 양쪽에 외과의사의 수술용 칼(메스)처럼 가시가 날카롭다고 하여 서전피시(Sergeon fish)라고 불리며, 우리나라 근해에서는 찾아보기 힘들다. 이에 반해 쥐치과에 속하는 쥐치와 말쥐치 등은 근해에서 쉽게 볼 수 있다. 두 종 모두 쥐치로 부르긴 하지만 생김새에서 큰 차이가 있다. 쥐치가 넓적하게 생긴 반면, 말쥐치는 길쭉한 타원형이고 비교적 큰 편이다. 아마 쥐치에 견주어 큰 쥐치라는 의미를 강조하기 위해 '말' 자를 붙인 것으로 보인다.

△열대 바다에서 볼 수 있는 쥐치복과에 속하는 서전피시가 무리를 이루고 있다. 서전피시는 꼬리지느
러미 양쪽에 외과의사가 사용하는 메스처럼 날카로운 가시가 있어 위험한 어류이다.

# 참치

참치 이름에 얽힌 유래는 유별나다. 박일환의 『우리말 유래사전』에 따르면 광복 직후 이승만 대통령이 수산시험장(지금의 국립수산과학원)에 들렀을 때의 일이다. 대통령이 어류학자 정문기 박사에게 참다랑어를 가리키며 이름을 물었다. 갑작스러운 질문에 말문이 막힌 정 박사는 물고기 이름에 준치, 눈치, 갈치, 넙치, 꽁치 따위의 '치'가 많다는 생각에서 "참, 참~" 하고 한참을 맴돌던 끝에 "참치입니다"라고 대답했다 한다. 이로부터 참다랑어를 참치라고 부르게 되었다는데……. 이에 대해 수산인들은 다른 유래를 이야기한다.

1957년 6월 29일 처녀항해에 나선 우리나라 첫 원양어선 지남호가 인도양에서 참다랑어 10여 톤을 잡아 부산항으로 들여왔다.

△1957년 6월 29일 우리나라 첫 원양어선 지남호가 인도양으로 참치 조업에 나선 후 원양어업은 외화 획득에 크게 공헌했다. 당시 지남호가 잡은 참치 앞에서 이승만 대통령이 기념촬영을 하고 있다.

△ 참치는 우리나라 원양어업의 주요 어획종으로 외화 획득에 크게 공헌하고 있다. 사진은 원양어선들의 참치 조업 장면이다.

△ 원양어선 선원들이 낚시에 걸린 청새치를 끌어 올리고 있다.

△ 부산공동어시장에서 참치가 위판되고 있다. 참치는 과거 외화벌이를 위해 잡은 족족 수출하느라 국내에서는 거의 유통되지 않았지만 지금은 대중화되어 쉽게 접할 수 있다.

이때 크기나 맛 등 여러 면에서 바다에 사는 물고기 중 으뜸이라 할 만한 이 물고기를 다른 어류와 구별해야 했다. 그래서 참다랑어가 전체적으로 검은색을 띤다 해서 붙은 일본식 이름인 마구로(眞黑)의 '진(眞)' 대신에 비슷한 뜻을 지닌 우리말 '참'을 쓰고 그 뒤에 어류를 뜻하는 '치'를 붙였다는 거다. 동원수산의 참치 홍보관 자료에 부산항에 내린 참다랑어를 참치라 부를 것인지 진치라 부를 것인지에 대한 논의가 있었다는 기록을 감안하면 참치의 유래는 일본식 이름인 마구로에서 따왔다는 것에 비중이 실린다.

'바다의 귀족'이라는 별칭으로도 불리는 참치는 현재 상당히 대중화되었지만 1982년에 이르러서야 내수용 통조림이 개발되는 등 우리와 친숙해진 역사는 그리 길지 않다. 연근해에서는 보기 어려운데다 가격 또한 만만치 않아 잡는 족족 수출만 했기 때문이다.

이처럼 횟감으로 사용되는 참다랑어·황다랑어·눈다랑어 등의 다랑어류와 통조림을 만드는 가다랑어에서부터 다랑어와 맛이 비슷해 횟감으로 공급되는 황새치·청새치·흑새치·녹새치 등 입이 뾰족한 새치류까지 참치로 불린다. 이에 대해 수산과학원 측

△ 참치는 최고의 횟감으로 인기가 있다. 횟감으로는 참다랑어·황다랑어·눈다랑어 등의 다랑어류 부터 다랑어와 맛이 비슷한 황새치, 청새치·흑새치·녹새치 등 입이 뾰족한 새치류까지 두루 이용된다.

▽ 참치의 완전 양식은 수정란을 채취해 인공수정으로 자란 참치에서 종자를 얻어 기르는 것을 말한다. 일본은 2002년 완전 양식에 성공해 양식 참치가 유통되고 있다. 우리나라의 경우 제주특별자치도 해양수산연구원에서 참다랑어 종자 생산에 성공해 육상 양식 실증시험에 들어갔다. 사진은 서귀포시 표선면에 있는 외해 수중가두리의 참치 시범양식장의 모습이다.

은 참치를 다랑어류와 새치류를 통칭하는 용어로 정리하고 있다. 결국 참치는 원래 참다랑어를 가리키는 말이었지만 지금은 어느 한 종의 어류가 아니라 비교적 덩치가 크고 등이 푸른 생선 모두를 의미하는 넓은 뜻의 어휘로 이해해야 할 듯하다.

**참다랑어** 북대서양에 서식하는 종의 경우 최대 몸길이 3미터, 몸무게 560킬로그램까지 성장하는 등 다랑어 중 가장 클 뿐 아니라 고급 종으로 '바다의 귀족'이라 불린다. 몸은 뚱뚱하고 방추형에 가까우며 꼬리자루는 가늘다. 몸의 등 쪽은 짙은 청색을 띤다. 우리나라·일본·대만·미국·멕시코 해역에 분포하는 태평양참다랑어, 대서양에 분포하는 대서양참다랑어, 남반구에 분포하는 남방참다랑어의 3종이 있다.

**날개다랑어** 가슴지느러미가 매우 길게 발달되어 있어 마치 날개처럼 보여 붙인 이름이다. 온대 수역에서 주로 어획되는데 살이 흰색이다. 서구에서는 바다닭고기라 하여 인기가 있는 종이다.

**눈다랑어** 길이가 2미터에 이르는 열대성 다랑어이다. 다랑어류 중에서 눈이 가장 커서 붙인 이름이다. 살은 연한 붉은색으로 초밥용으로 쓰인다.

**황다랑어** 제1지느러미를 제외한 지느러미가 황색을 띤다. 열대성으로 살은 밝은 분홍색이다. 횟감이나 초밥용으로 쓰인다.

**가다랑어** 등은 짙은 청색을 띠고, 배 부분은 은백색 바탕에 4~6개의 검은색 세로띠가 있다. 다랑어 중에서 가장 많이 잡히는 종이며, 주로 통조림용으로 가공된다. 일본 사람들은 전통식품으로 가다랑어를 이용하여 조미용 국물을 얻기 위한 건조 가공품을 만드는데 이것을 '가쓰오부시'라고 한다. 가쓰오부시에는 핵산 조미료 성분인 이노신산, 이스티딘염이 많이 들어 있다.

**연안성 다랑어** 우리나라 연해에서 잡히는 종으로 몸 색깔이 흰색인 백다랑어와 몸에 점이 있는 점다랑어 등이 있다.

**황새치** 최대 몸길이 4.5미터에 몸무게가 540킬로그램에 이르고, 칼처럼 길고 납작한 주둥이가 앞으로 뻗어 있는 것이 특징이다. 여느 새치류와 달리 배지느러미가 없다. 몸 색깔이 황갈색이라 '황새치'라 부르는데, 영어명은 칼처럼 기다란 주둥이를 특징으로 하여 소드피시(Swordfish)이다.

**청새치** 어니스트 헤밍웨이의 소설 「노인과 바다」에 등장하는 청새치는 강하고 긴 창 모양의 턱이 특징이다. 최대로 성장하면 몸길이 350센티미터, 몸무게 200킬로그램까지 나간다. 선명하고 깊은 푸른색은 옆구리와 배를 거치면서 은빛을 띤 백색으로 변해간다. 청새치는 눈에 띄는 크기와 생김새에다, 힘이 엄청 세어서 스포츠 낚시꾼들에게 인기가 있다.

**흑새치** 열대와 아열대 해역에서 발견되는 새치류의 일종이다. 측정된 최고 크기는 몸길이 4.65미터, 몸무게가 750킬로그램으로 새치류 중에서 가장 크다. 황새치와 함께 아주 빠른 어류로 분류되고 있다. 몸 색깔이 검은색인 흑새치는 상업적으로 어획되며 낚시 대상어로 인기가 높다. 흑새치는 주둥이가 짧으며, 지느러미는 둥글고 낮다. 또한 약 75킬로그램에 달하는 몸 쪽으로 접을 수 없는 단단한 지느러미가 있어 보통의 새치들과 구별된다.

녹새치  몸길이는 약 3미터이다. 겉모양은 청새치와 비슷하나 등 쪽이 짙은 녹색이고 배는 연한 빛깔이다. 청새치·황새치 등과 함께 최상의 바다낚시 대상 어류이다.

## 기름치

참치로 둔갑해서 팔리는 기름치라는 어류가 있다. 기름치는 오일피시(Oil fish)라 불리는 갈치꼬리과 어류로 수심 100~800미터에 서식하는 심해어이다. 기름치란, 대부분의 어류는 지방 함유량이 4~5퍼센트이지만 이 어류의 지방 함유량은 20퍼센트 이상이나 되어서 붙인 이름이다. 기름치의 기름은 세제나 왁스의 원료로 사용하는 에스테라 성분이어서 사람이 먹으면 소화불량이나 복통을 일으킨다. 일본은 1970년부터, 미국에서는 2001년부터 판매 금지되었으며, 우리나라에서는 2012년 6월부터 식품원료로의 사용이 전면 금지되었다. 하지만 가끔 불법 유통된 기름치가 횟감용 참치나 구이용 메로로 둔갑해서 판매되고 있다. 이는 기름치의 가격이 참치 또는 메로보다 5~7배 싸기 때문이다.

기름치가 우리나라에 소개된 것은 1960년대 참치 어선이 남태평양에서 본격적으로 참치잡이에 나설 때부터였다. 당시 냉동 상태의 참치가 흔들리는 어창에서 서로 부딪혀 상처가 생기지 않도록 함께 잡힌 기름치를 적당하게 썰어서 고정대로 사용했는데, 참치는 수출되고 고정대 역할을 했던 기름치가 국내로 들어오면서 참치회로 둔갑하게 되었다. 기름치는 지방 함량이 많아 그냥 먹으면 느끼한 맛이 강하다. 그 맛을 상쇄하기 위해 김에 싸서 먹었던 것이 지금까지 참치회는 김에 싸서 먹는 식문화로 정착하게 되었다.

◁ 불법 유통되다가 적발된 기름치 모습이다. 기름치는 사람이 먹으면 소화불량이나 복통을 일으킨다. 일본은 1970년부터, 미국에서는 2001년부터 판매 금지되었고, 우리나라는 2012년 6월부터 식품원료로의 사용이 금지되었다.

## '치' 자가 붙은 생선

우리나라의 생선 이름은 '치' 자가 들어 있는 것과 '어' 자가 들어 있는 것으로 크게 나뉜다.

여기에는 몇몇 예외를 제외하고 원칙이 있다. '어' 자가 붙는 물고기는 비늘이 있고, '치' 자가 붙는 물고기는 비늘이 없다. 갈치, 꽁치, 한치, 쥐치, 가물치 등이 그러하다.

이 원칙에 대한 예외로 오징어와 고등어는 비늘이 없음에도 '어' 자가 붙었다.

# 창꼬치

사람들은 바다의 최상위 포식자로 상어를 꼽는다. 그러나 상어만큼 위협적이며, 지역에 따라 상어가 누리는 지위를 차지하는 어류가 있다. 창꼬치가 그 주인공이다. 창꼬치는 길고 뾰족한 머리에 눈가까지 찢어진 큰 입, 위턱보다 길게 튀어나온 아래턱으로 인해 상당히 공격적으로 보인다. 입을 완전히 다물 수 없을 정도로 삐죽 튀어나와 있는 날카로운 이빨이

△ 창꼬치는 아래턱이 길게 튀어나와 있어 상당히 공격적으로 보인다.

섬뜩하게 느껴진다. 창꼬치가 더욱 공포스러운 것은 무리 지어 다니며 사냥하는 습성 때문이다. 이들은 수백 수천 마리가 빙글빙글 소용돌이치며 돌아가다가 먹이가 될 만한 물고기 떼를 만나면 한꺼번에 달려든다. 날카로운 이빨도 이빨이지만 시속 40킬로미터가 넘는 속도로 돌진하는 창꼬치에 부딪치는 물고기는 그 충격만으로도 치명상을 입는다. 이렇게 돌진하는 모양새가 마치 창이 날아가 꼬치를 꿰는 듯 보여서 창꼬치라는 이름을 붙였다.

심리학에서 변화를 받아들이지 않고 기존의 규칙이나 관습만을 고수하는 경향을 '창꼬치 증후군'이라 한다. 수족관에 창꼬치와 다른 물고기를 넣고 두 집단 사이를 유리벽으로 막아두면 창꼬치는 처음 한동안 무서운 기세로 작은 물고기들에게 달려들지만 몇 번 유리벽에 막혀 실패를 맛본 어느 순간에 이르러서는 공격을 멈춘다고 한다. 이때 유리벽을 치우면 어떻게 될까? 창꼬치는 유리벽이 없어졌다는 변화에 능동적으로 대응하지 못하고 작은 물고기들을 바라만 볼 뿐 더 이상 공격하지 않는다.

△ 창꼬치가 돌진하는 모양새를 보면 마치 창이 날아가는 듯 보인다.

# 철갑둥어

주로 아열대와 온대 연안에 집단 서식하는 철갑둥어는 몸이 단단한 골질판(몸 표면을 덮고 있는 골화된 판 모양의 비늘)으로 덮여 있다. 우리나라에서는 이를 철로 만든 갑옷에 비유해 철갑(鐵甲)둥어라는 이름을 붙였다. 이 골질판들은 몸을 덮으면서 전체적으로 격자무늬를 이루는데 서양에서는 노란색 바탕에 아로새겨진 격자무늬를 형상화해서 파인애플피시(Pineapple fish)라 한다.

철갑둥어는 격자무늬의 골질판뿐 아니라 발광기에서 빛을 내는 특성이 있다. 이들이 빛을 내는 원리는 아래턱 끝에 있는 크고 긴 타원형 주머니에서 몸 바깥쪽으로 연결된 가느다란 관으로 발광 박테리아가 들어오기 때문이다.

△ 인기척에 놀란 철갑둥어가 몸을 숨기고 있다. 철갑둥어의 몸은 단단한 골질판으로 덮여 있어 철갑을 두른 듯이 보인다.

# 철갑상어

철갑상어는 100센티미터에 이르는 크기에 원통형이다. 주둥이가 길고 뾰족하며 몸은 5열의 세로줄 판 모양인 단단한 비늘에 싸여 있다. 상어라는 이름이 붙었지만 연골어류인 상어와 달리 경골어류이다. 『자산어보』에는 이 판 모양의 단단한 비늘이 금색 광택으로 아름답게 보여서인지 '금린사(錦鱗鯊)'라 적고 있다. 『재물보』에 등장하는 옥판어(玉版魚)라는 이름도 판 모양의 단단한 비늘이 옥(玉)을 닮았다고 보았기 때문일 것이다.

유라시아 대륙과 북아메리카의 한대에서 온대에 걸쳐 사는 철갑상어는

△ 주둥이가 길고 뾰족하며, 몸은 5열의 세로줄 판 모양인 단단한 비늘에 싸여 있다.

△ 철갑상어가 식용으로 인기를 끌면서 양식업이 성행하고 있다. 사진은 경남 함양군의 철갑상어 양식장이다.

24종이 알려져 있다. 이 중 러시아에 사는 종은 전체 길이가 8미터 넘는 것도 있으며, 알을 염장한 것을 캐비아라 하여 카스피해 산으로 만든 것을 최고급품으로 친다.

우리나라에서는 1996년 3월, 환경오염으로 인해 특정 야생동식물 보호어종으로 지정하여 보호하고 있다.

# 청소고기

몸에 붙어사는 얄미운 기생충, 이빨 사이에 끼어 있는 음식물 찌꺼기, 피부의 죽은 조직들……. 바다동물들을 성가시게 하는 것들은 의외로 많다. 손이라도 있으면 긁어 보겠지만 이들에게는 언감생심일 뿐이다. 그래서 이런 문제를 해결하려고 가려운 몸을 바닥에 비벼대기도 하고, 발달된 가슴지느러미를 이용해 수면을 박차고 튀어 오른 후 떨어질 때의 마찰로 성가시게 하는 것들을 떨어버리기도 한다.

이러한 시도들은 상당한 에너지만 소비할 뿐 그다지 효율적이지 않다. 그럼 바다동물들은 문제를 어떻게 해결할까? 바닷속에는 이런 문제를 전문적으로 해결해주고 이에 대한 대가로 고객의 몸에서 음식물을 얻어가는 전문그룹이 있다. 이름 하여 청소고기(Clinic fish)가 그들이다. 청소고기에는 청소놀래기, 청소고비, 어린 나비고기 등 다양한 종이 있으며 상대에 따라서는 새우류가 이 역할을 맡기도 한다. 청소고기는 자신의 신분을 알리기 위해 화려한 색깔과 뚜렷한 줄무늬로 몸을 치장한 채 고객들에게 접근한다.

대형 바다동물은 이들의 겉모습을 보고 먹잇감과 구별한다. 웬만한 크

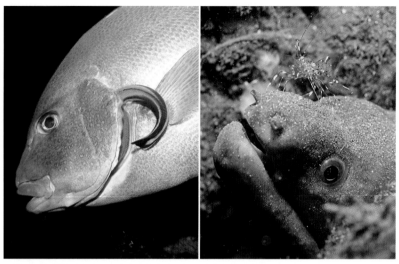

◁ 청소놀래기 한 마리가 그루퍼의 아가미 안으로 들어가 문제를 해결해주고 있다. 청소고기 입장에서는 이러한 활동으로 먹이를 얻을 수 있으니 이들은 서로 공생관계에 있다고 봐야 한다.
▷ 새우가 곰치 머리에 앉아 있다. 상대에 따라서 새우류가 청소고기의 역할을 대신하기도 한다.

기의 물고기는 한입에 삼켜버릴 수 있는 그루퍼 같은 대형 어류나, 사납고 거친 곰치에게도 청소고기는 거리낌 없이 접근한다. 만약 이들이 청소고기를 공격하면 이후로는 어떤 서비스도 기대할 수 없을 것이다.

## 클리닉스테이션

청소고기는 서비스가 필요한 고객에 전속되어 몸에 붙어 다니는 경우도 있지만 대개 암초지대 중 눈에 띄기 쉬운 곳에 마련된 클리닉스테이션(Clinic station)에 머문다. 일종의 거점을 마련해두고 고객을 기다리는 셈이다. 양쪽 지느러미의 너비가 7~8미터이고, 몸무게가 0.5~1.5톤에 이르는 대형 어종인 만타가오리의 예를 들어보자. 이들은 매일 일정한 시간에 클리닉스테이션을 찾아온다.

클리닉스테이션에 도착한 만타가오리는 느긋한 몸짓으로 유영하다가, 텀블링하듯 몸을 돌리면서 클리닉 서비스를 즐긴다. 만타가오리는 스쿠버 다이버들이 무척 보고 싶어 하는 바다동물 중 하나이다. 현지 가이드들은 만타가오리가 즐겨 찾는 클리닉스테이션의 위치를 정확하게 파악하고 만타가오리가 방문하는 시간을 체크해 세계 각지의 스쿠버 다이버들을 모아 관광 수입을 올린다.

△ 만타가오리가 클리닉스테이션에 모습을 드러내고 있다.

## 가짜 청소고기

클리닉피시의 대다수를 차지하는 청소놀래기와 비슷하게 생긴 가짜 청소고기들의 등장에 고객들이 피해를 입기도 한다. 이 클리너미믹(Cleaner mimic)은 청베도라치과에 속하며, 이들은 청소놀래기와 비슷하게 생긴 겉모습을 이용해 무방비 상태로 서비스를 기다리는 물고기에 가만히 다가가 날카로운 이빨로 순식간에 살점을 한입 베어 먹고 도망친다. mimic은 '가짜' 또는 '모방한다'는 뜻이다. 고객의 입장에선 청소 서비스를 기대했다가 호되게 당한 꼴이다.

# 청어

청어(靑魚)는 고등어, 정어리, 전갱이, 참치 등을 일컫는 등 푸른 생선의 대표격이다. 그래서 선조들은 청어를 진짜 푸르다는 의미에서 '진청(眞鯖)' 이라 불렀다. 청어는 냉수성 어류인데 옛날에는 우리나라 전 연안에서 잡혔음이 『세종실록지리지』와 『신증동국여지승람』 등에 기록되어 있다. 하지만 청어는 사는 곳을 옮겨 다녀 자원량의 변동이 심하다. 이수광의 『지봉유설』에는 봄철 서남해에서 많이 잡히던 청어가 1570년(선조 3) 이후부터 전혀 산출되지 않는다고 하였다. 유성룡의 『징비록懲毖錄』*에는 임진왜란이 일어나기 직전에 발생했던 기이한 일들을 전하는 가운데, "동해의 물고기가 서해에서 나고, 원래 해주에서 나던 청어가 근 10여 년 동안이나 전혀 나지 않고 요해(遼海)에 이동하여 나니 요동 사람이 이를 신어(新魚)라고 일컬었다"고 했다. 지금은 동해에 출현하는 어종이지만 당시에는 서해가 주산지였음을 알 수 있다.

우리나라 연안에서 청어가 흔하게 잡혀서인지 선조들은 청어를 가난한 선비를 살찌우는 고기라

『징비록』
조선 선조 때 영의정을 지낸 서애 (西厓) 유성룡(柳成龍)이 집필한 임진왜란 전란사로, 1592년(선조 25) 부터 1598년까지 7년에 걸친 전란의 원인, 전황 등을 기록한 책이다. 제목인 '징비'는 『시경詩經』의 "예기징이비역환(豫其懲而毖役患)", 즉 "미리 징계하여 후환을 경계한다"는 구절에서 따온 것이다.

해서 '비유어(肥儒魚)'라는 애칭으로 불렸다. 그만큼 대중적인 어류였지만 중국 한(漢)나라 성제(成帝) 때는 청어가 귀한 물건을 가리키는 상징으로 등장했다. 당시 사치스러운 생활을 하던 5명의 제후들이 청어 요리를 즐겼는데 귀한 음식 또는 물건을 가리킬 때 일컫는 '오후청(五侯鯖)'이란 말은 여기에서 나왔다.

오후청이라 불리며 귀하게 대접받던 청어가 비유어로 불리게 된 이면에는 묘한 역설의 미학이 담겨 있다. 아마 선비들이 현실의 어려움을 제후의 음식을 통해서나마 잠시 잊고자 했던 것은 아닐까? 김소운의 수필 「가난한 날의 행복」에서도 이런 역설을 엿볼 수 있다. 실직한 남편이 아침을 굶고 출근한 아내의 점심상을 차리며 남긴 쪽지 '왕후의 밥, 걸인의 찬……'에 깃든 마음 씀씀이가 그러하다. 가난에 주눅 들지 않고, 오히려 스스로를 추슬러 행복으로 이끄는 단련의 계기로 삼으려는 강하면서도 부드럽고 넉넉한 삶의 지혜가 비유어와 오후청의 대구 속에 녹아 있다.

청어는 비유어라는 명칭에서 기원하여 '비웃'이라고 하기도 한다. 전남에서는 '고심청어', 동해안에서는 '등어', 경북에서는 '눈검쟁이', '푸주치'로, 서울에서는 크기가 크고 알을 품은 청어를 '구구대'라 부르기도 했다.

청어를 소재로 한 속담들도 전한다. 너무 정도가 지나치면 좋지 않다는 의미로 "청어 굽는 데 된장 칠하듯"이란 말이 있다. 이는 청어를 굽는데 된장을 살짝 보기 좋게 바르지 않고 더덕더덕 더께가 앉도록 지나치게 발라서 몹시 보기 흉한 것을 말한다. 또 북한 속담 "눈 본 대구 비 본 청어"란 눈이 내릴 때는 대구가 많이 잡히고, 비가 올 때는 청어가 많이 잡힌다는 것을 이르는 말이다. 오후청에서 비유어로 청어의 신분 변화는 롤러

코스터를 타지만, 최근 들어서는 맛도 맛이거니와 양질의 단백질과 EPA, DHA 등의 불포화지방산 등 각종 영양소가 풍부하게 들어 있어 노화방지와 성인병 예방에 효과가 있는 웰빙식품으로 각광을 받고 있다.

△ 부산공동어시장에 청어가 쌓여 있다. 청어는 예로부터 흔하게 잡혀서 대중적인 어류로 알려져 있다.

## 과메기

겨울철에 청어가 많이 잡히자 선조들은 청어 배도 따지 않은 채 바람이 잘 통하는 해안가 덕장에 걸어두고 얼렸다 녹였다를 반복하면서 보름 정도 자연 건조시켰다. 이를 청어의 눈을 꿰어 말린다 하여 '관목청어〔貫目靑魚〕'라 불렀다. 즉 꼬챙이 같은 것으로 청어의 눈을 꿰어〔貫目〕 말렸다는 뜻인데, 포항 근방에서는 '목'을 흔히 '메기'로 부르니 결국 '관목'이 '과메기'가 된 것이다.

이 관목청어는 한겨울이 제철이다. 기온이 영하로 내려가는 11월 중순부터 설 전후까지 청어를 그늘에서 얼렸다 녹였다를 되풀이하면 포항을 중심으로 한 동해 지역의 특산물인 과메기가 탄생한다. 하지만 최근 들어서는 청어가 우리나라 근해에서 예전처럼 많이 잡히지 않아 꽁치를 청어 대용으로 쓰고 있다.

◁ 바람이 잘 통하는 해안가 덕장에 청어가 걸려 있다. 이렇게 보름 정도 자연 건조 과정을 거치면 과메기가 만들어진다.
▷ 과메기는 김이나 미역, 배추에 쪽파, 마늘, 고추 등을 함께 얹어 먹는데 겨울철 별미로 인기가 있다.

# 통구멍

　자연 상태에서 동물은 천적에 대한 방어수단으로 은신과 엄폐술을 본능적으로 익힌다. 이들의 본능적인 행동은 일반적으로 포식자의 공격으로부터 자신을 숨기기 위함이지만 반대로 먹이사냥에 응용되기도 한다.

　통구멍이란 이름은 몸을 숨기고 있다가 먹이를 낚아채는 특별한 모양새에서 따왔다. 이들은 모래나 개흙 속에 입과 눈만 내놓고 있다가 먹잇감이 사정거리 안으로 들어오면 통구멍이라 불릴 만큼 큰 입을 순간적으로 벌려 먹잇감을 낚아챈다. 서양에서는 이들이 바닥에 은신한 채 눈을 치켜뜨고 위를 올려다보는 모습이 하늘의 별을 쳐다보는 것과 닮았다 하여 '스타게이저(Stargazer)'라 한다.

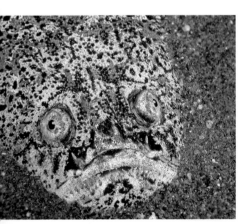

△통구멍이 바닥면에 은신한 채 눈을 위로 치켜뜨고 지나가는 먹이를 노리고 있다.

# 트럼펫·플루트·코르넷피시

큰가시고기목에 속하는 트럼펫피시·플루트피시·코르넷피시는 주둥이가 긴 관 모양으로 생겨 관악기 이름을 붙였다. 이 중 트럼펫피시는 독자적인 과에 속하고 플루트피시와 코르넷피시는 대치과에 속한다.

대치과에 속하는 플루트피시와 코르넷피시는 길이가 1.5미터 정도인데 각각 홍대치와 청대치라는 우리 이름이 있다. 플루트피시는 전체적으로 몸의 색이 붉은색이어서 홍대치로 불리고, 코르넷피시는 올리브색 바탕에 파란색을 띠고 있어 청대치라 이름 지었다.

△우리 이름으로 청대치라 부르는 종이다. 몸이 납작하며 주둥이가 앞쪽으로 튀어나와 관악기를 닮았다고 보았다.

△ 트럼펫피시는 보통 40~60센티미터, 최대 80센티미터까지 자란다. 몸 색깔은 환경에 따라 어두운 색, 황색, 줄무늬 등 다양하게 변한다. 이들은 수심이 얕은 암초지대나 산호초 지대에 서식하면서 입 크기에 맞는 작은 물고기, 갑각류 등 동물성 먹이를 나팔 같은 긴 주둥이로 순식간에 낚아챈다.

# 파랑돔

　파랑돔은 타원형 몸에 코발트빛이며 배 쪽은 노란색을 띤 예쁜 어류이다. 열대와 아열대 산호초 지대에서 무리 지어 다니며 흔하게 볼 수 있는 종으로, 쿠로시오 난류를 타고 제주도는 물론이고, 우리나라 울릉도·독도 연안까지 북상한다.

　산란 습성은 자리돔과 비슷하다. 크기는 7~8센티미터로 소형 어종이고 수족관에서 적응을 잘해 관상어로 인기가 있다.

◁ 파랑돔은 몸이 코발트빛이다. 열대와 아열대 산호초 지대에서 흔하게 발견되는 종이다.
▷ 쿠로시오 난류를 타고 울릉도까지 북상한 파랑돔의 모습이다. 열대성 어류이지만 수온에 적응을 잘하는 것으로 보인다.

# 파이프피시

파이프피시는 파이프처럼 몸이 길쭉한 어류이다. 이 중 고스트파이프 피시는 길쭉한 몸에 색깔과 몸의 모양이 바닷말류를 꼭 빼닮아 어지간한 관찰력이 아니고는 찾기가 힘들다. 관찰자 입장에서는 유령처럼 존재를 좀처럼 찾기 힘들어 고스트(Ghost)라는 이름을 붙였다.

파이프피시는 해마처럼 수컷이 암컷에게 알을 받아 새끼를 낳는 특이 한 습성을 가지고 있다.

◁ 파이프피시는 대체로 짝을 이루어 다니며 수컷이 암컷에게 알을 받아 육아낭에서 부화시킨다.
▷ 고스트파이프피시 한 마리가 바닷말류의 모양과 색에 완벽하게 묻혀 있다. 존재를 좀처럼 찾기 힘들 어 '유령(Ghost)'이라는 이름을 붙였다.

# 학공치

    학(鶴)은 단정함과 고결함으로 귀하게 여겨온 길조이다. 그래서인지 선조들의 삶 속에 다양한 모습으로 녹아들어 있다. 어떤 대상을 목이 빠져라 기다리는 것을 목이 긴 학의 모습에서 따와 '학수고대(鶴首苦待)'라 하고, 학이 양 날개를 펼친 것처럼 적을 둘러싸는 전법을 '학익진(鶴翼陣)'이라 한다. 부산시 지정 무형문화재인 동래학춤은 학의 움직임을 율동화한 춤이다. 고매한 성품을 가진 사람을 가리켜 '학처럼 사시는'이라고 표현하며 칭송한다.

    물고기 중 학의 이름을 딴 물고기가 있으니 바로 학공치가 주인공이다. 학공치는 가늘고 긴 몸에 등 쪽은 연한 갈색을 띠고 있다. 가슴지느러미에서 꼬리지느러미로 연결되는 푸른색 테두리 띠를 경계로 아랫부분은 은백색이다. 몸빛에서 풍겨나는 은은함과 단정한 몸매 외에도 길게 뻗은 아래턱이 학의 부리가 연상된다.

    그렇다면 우리나라 최초의 어보인

△ 길게 뻗은 학공치의 아래턱이 학의 부리가 연상되어 학공치라는 이름을 붙였다.

『우해이어보』와 『자산어보』에는 학공치를 어떻게 묘사했을까? 1801년 신유박해*로 진해로 유배를 떠난 한학자 김려 선생의 저서 『우해이어보』(1803년)와 흑산도로 유배를 떠난 실학자 정약전 선생의 저서 『자산어보』(1814년)는 동시대 지식인의 학문적 배경에 따른 인식의 차이를 비교해볼 수 있어 흥미롭다.

어류를 한시(漢詩)로 은유적으로 묘사한 김려 선생은 학공치의 주둥이가 코끼리 코처럼 생겼다 하여 상비어(象鼻魚)라고 적었다. 하지만 부연 설명에서는 주둥이가 새의 부리처럼 길다고 했다. 실학자의 관점에서 어류를 자세히 묘사한 정약전 선생은 학공치의 아랫부리가 침같이 가늘다 하여 침어(鱵魚)라 하고 속명을 공치어(孔峙魚)라 하였다. 학공치의 맛에 대해서는 김려 선생은 회를 쳐서 먹으면 아주 좋다고 했으며, 정약전 선생은 맛이 달고 산뜻하다고 묘사해 의견일치를 보이고 있다.

학공치는 속명으로 '강태공 조침어(姜太公釣針魚)'라 부른다. 이는 중국 주나라 강태공이 학공치의 아래턱에 있는 곧은 뼈를 낚싯바늘 삼아 낚시를 즐긴 데서 유래한다. 강태공이 곧은 낚싯바늘을 사용한 것은 고기를 잡기 위함이 아니라 세월을 낚기 위함이었다고도 하는데, 이에 대해 어떤 이는 옛날에는 곧은 바늘로 고기를 잡기도 했다며 강태공이 세월과 함께 고기도 낚았을 것이라는 주장을 펴기도 한다. 학공치의 곧은 뼈로 고기를 낚았는지 세월을 낚았는지는 강태공만이 알 일이다.

△ 학공치들이 수면 아래에서 유영하고 있다.

학공치는 담백한 맛으로 횟감으로 인기가 있지만 말려서 어포 형태로
가공하기도 한다. 주점에서 맥주 안주로 등장하는 '사요리'는 학공치의 일
본식 이름이다.

# 할리퀸 스위트립스

농어목에 속하는 할리퀸 스위트립스(Harlequin sweetlips)는 몸 전체에 조금 기괴하게 보이는 점무늬가 산재해 있다. 이러한 모습이 매년 10월 31일 영미권에서 진행되는 핼러윈(Halloween) 축제 때 입는 옷차림처럼 보인다. 핼러윈 축제는 음식을 마련해 죽음의 신에게 제의를 올림으로써 죽은 이들의 혼을 달래고 악령을 쫓는 그리스도교 문화인데 이때 악령들이 해를 끼칠까 봐 두려워한 사람들이 자신을 같은 악령으로 착각하도록 기괴한 모습으로 꾸미는 복장 풍습이다.

그럼 달콤한 입술을 의미하는 스위트립스는 어떻게 해서 붙게 되었을까. 이들은 성어기일 때와 유어기일 때 모습이 전혀 다르다. 성어가 되면서 온몸에 기괴한 점이 생겨나지만 어린 물고기일 때는 흰색과 붉은색이 어우러진 몸 색깔에, 입술 모양이 작고 도드라져 상당히 매력적이다. 이때의 입술 모양에서 스위트립스라는 이름을 붙인 것으로 보인다.

△ 할리퀸 스위트립스는 열대 해역에서 흔하게 만날 수 있다. 유어기 때와 달리 움직임이 느려진 성어의 몸에는 조금 기괴하게 보이는 점무늬가 산재해 있다.

△ 할리퀸 스위트립스는 유어기일 때 산호초 사이를 지느러미를 팔랑거리며 정신없이 돌아다닌다. 작고 도드라진 입 모양새가 상당히 매력적이다.

# 해마

해마는 오염되지 않은 아열대나 열대 바다의 얕은 수심에 주로 서식한다. 이들은 사는 곳이 일정한 편이라 서식지로 알려진 곳에서 쉽게 관찰할 수 있다. 하지만 자신의 몸을 위장하거나 주변 환경 속에 몸을 숨기는 능력이 뛰어나므로 어느 정도 관찰력이 필요하다. 우리나라 연안에서는 해마를 찾기 힘들다. 수온도 문제이지만 갈수록 오염되고 있는 연안 환경 탓이다. 그래서 간혹 해마가 발견되면 그 자체가 뉴스가 된다. 필자의 경우 부산 영도, 남해군 삼동면, 통영시 사량도, 제주도 성산포 등에서 십여 차례 해마를 발견했는데 이는 해마가 살 만한 환경에서 주의 깊게 관찰한 결과였다.

실고기목에 속하는 이 작은 물고기를 한자권에서는 '海馬', 영어권에서는 시호스(Sea horse)로 표기한다. 이는 동서양을 막론하고 말의 모습을 떠올렸기 때문이리라. 특이한 생김새로 신화 속에 등장하는 해마는 바다의 신 포세이돈의 마차를 끌고 다니지만, 현실 속의 해마에게는 말의 상징인 넘치는 힘이라고는 찾아볼 수 없다. 몸을 보호해주는 작은 골판으로 연결된 몸의 길이는 6~10센티미터에 지나지 않는데다 먹이도 긴 주둥이

△ 해마는 사는 곳이 일정해 서식지로 알려진 곳을 주의 깊게 살펴보면 이들을 발견할 수 있다.

◁ 피그미해마가 산호 폴립을 흉내 낸 몸의 돌기구조를 이용, 주변 환경에 완벽하게 숨어들고 있다. 피그미 해마는 크기가 작다 해서 아프리카의 단신 종족인 피그미 족에서 이름을 따왔다.
▷ 해마는 국제자연보호연맹(IUCN)에서 지정한 세계 멸종위기종이다. 이 중 멸종 위험성이 가장 높은 희귀종은 코로나투스 종으로 우리말로는 '왕관해마'이다. 머리 위에 있는 돌기부가 왕관 모양을 닮아서 붙인 이름이다.

로 물을 빨아들인 다음 그 속에 들어 있는 동물플랑크톤이나 작은 새우 등을 먹는 정도이기 때문이다.

해마는 특이하게도 수컷이 새끼를 낳는다. 교미를 마친 암컷은 수컷의 배에 있는 주머니(육아낭) 속에 알을 낳는다. 수컷의 배가 점점 불러오고, 새끼 해마가 1센티미터 정도까지 자라면 수컷은 새끼 해마를 몸에서 내보낸다. 한 번에 한두 마리씩 100마리가 넘는 새끼가 연이어 나오는데, 새끼들은 이미 성체의 모습을 갖추고 있다.

## 해룡

해룡(海龍)은 해마와 같은 실고기과에 속하지만 해마보다 더욱 희귀한 동물로, 모양새에 따라 나뭇잎 모양 해룡(Leafy Seadragon)과 해초 모양 해룡(Weedy Seadragon)으로 나뉜다.

해마가 말을 닮은 반면 해룡은 신화 속의 동물인 용을 닮아 해룡이라 이름 붙였다. 해룡은 오스트레일리아의 온대 해역에만 서식한다.

△ 나뭇잎 모양 해룡의 모습이다.

△ 해초 모양 해룡의 모습이다.

# 호박돔

호박돔은 분류학상 돔 종류가 아니라 놀래기류이다. 같은 놀래기류인 혹돔을 닮긴 했지만 혹돔처럼 머리에 혹이 튀어나와 있지는 않다. 몸길이는 40센티미터 이상으로 긴 타원형이며 옆으로 납작하다. 머리가 크고 눈은 상대적으로 작으며, 옆줄이 뚜렷하고 비늘이 크다.

호박돔이란 이름은 몸 색깔이 황적색으로 무르익은 누런 호박을 닮았기 때문이다. 입가의 보라색과 등·뒷지느러미 위의 노란색·보라색 띠무늬, 꼬리지느러미의 보라색 반점이 매우 화려하고 아름답다.

이들은 제주도 등 따뜻한 연안의 암초지대 모래밭에 살며, 밤에는 바위 틈에서 잠을 잔다. 성게, 조개류, 갯지렁이류, 새우류 등의 먹이를 모래 속에서 찾아낸다. 입안 가득히 모래를 넣다가 뱉어내는 동작을 네다섯 번 되풀이하면서 먹이를 걸러 먹는다.

△ 호박돔은 몸 색깔이 황적색으로 누런 호박을 닮았지만 전체적인 색의 조화가 무척 아름답다.

# 혹돔

혹돔은 적갈색을 띠는 대형종 어류로 크기가 1미터까지 자란다. 열대 해역의 나폴레옹피시와 같은 놀래기과 어류이다. 이들은 수컷이 세력권을 형성하여 여러 마리의 암컷과 함께 사는 할렘형의 사회구조를 이룬다.

△ 혹돔은 연안에 서식하는 놀래기과 어류 중 가장 크다. 수컷의 이마가 혹처럼 부풀어 올라 혹돔이라 이름 붙였다.

할렘을 형성한 수컷은 나폴레옹피시와 한가지로 이마가 툭 튀어나와 이를 특징화하여 혹돔이라 부른다.

혹돔은 어릴 때는 성이 구별되지 않다가 성장하면서 모두가 암컷으로 성이 분화되고 여러 해에 걸쳐 천천히 수컷으로 성전환이 이루어진다.

암반지대에 서식하며 양 턱에 있는 굵고 강한 송곳니로 소라, 고둥 등을 부수어 먹는다. 낮에 활동하다가 밤이면 바위틈이나 굴 속에서 잔다. 우리나라 남해·제주도·동해 남부 등에 서식하며, 일본 중부 이남·동중국해·남중국해 등에 분포한다. 연중 잡힌다. 회와 구이 등으로 먹지만 맛은 떨어진다.

# 홍어

홍어(洪魚)는 몸의 폭이 넓어 붙인 이름이다.

이 홍어를 『본초강목』에서는 '해음어(海淫魚)'라 적고 있다. 수컷의 음란함 때문이다. 옛날 어부들은 홍어를 잡을 때 암컷을 줄로 묶어서 바다에 던져두었다 한다. 그러면 수컷이 달려와 배지느러미 뒤쪽에 달려 있는 대롱 모양의 생식기 두 개로 교접을 한다. 수컷의 생식기에는 가시가 나 있어 한번 교접이 되면 몸을 빼내기가 어렵다. 이때 어부가 줄을 당기면 암컷에 딸려 나오는 수컷까지 잡을 수 있었다. 음란함이 명을 재촉한 꼴이다. 잡혀 올라온 수컷은 배 위에서 생식기가 썩둑 잘려지곤 했다. 이 생식기는 몸 크기의 3분의 1에서 5분의 1 정도로 꼬리 양쪽으로 거추장스럽게 늘어져 있는데다 가시까지 달려 있어 어부들의 조업을 방해하기 때문이다. 수컷이 맛이 좋고 비싸게 대접받는다면 이를 알리

△홍어 수컷 꼬리 양쪽에는 한 쌍의 성징이 달려 있는데, 수컷이 별로 대접받지 못하다 보니 상당히 거추장스럽게 보인다.

기 위해서라도 생식기를 남겨두겠지만 암컷보다 맛과 가격이 떨어지니 구태여 성징을 남겨둘 필요가 없었다. 그래서 만만한 사람을 비유할 때 '만만한 게 홍어 거시기'라 한다.

그런데 홍어는 같은 홍어목에 속하는 가오리와 비슷하게 생겨 구별할 필요가 있다.

두 마리를 나란히 놓고 보면 그 차이를 쉽게 알 수 있다. 먼저 홍어는 마름모꼴로 주둥이 쪽이 뾰족한 반면, 가오리는 원형 또는 오각형으로 전체적으로 몸이 둥그스름한 편이다. 홍어는 배 부위 색깔이 등 부분과 비슷하거나 약간 암적색을 띠는 데 비해, 가오리는 흰색이다. 이러한 겉모습의 차이로 구별하지만, 가장 뚜렷하게 구별되는 점은 홍어를 발효시킬 때

△ 홍어(왼쪽)는 마름모꼴로 주둥이가 뾰족한 반면, 가오리(오른쪽)는 원형 또는 오각형으로 전체적으로 몸이 둥그스름하다.

나오는 특유의 암모니아 냄새에 있다.

바닷물고기들은 삼투압 작용으로 체내 수분이 상대적으로 고장액인 바닷물에 빠져나가는 것을 막기 위해 체내에 여러 가지 화합물이 충분히 녹아 있어야 하는데 연골어류인 홍어, 가오리, 상어 등은 특히 요소 성분을 많이 함유하고 있다. 이 요소 성분은 이들이 죽고 나면 암모니아로 분해되며 이때 독특한 냄새를 풍긴다. 연골어류 중에는 특히 홍어에 요소가 많아 삭힐 때 특유의 독특한 냄새가 풍긴다. 삭힌 가오리에도 암모니아 냄새가 나긴 하지만 홍어만큼 톡 쏘지는 않는다.

홍어의 독특한 냄새는 우리나라 음식문화 특징의 하나인 삭힘에 있다. 일반적으로 음식물이 썩게 되면 단백질이 아미노산으로 분해되는 과정에서 인체에 유해한 식중독균 등이 생성되며 부패한 냄새가 난다.

반면 홍어는 저장일로부터 열흘 정도 지나면 암모니아가 본격적으로 발생한다. 이는 세균작용이 아니라 홍어 몸에 녹아 있는 요소 성분 때문이다. 홍어의 발효는 자체에 있는 효소로 이루어지는 것이므로 오히려 인체에 유해한 세균의 침입을 막아주는 순기능을 한다. 이렇게 인체에 무해하게 분해되는 과정을 '삭힌다'고 한다. 삭힌 홍어에는 중독성이 있다. 한 번 맛들이면 도저히 끊을 수 없을 정도이다. 그래서인지 홍어를 즐겨 먹는 전라도 지방에선 홍어를 귀하게 여겨 예로부터 관혼상제에서 빠뜨리지 않는다.

## 홍탁삼합

홍어를 이야기하면 애주가들은 막걸리와 곁들인 삼합을 떠올린다.

삼합은 홍어와 삶은 돼지고기, 김치 세 가지를 합한 것인데 여기에 막걸리를 곁들여 홍탁삼합(洪濁三合)이 탄생되었다. 성질이 찬 홍어와 따뜻한 막걸리, 기름지고 찰진 돼지고기와 매콤한 김치의 어울림은 음식 궁합으로 제격이다.

막걸리를 한 사발 들이켠 다음 신 김치 위에 삶은 돼지고기와 홍어를 한 점씩 얹어 먹으면 찰진 돼지고기와 시큼한 김치 맛에 묻혀 있던 삭힌 홍어 특유의 맛이 서서히 입안에 번진다.

# 황어

황어는 민물에서 태어나 바다로 내려가는 잉어과 어류이다. 일생의 대부분을 바다에서 지내다 3~4월 산란기에만 하천으로 올라와 얕은 강바닥에 산란한다.

황어의 몸 색깔은 암청색 바탕에 등은 황갈색이고 배는 은백색인데 산란기가 되면 수컷은 주둥이부터 꼬리지느러미까지의 배 쪽이 옅은 붉은색을 띠며 가슴지느러미의 기부 위쪽에서 꼬리지느러미의 기점까지, 그리고 눈의 뒤에서 꼬리지느러미 기점까지 폭이 넓은 진한 붉은색 띠가 나타나 '황어'라는 이름을 붙였다.

황어는 우리나라 사람들이 오래전부터 즐겨 먹었던 물고기로『경상도지리지慶尙道地理志』에는 양산군의 토산공물에 은어와 함께 실려 있고,『세종실록지리지』에는 양산군의 토공과 영천군·거제군의 토산에 들어 있다.『신증동국여지승람』에는 경상도·강원도·함경도의 여러 지방과 전라도 강진현의 토산으로 올라 있다.

△황어가 산란을 위해 강을 거슬러 오르고 있다. 힘차게 뛰어오르는 황어를 보며 사람들은 역동적인 봄 기운을 만끽한다.

# 흰동가리

흰동가리는 농어목 자리돔과에 속하는 물고기로 전 세계적으로 27종
이 있다. 몸에 새겨져 있는 빨강 또는 주황과 흰색의 배열이 어릿광대 분
장처럼 보여 서구에서는 '크라운피시(Clownfish)'라 이름 붙였으며, 말미
잘(Sea anemone)과의 공생으로 아네모네피시라 불리기도 한다. 우리나
라에서는 몸을 가로지르는 흰색의 세로줄을 특징화하여 흰동가리라 한
다. 흰동가리는 전 세계 어린이들에게 '니모'로 통한다. 2003년 개봉한 앤
드류 스탠튼 감독의 애니메이션 「니모를 찾아서」 때문이다. 주인공 니모
(Nemo)란 이름은 쥘 베른의 소설 『해저 2만리』에 등장하는 주인공 네모
선장(Captain Nemo)에서 따왔다.

말미잘 촉수에는 독을 지닌 자포가 있어 침입자나 먹잇감이 접근하면
총을 쏘듯 발사한다. 그 독성은 작은 물고기를 즉사시킬 정도인데, 사람
피부에 닿으면 발진이 생기며 심한 경우 호흡곤란 등으로 상당 기간 고통
스럽다. 그런데 여느 바다생물들이 가까이 가기 꺼려하는 말미잘에게도
삶을 함께하는 동반자가 있다. 흰동가리, 게붙이, 새우 등이 주인공이다.
이들과 말미잘과의 삶은 공생의 가장 대표적인 예이기도 하다.

▽ 어린이들에게 니모로 잘 알려져 있는 흰동가리는 자포동물인 말미잘과 공생관계에 있다.

△ 흰동가리가 날카로운 이빨을 드러내 보이고 있다. 흰동가리를 작고 귀여운 물고기라 하여 만만하게 대했다가는 혼쭐이 난다. 이들은 보금자리를 지키기 위해 상당히 공격적으로 돌변한다. 스쿠버 다이버 중 흰동가리에게 손을 뻗었다가 날카로운 이빨에 물려 상처를 입는 경우가 더러 있다.

△ 앤드류 스탠튼 감독은 애니메이션 「니모를 찾아서」의 속편으로 2016년 「도리를 찾아서」를 개봉했다. 이 애니메이션의 주인공으로 등장하는 어류가 농어목 쥐치복과에 속하는 블루탱이다. 블루탱은 일본 남부, 사모아, 뉴칼레도니아, 인도 등에 서식하며 몸길이는 30센티미터까지 자란다. 푸른빛이 매우 선명하고 화려하며 아름다운 노란색 무늬로 인기 있는 해수 관상어 중 하나다. 지느러미 끝에 있는 날카로운 가시에 독샘이 있어 다룰 때 조심해야 한다.

이들은 강력한 독으로 무장한 말미잘을 포식자의 공격으로부터 자신을 방어하는 요새로 삼고, 말미잘은 이들이 먹다가 떨어뜨린 음식 찌꺼기 등을 받아먹음으로써 서로에게 이익을 주는 상리공생 관계를 유지한다. 이들이 어떻게 말미잘 독에서 자유로울 수 있는지는 날 때부터 면역을 가지고 태어난다거나, 독성 물질을 묻히고 다녀 말미잘이 자기 신체의 일부로 착각하게 한다든가, 한번 공격받고 나면 면역이 생긴다는 등의 견해가 있다.

# 연체동물

전 세계적으로 10만여 종이 알려졌으며, 동물계에서 절지동물 다음으로 많은 종을 차지하고 있다. 무척추동물에 속하는 연체동물은 조개나 오징어류처럼 몸이 연하고 마디가 없는 동물을 가리키며, 몸의 일부가 여러 형태의 발로 특화되어 헤엄치거나 기어 다니면서 생활한다. 이들의 대부분은 구리이온이 있는 헤모시아닌이라는 혈색소가 있지만, 꼬막류 가운데 특히 피조개는 산소 운반을 효율적으로 하기 위해 몸속에 사람과 같은 헤모글로빈이 있다. 연체동물은 5개 동물군으로 나뉜다.

- **다판류** : 딱딱한 판이 8개 있다. 군부류가 속한다.
- **굴족류** : 뿔이나 코끼리 엄니처럼 생긴 긴 석회질 껍데기가 있다. 쇠뿔조개류가 속한다.
- **복족류** : 배에 넓고 강한 발이 있다. 전복, 고동류, 갯민숭달팽이, 군소 등이 속한다.
- **부족류** : 도끼 모양의 발이 있다. 패각이 2개 있어 이매패류(二枚貝類)라고도 한다. 굴, 홍합, 꼬막, 바지락, 키조개 등이 속한다.
- **두족류** : 연체동물 중 가장 진화한 동물군이다. 입과 눈이 있는 머리 주위를 다리들이 둘러싼 형태라 붙인 이름이다. 몸의 크기는 3센티미터에서 18미터까지 다양하다. 오징어, 문어, 앵무조개 등이 속한다.

# 가리비

가리비는 헤엄치는 조개로 알려져 있다. 조개가 헤엄친다 하면 고개를 갸우뚱하겠지만, 위협을 받아 빠르게 이동해야 할 때면 패각을 강하게 여닫으면서 분출되는 물의 반작용을 이용해 수중으로 몸을 띄워 움직인다. 이때 조개껍데기를 여닫는 동작을 빠르게 되풀이하면 토끼가 깡충깡충 뛰어가는 듯 보인다.

가리비는 패각이 원형에 가까운 부채모양이라 한자로는 '해선(海扇)' 또는 '선패(扇貝)'라 한다. 우리나라 방언으로는 부채모양을 닮았다 해서 부채조개, 밥주걱을 닮았다 해서 주걱조개, 또는 밥조개라 불린다. 가리비란 이름의 유래는 일본어로 조개를 '가이(貝)'라고 하는데, 가이에 날아다닌

△ 가리비는 두 개의 패각을 강하게 여닫으면서 분출되는 물의 반작용을 이용하여 빠르게 이동한다.

다는 의미의 '비(飛)' 자를 붙인 것은 아닐까 추정한다.

가리비는 전 세계적으로는 약 50속, 400여 종 이상이 있다. 이들은 연안의 얕은 수심에서부터 매우 깊은 수심에 이르기까지 광범위하게 분포한다. 우리나라에는 전 연안에 걸쳐 살아가는 비단가리비, 동해안이 주 무대인 큰가리비(참가리비)와 주문진가리비, 제주도 연안에서 주로 발견되는 해가리비, 동해안과 경남 연안에 걸쳐 서식하는 국자가리비 등 12종이 있다. 최근에 미국에서 중국을 거쳐 이식된 해만가리비 양식이 성행하고 있다. 이들의 구별은 패각의 크기와 생김새, 패각에 있는 방사선 모양의 무늬 또는 돌기(방사륵)의 줄 수 등에 따른다. 흥미로운 것은 종에 따라 생식 방법이 다르다는 점이다. 참가리비·고랑가리비·비단가리비가 암컷과 수컷이 따로 있는 자웅이체라면, 해만가리비는 한 개체에 암컷과 수컷의 생식소가 같이 있는 자웅동체이다.

◁ 가리비는 구이를 비롯해 다양한 식재료로 쓰인다.
▷ 가리비 외투막 가장자리에 있는 여러 개의 푸른색 점이 가리비의 눈이다. 가리비는 30~40개의 눈알과 주변의 촉수로 주위를 경계한다.

## 민담 속의 가리비

가리비는 한 번에 1억 개가 넘는 알을 낳아 조개류 중에서는 최고이다. 그래서인지 동서양을 막론하고 탄생을 상징한다. 초기 르네상스 시대의 대표작이라 할 수 있는 보티첼리의 작품 「비너스의 탄생The Birth of Venus」은 미의 여신 비너스가 가리비를 타고 육지에 도착하는 장면을 묘사했다. 우리나라에서는 딸을 시집보낼 때 새 생명의 탄생을 기원하는 의미에서 가리비 껍데기를 싸 보내는 풍습이 있다.

△ 보티첼리는 그의 작품 「비너스의 탄생」에서 생명의 근원인 바다에서 태어난 미의 여신 비너스가 가리비 패각을 타고 키프로스 섬의 해안에 도착하는 장면을 묘사했다. 왼쪽에 서풍의 신 제피로스와 그의 연인 클로리스가 보인다. 제피로스는 비너스를 향해 바람을 일으켜 해안으로 이끌고 있으며, 키프로스 섬의 해안에서는 계절의 여신 호라이가 옷을 들고 비너스를 맞이하고 있다.

가리비는 탄생의 의미뿐 아니라 뛰어난 맛과 영양 성분으로도 정평이 나 있다. 단맛을 내는 아미노산인 글리신이 많이 들어 있는데다 타우린 성분이 풍부해 콜레스테롤을 낮추는 기능을 하기 때문이다. 이러한 맛과 영양 성분으로 중국에서는 가리비를 중국 월나라 미인 서시의 혀에 비유하여 '서시설(西施舌)'이라 불렀다.

가리비가 서시의 혓바닥이라고 불리게 된 데에는 다음과 같은 이야기가 전해진다.

서시는 중국 춘추전국시대 때 월(越)나라 미인이었다. 당시 오(吳)나라 왕 부차와 패권을 다투던 월나라 왕 구천은 오나라와의 싸움에서 대패하자 미인계를 쓰기 위해 서시를 부차에게 보냈다. 이후 부차는 서시의 미모에 빠져 국정을 소홀히 하고 결국 월나라 구천에게 멸망하고 만다. 서시는 오나라를 멸망시킨 1등 공신이지만 막상 부차가 죽고 나자 운명이 난처해졌다. 월나라 왕후가 서시의 미모 때문에 구천 역시 나라를 망칠까 우려했기 때문이다. 결국 서시는 바닷속으로 던져져 비참한 최후를 맞는다. 그 후 해변에서 사람의 혀 모양을 닮은 조개가 잡히기 시작했는데 속살의 형태가 사람 혀와 흡사하고 맛이 유달리 부드럽고 신선하다 해서 사람들은 이 조개에 죽은 서시의 이름을 붙였다.

서시의 이름을 따온 또 다른 진미로 서시유(西施乳)가 있다. 이는 복어 껍질과 점막 사이의 살 부분을 일컫는데 이 부분이 서시의 젖가슴처럼 뽀얗고 부드럽다 하여 붙인 이름이다.

## 중국 4대 미인의 이름에서 따온 요리

중국인들은 서시를 포함하여 양귀비, 초선, 소군을 역사상 4대 미인이라 칭송하고 특별한 요리에 이들의 이름을 붙였다.

서시설(西施舌) 가리비 조갯살을 지칭한다. 서시가 빠져 죽은 바닷가에서 잡혀 올라온 가리비 조갯살이 사람 혀와 흡사하고 맛이 유달리 부드럽고 신선하여 붙인 이름이다.

귀비여지(貴妃荔枝) 여지란 중국 남방에서 나는 과일로, 흰색의 쫄깃한 과육이 달면서도 맛이 독특하다. 여지는 당나라 현종의 비인 양귀비가 가장 즐겨 먹던 과일로, 궁중 요리사들은 이 여지를 어떻게 더 효과적으로 사용할까

궁리 끝에 '귀비여지'라는 요리를 만들어냈다. 귀비여지는 여지에 전분과 달걀로 반죽한 튀김옷을 입혀 튀겨낸 후 꿀과 토마토 소스 등을 넣고 볶은 요리이다. 새콤달콤한 맛에 빛깔이 산뜻해 남녀노소 모두 좋아한다.

귀비계시(貴妃鷄翅)  양귀비가 귀비여지와 함께 평생을 즐긴 요리이다. 어느 날, 술에 취한 현종이 양귀비가 "하늘을 날고 싶어요"라고 말한 것을 하늘을 나는 요리를 먹고 싶다는 말로 잘못 알아듣고 궁중 요리사들에게 요리를 만들라고 지시했다. 요리사들은 하늘을 나는 것은 새의 날개이고 현종과 양귀비가 술에 취했다는 데 착안하여 튀긴 닭 날개에 포도주 등을 넣고 끓여내어 노란빛과 붉은빛이 한데 어우러진 요리를 만들자 현종과 양귀비가 크게 흡족해 '귀비계시'라는 이름을 붙였다고 한다.

초선두부(貂嬋豆腐)  두부와 미꾸라지를 같이 넣고 서서히 끓이면 미꾸라지가 뜨거움을 피하기 위해 두부 속으로 파고드는데 이를 요리로 만든 것이다. 『삼국지연의』에 등장하는 초선은 동탁과 여포를 이간질하는 데 이용됐던 비운의 미인이다. 호사가들은 초선에 빠져 여포에게 죽음을 당하는 동탁의 모습이 초선의 속살로 비유되는 흰 두부 속으로 파고들어가 죽는 미꾸라지를 닮았다고 이야기한다.

소군오리(昭君鴨)  초나라에서 태어난 왕소군은 서역에 정략결혼으로 보내졌는데 그곳의 음식이 입에 맞지 않아 나날이 여위어 갔다. 그리하여 궁중 요리사들은 온갖 정성을 다해 요리 개발에 나섰는데 어느 날 당면과 기타 채소를 넣고 오리국을 끓여냈더니 그제야 소군이 음식을 먹기 시작해 이 요리를 '소군오리'라 불렀다.

# 개조개

선조들은 가치가 없고 하찮은 것에 주로 '개' 자를 붙였다. 조개 중에도 '개' 자가 붙은 종이 있다. 바로 개조개가 그 주인공이다.

개조개는 껍데기 표면의 무늬가 불규칙하고 성장맥(나이테)이 매우 거칠고 울퉁불퉁한 모양으로 배열되어 있다. 껍데기 표면만 보더라도 무늬가 아름다워 '조개의 여왕'이라 불리는 백합과 너무 대조적이다. 하지만 버릴 것 하나 없이 알찬 속살의 맛과 영양에서 보면 자신에게 붙인 이름이 억울할 듯하다.

◁ 개조개는 겉보기와 달리 버릴 것 하나 없는 패류이다.

# 갯민숭달팽이

대개의 연체동물은 연약하고 부드러운 몸을 포식자로부터 보호하기 위해 껍데기(패각)가 있지만, 복족류에 속하는 갯민숭달팽이는 패각이 없다. 이렇게 몸이 노출되어 있고 아가미가 밖으로 나와 있다 하여 영어권에서는 누디브랜치(Nudibranch)라 한다. 우리말로 갯민숭달팽이라 이름 붙인 것도 같은 복족류로 분류하는 달팽이와 생물학적으로 닮긴 했지만 달팽이에 있는 딱딱한 패각이 없어 몸이 민숭민숭하기 때문이다.

갯민숭달팽이는 손가락 한 마디 정도의 크기에 연약하고 부드러운 몸

△ 갯민숭달팽이는 작고 연약해 보이지만 화려한 색과 무늬로 몸을 장식하고 당당하게 살아간다.

△ 갯민숭달팽이는 화려한 색채를 지니고 있고, 움직임도 느려 수중 사진가들에게 인기가 많다.

이 외부로 노출되어 있어, 작은 물고기라도 한입에 삼켜버릴 만하다. 설상 가상으로 움직임마저 느려 공격의 표적이 되면 도망갈 방법이 없어 보인다. 그런데 이들이 오랜 세월 동안 질긴 생명력을 유지할 수 있었던 것은 몸을 보호하는 나름의 방법을 터득했기 때문이다.

갯민숭달팽이는 독이 있는 히드라, 산호 등의 자포를 먹어 그 독을 몸에 축적한다. 거기에다 일부 종은 다른 생물의 위협에 대처하기 위해 자신들이 먹은 자포를 용수철 튕기듯 발사하기까지 한다. 포식자 입장에서 볼 때 갯민숭달팽이는 좋지 않은 경험을 안겨주었을 것이다. 가까이 다가갔다가 자포에 쏘이기도 하고, 멋모르고 먹었다가 독에 중독되기도 했을 것이다. 분명 포식자들은 '저 친구는 건드려 봤자 손해야'라는 경험을 유전적으로 후손들에게 전달했으리라. 그래서일까? 비록 물고기들이 한입에 삼켜버릴 만큼 작은 생명체이지만 이들은 오히려 몸을 더욱 화려하게 치장하고 '먹을 테면 먹어보라'는 듯 당당하게 바닷속을 누빈다.

▷ 편형동물에 속하는 납작벌레는 연체동물에 속하는 갯민숭달팽이와 겉모습이 비슷해 보이지만 아가미와 촉수가 없다. 이들이 굴 양식장을 침범해 번식하면 굴 양식장이 초토화된다.

# 고둥

연체동물 중 가장 많은 종이 분포한 고둥은 갯바위뿐 아니라 바닷말류가 무성한 곳이나 민물에서도 쉽게 발견되는 흔한 패류이다.

그런데 무엇이 고둥이냐고 물을 때 딱 집어 '이것이다'라고 말하기가 어렵다. 왜냐하면 고둥이란 용어는 어떤 특별한 종을 지칭하는 것이 아니라 넓고 편평한 근육성의 발, 즉 복족(腹足)으로 기어 다니는 소라와 다슬기, 우렁이, 삿갓조개 따위의 복족류를 두루 일컫는 이름이기 때문이다. 복족류에 속하는 고둥의 발은 기능적으로 발달되어 기어 다닐 때는 바닥과의 마찰을 줄이기 위해 발 주위에 점액질이 분비된다. 위기를 느끼면 발을 오므려 패각 속에 숨기고는 딱딱한 덮개를 이용해 껍데기의 입구를 막는다. 고둥의 가장 큰 특징은 포식자로부터 자신을 보호하는 패각이 있다는 점이다.

**개오지** 겉모양이 화려하고 예쁜데다 패각이 두꺼우며, 표면이 반드럽고 견고해 오래전부터 돈으로 사용해왔다. 종에 따라 바탕색이 다르고 무늬도 다양한데 우리나라에는 '처녀개오지', '제주개오지', '노랑개오지' 등 여덟 종이 채

△고둥은 넓고 편평한 발로 기어다니는 복족류 △모랫바닥에 고둥이 기어간 흔적이 선명하다.
를 두루 일컫는 이름이다. 사진은 고둥의 패각
에 바닷말류가 부착된 모습이다.

집되고 있다. 개오지는 '범의 새끼'를 지칭하는 순우리말인 '개호주'의 사투리
이다. 개오지 패각의 알록달록한 무늬가 표범 무늬를 닮았기 때문이다.

**나팔고둥** 성체의 길이가 30센티미터에 이르고, 우리나라에 사는 복족류 중
가장 큰 편이다. 나팔고둥이라는 이름의 유래는 조개껍데기에 구멍을 뚫어 나
팔로 사용할 수 있기 때문인데 실제로 나팔고둥으로 악기를 만들어 사용하기
도 했다. 육식성인 나팔고둥은 조개류를 무차별 포식하는 아무르불가사리의
천적이다. 하루에 불가사리 한 마리 정도를 잡아먹는 것으로 알려지면서 아무
르불가사리를 몰아내는 유익한 종으로 각광받고 있다.

**삿갓조개** 남극 바닷속은 삿갓조개의 천국으로 바닷말류 사이에서 무리 지어
있는 삿갓조개를 쉽게 발견할 수 있다. 삿갓조개는 패각의 모양이 삿갓을 덮

△ 개오지는 패각의 무늬가 표범 무늬를 닮았다.

△ 남극 킹조지 섬 연안에서 관찰한 삿갓조개이다. 홍조류 엽상체를 뜯어 먹으려고 복족으로 기어가고 있다.

어쓰고 있는 듯이 보여 붙인 이름이다.

**소라** 복족류를 통틀어 고둥이라 하지만 소라는 이와 별개로 구별하여 이름 붙였다. 소라는 껍데기가 두껍고 견고하며 패각의 입구를 막고 있는 뚜껑도 두꺼운 석회질이다. 특히 소라의 바깥쪽 표면에는 작은 가시가 돋아 있어 다른 고둥류와 구별된다. 상업적으로도 상품 가치가 높아 어민들 소득에 큰 도움이 된다. 복족류 중 대형종인 소라는 우리나라 남부와 일본 남부 연안의 수심 20미터 이내의 바닷말류가 무성한 암초지대에 서식한다. 이들은 야행성으로 밤이 되면 바닷말류 엽상체로 기어 올라가 그들만의 만찬을 즐긴다. 조선 후기 『물명고物名考』*에는 『자산어보』의 해라(海螺)를 '쇼라'라고 기록했는데 이것이 지금의 소라인 것으로 보인다.

『물명고』
1820년경 유희가 여러 가지 물명(物名)을 모아 한글 또는 한문으로 풀이한 일종의 어휘사전이다. 5권 1책 필사본이 전해지고 있다. 한자로 된 표제어 밑에 한글 또는 한자로 그 물명을 써 놓았다. 국어 어휘 연구에 중요한 자료이다.

△ 소라의 주 먹이는 바닷말류이다. 그래서 바닷말류가 무성한 곳을 살피면 소라를 발견할 수 있다. 사진의 소라는 독도 해역 바다숲 지대에서 촬영했다.

**청자고둥**　화려한 무늬가 특징이라 붙인 이름이다. 청자고둥은 맹독을 지녀 사람 목숨도 위협할 정도이다. 그런데 최근 들어 청자고둥의 독에서 신경통증 완화에 유용한 성분을 추출하는 데 성공했다. 장차 이 성분을 이용해 신약이 개발되면 진통 효과뿐 아니라 손상된 신경을 재생하는 효과까지 있다고 하니, 독은 이용하기에 따라 약도 될 수 있음을 인정하게 된다.

**총알고둥**　우리나라 갯바위나 조간대에서 가장 흔하게 발견되는 종이다. 크기는 작지만 단단하고 동글동글한 모양이 총알을 닮았다. 몸이 공기 중에 노출되었을 때 건조되는 것을 방지하기 위하여 점액질을 분비하여 바위 표면과 패각 가장자리 사이를 밀봉하는 생존전략을 가지고 있다.

△ 청자고둥에는 맹독이 있다. 사진은 일본 오키나와 아쿠아리움에서 청자고둥을 건드렸을 때 어떻게 반응하는지를 보여주는 모의실험이다.

△ 총알고둥들이 군소 알을 포식하고 있다. 이들은 작고 단단해 총알을 닮았다.

# 군부

　연체동물 다판류에 속하는 군부는 움직임이 느려 굼뜨다는 뜻의 '굼' 자를 붙인 굼보에서 군부로 이름이 바뀌었다.

　타원형 몸의 등 쪽에 손톱 모양의 여덟 개 판이 기왓장처럼 포개져 있는데 갯바위에 딱지처럼 붙어 있어 딱지조개라고도 한다.

△ 군부는 움직임이 느려 굼뜨다는 의미에서 이름을 붙였다.

# 군소

어촌에 부임한 군수가 어민들의 민생고를 듣기로 했다. 미역을 채취하며 생업을 이어가던 어민들은 세금이라도 좀 덜어볼 요량으로 미역 수확이 예년만 못함을 하소연하며 "고놈의 군소 때문에 못 먹고살겠다"고 해 버렸다.

군소를 군수로 잘못 들은 신임 군수는 얼굴이 벌겋게 달아올랐다는데…….

여기에서 어민들이 말한 '고놈의 군소'는 연체동물문 복족강에 속하는 바다동물이다. 이 군소라는 놈이 미역, 다시마 등 바닷말류를 주식으로 삼다 보니 군소가 많이 번식하는 해에는 바닷말류 씨가 말라버리곤 했다. 그러니 미역 수확이 주업인 어민들은 군소가 못마땅할 수밖에 없었을 것이다. 이런 이유로 어떤 이는 바닷말류를 갉아먹는 동물 이름이 군소가 된 것은 가혹한 세금에다 자신의 치부를 위해 백성들의 뼈와 살을 갉아먹는 탐관오리가 연상되었기 때문이라 하기도 한다.

바닷속을 다니다 보면 바닷말류 밑이나 바닷말류의 엽상체 위에 올라탄 크고 작은 군소들을 볼 수 있다. 그런데 이들 생김새가 토끼를 닮았다.

군소의 머리에 있는 한 쌍의 큰 더듬이 때문이다. 군소는 더듬이가 두 쌍 있는데 이 중 크기가 작은 것은 촉각을, 큰 것은 냄새를 감지한다. 이 때문인지 서양에서는 군소를 바다토끼(Sea hare)라고 한다. 군소가 토끼를 닮은 것은 겉모습뿐이 아니다. 번식면에서도 땅 위에 사는 토끼만큼 다산(多産)의 상징이다.

군소는 3~7월 바닷말류 사이에서 흔히 발견되는 노란색이나 주황색의 국수 면발 같은 알을 낳는데 생물학자들의 연구에 따르면, 군소 한 마리가 한 달에 낳는 알의 수가 1억 개에 이른다. 만약 군소 알이 모두 부화해 성체가 된다면 지구는 2미터 두께의 군소로 덮힐 것이라 한다. 불행인지 다행인지 대부분의 군소 알은 불가사리나 해삼의 먹이가 되며 이 중 극소수만이 부화에 성공한다.

◁ 군소 머리에 있는 한 쌍의 큰 더듬이가 토끼 귀를 닮았다.
▷ 불가사리가 군소 알을 포식하고 있다. 군소는 엄청난 양의 알을 낳지만 극소수만이 부화에 성공한다.

▽ 군소가 모자반에 기어올라 엽상체를 뜯어 먹고 있다. 군소는 엄청난 먹성을 자랑한다.
이들이 많이 번식하는 해에는 바닷말류 씨가 말라버린다.

# 굴

동서양을 막론하고 가장 인기 있는 해산물은 바다의 우유라 불리는 굴이다. 날것을 잘 먹지 않는 서양인도 예로부터 굴은 생식으로 즐겨왔다. 굴은 완전식품이라는 찬사에 걸맞게 철분과 타우린을 비롯해 각종 비타민과 아미노산 등이 균형있게 함유되어 있어 성인병 예방에 효과가 있다. 뿐만 아니라 남성의 정액에 많이 들어 있는 아연 성분이 풍부하여 남성 호르몬의 활성에 도움을 준다. 그래서 서양에서는 "굴을 먹어라. 좀 더 오래 사랑하리라(Eat Oyster, Love longer)"고 예찬하기도 한다. 서양 사람들은 수산물을 날것으로 먹지 않는데 굴만은 유독 예외였다. 성직자이자 역사가인 토머스 풀러는 "사람이 날로 먹을 수 있는 유일한 육류는 굴이다"고 했는데, 로마시대부터 굴을 양식했다는 기록이 있다.

굴의 효능은 남성에게만 있지 않다. 굴에는 멜라닌 색소를 파괴하는 성분이 있어 피부를 아름답게 하고 얼굴색을 좋게 한다. 그래서 "배 타는 어부의 딸은 얼굴이 까맣고, 굴 따는 어부의 딸은 얼굴이 하얗다"라는 속담이 전해온다.

그런데 굴이 아무리 몸에 좋다 해도 제철이 있다. 영국 속설에 "달 이름

△ 자연산 굴의 주산지인 충남 사천시 서포면 내구리 굴포마을 아낙네들이 굴을 채취하기 위해 분주하게 손을 놀리고 있다.

에 r 자가 없는 5~8월에는 굴을 먹지 말라"며 여름철 굴로 인한 식중독을 경계했다. 기온이 높아지면 채취한 굴의 변질이 빨라지는 탓이다. 그러나 요즘은 사계절 내내 굴을 즐길 수 있다. 겨울철에 채취한 굴을 급속 냉동해 보관하는 방법이 개발되었기 때문이다.

흔히 굴은 껍데기가 하나라고 생각하지만, 껍데기가 두 개인 이매패류이다. 굴은 이동하는 유생기가 지나면 딱딱한 대상물에 석회질을 내뿜어 고착생활에 들어간다. 이때 한쪽 껍데기는 딱딱한 바위에 딱 붙어 잘 보이지 않기에 껍데기가 하나처럼 보인다. 정조가 군은 여인을 '굴같이 닫힌 여인'이라 하고, 입이 무거운 남자를 '굴 같은 사나이'라고 하는데, 이는 굴이 한쪽 껍데기를 단단히 고정시키고 있어 잘 떼어낼 수 없음을 비유한

△ 갯바위에 굴이 붙어 있다. 바위에 붙은 굴이 꽃처럼 보여서인지 석화(石花)라 부른다.

말이다. "남양 원님 굴회 마시듯"은 무엇을 눈 깜짝할 사이에 해치우는 것을 일컫는 말이다.

굴과 관련된 음식 중 서해안 서산 지역의 어리굴젓이 있다. 어리굴젓을 국어사전에서 찾아보면 '소금을 약간 뿌린 굴에 고춧가루를 섞어서 얼간으로 담가 삭힌 젓'으로 되어 있다. 얼간은 '소금에 조금 절이는 간'이다. 결국 어리굴젓은 소금을 약간 쳐서 짜지 않게 간을 한 굴젓이라는 뜻이다. 그런데 어떤 이는 '어리'를 두고 고춧가루를 섞어 '얼얼하다', '얼큰하다'는 의미로 해석하기도 한다.

# 꼬막

사새목 꼬막조개과에 속하는 꼬막에는 크게 참꼬막, 새꼬막, 피조개의 3종류가 있다.

꼬막 중 진짜 꼬막이란 의미에서 '참' 자가 붙은 참꼬막은 표면에 털이 없고 쫄깃쫄깃한 맛이 나는 고급 종이라 제사상에 올리기에 제사꼬막이라고도 한다. 이에 비해 덩치가 크고 털이 나 있는 새꼬막은 조갯살이 미끈한데다 맛이 떨어져 하급품으로 여겨 똥꼬막이라 부르기도 한다. 잡는 방식에도 차이가 있어 참꼬막은 갯벌에 사람이 직접 들어가 채취하는 반면 새꼬막은 배를 이용해 대량으로 채취한다. 완전히 성장하는 기간도 참꼬막은 4년이 걸리지만 새꼬막은 2년이면 다 자란다. 이러한 이유로 참꼬막이 새꼬막보다 서너 배 비싸다.

꼬막류는 연체동물인 조개류 중 유일하게 혈액 속에 헤모시아닌이 아닌 헤모글로빈이 있어 붉은 피가 흐른다. 참꼬막과 새꼬막보다 월등히 큰 피조개의 경우, 붉은 피를 두드러지게 볼 수 있어 피조개라는 이름이 붙었다. 패각을 벌리고 조갯살을 발라내면 붉은 피가 뚝뚝 떨어지는데, 산란기 전인 겨울철에 채취한 것은 피째 날것으로 먹을 수 있다.

이 피조개는 꼬막류 중 최고급 종이다. 피조개는 우리나라에서 가장 많이 양식된다. 이렇게 양식된 피조개의 98퍼센트 이상이 비싼 가격에 일본으로 수출되어 외화 획득에 일조를 한다. 대개 해산물은 양식한 것보다 자연산이 높은 가격으로 거래되지만, 피조개는 양식한 것이 자연산보다 세 배 정도 비싸다고 한다. 양식한 피조개의 맛이 자연산보다 뛰어나다는 이야기이다. 양식 피조개를 앞에 놓고 미식가인 양 자연산 피조개를 찾는다면 비웃음을 살 수 있다. 피조개의 영어 이름은 아크 셸(Ark shell) 또는 블러드 클램(Blood clam)이고 일본 이름은 아카가이(赤貝)이다. 피조개를 아크 셸로 부르는 것은 노아의 방주(Ark)를 닮았기 때문이다.

꼬막의 가장 큰 특징은 겉이 반질반질한 여느 조개와 달리 껍데기 표면에 17~18줄의 굵은 골이 파여 있다는 점이다. 이 골은 가장자리 쪽으로 갈수록 굵고 간격이 벌어져 뚜렷하게 보인다. 『우해이어보』에는 이 골의 모양새가 기왓골을 닮았다 하여 '와롱자(瓦壟子)'라 적었다.

꼬막은 졸깃졸깃한 육질에 간간, 달짝지근한 맛이 별미인데다 단백질과 필수아미노산이 골고루 함유되어 있어 건강식품으로 정평이 나 있다. 꼬막의 주산지인 전남 보성군 벌교 사람들은 힘이 세어서 "벌교에서 주먹 자랑하지 말라"는 말이 생기기도 했다. 이는 벌교 사람들이 거의 매일 먹는다는 꼬막을 건강식품으로 더욱 유명하게 만들었다.

벌교 산 꼬막 맛이 좋은 것은 고흥반도와 여수반도로 둘러싸인 벌교 앞바다의 여자만(汝自灣)이 모래가 섞이지 않고 오염되지 않아 꼬막이 서식하기에 최적의 조건을 갖추고 있기 때문이다. 이곳에서 꼬막 채취는 예나

△ 꼬막의 가장 큰 특징은 겉이 반질반질한 여느 조개류와 달리 껍데기 표면에 17~18줄의 굵은 골이 파여 있다는 점이다.

지금이나 주로 아낙의 몫이다. 아낙들은 길이 2미터, 폭 50센티미터 정도 되는 널배에 꼬막채를 걸어 갯벌을 훑으며 꼬막을 걷어 올린다. 여자만으로 불리는 것은 이곳 특산인 꼬막을 여자들만 채취할 수 있기 때문이라는 우스갯소리가 전해지기도 한다.

△ 꼬막의 주산지인 전남 보성군 벌교읍 해도 앞 갯벌에서 마을 주민들이 꼬막 잡이를 위해 널배를 타고 갯벌로 나가고 있다.

# 낙지

땅끝 마을인 전남 해남 갯벌에서 큼직한 양은 주전자를 들고 나선 아낙을 만났다. 호미로 낙지 구멍 입구를 넓히며 손을 밀어넣는데 어깨까지 쑥 들어간다. 불의의 습격을 받은 낙지는 한동안 요동쳐보지만 주전자 속으로 던져진 후 뚜껑이 닫히자 체념한 듯 조용해진다.

가을이 무르익을 무렵이면 갯벌은 활력이 넘친다. 겨울잠을 자기 전 영양 비축에 나선 낙지를 찾아 어민들이 갯벌로 모여들기 때문이다. 어민들은 이즈음 낙지 맛이 뛰어날 뿐 아니라 소득에도 도움을 준다 하여 가을 낙지에게 '꽃낙지'라는 예쁜 이름을 붙였다. '꽃낙지'는 펄 속에 박혀 겨울잠을 잔 후 봄에 산란을 한다.

겨울잠에서 깨어나 산란을 준비하는 낙지를 '묵은 낙지'라 부른다. 수명

△ 갯벌에서 만난 아낙이 자신이 잡은 낙지를 들어 보이며 활짝 웃고 있다.

△밤 바닷속에서 만난 낙지의 모습이다. 인기척에 놀란 낙지가 황급히 헤엄치고 있다.

이 1년 정도인 낙지는 이른 봄 산란을 마치고 대개 죽음을 맞는다. '묵은 낙지'는 생의 마감을 앞둬 동작이 느린 편이라 잡기가 쉽다. 그래서 일이 쉽게 풀리는 것을 두고 "묵은 낙지 꿰듯"이라 하며, 일을 단번에 해치우지 않고 조금씩 하는 것을 두고 "묵은 낙지 캐듯"이라 한다. 가을에 잡히는 낙지가 꽃낙지라 불릴 만큼 맛이 좋다 보니 제때가 되어야 제구실을 한다는 뜻으로 "봄 조개, 가을 낙지"라고 한다. 묵은 낙지에서 태어난 새끼들은 5~6월이면 어느 정도 자라는데 이 시기의 낙지는 몸집이 작고 발이 가늘다 해서 '세발낙지'라 불리며 전라남도 목포를 중심으로 한 지역 특산물로 인기를 끈다.

『자산어보』에 낙지는 맛이 달콤해 회, 국, 포를 만들기 좋다고 기록한 것으로 보아 예로부터 우리 민족은 낙지를 즐기며 다양한 요리를 개발했던 듯하다. 회, 숙회, 볶음, 탕, 산적, 전골, 구이에서부터 다른 재료와 궁합을 이룬 갈낙(갈비살과 낙지), 낙새(낙지와 새우), 낙곱(낙지와 곱창)이 개발되었고, 지역 특색에 따라 지명을 붙여 조방낙지, 무교동낙지, 목포 세발낙지 등이 등장했다. 부산 명물인 조방낙지는 일제 강점기 때 부산 자유시장 자리에 있던 조선방직 앞 낙지집에서 유래했다. 당시 근로자들이 하루의 피로를 얼큰한 낙지볶음으로 달래면서 이 일대에 낙지 거리가 형성되었는데 지금도 그 맥을 잇고 있다.

그렇다면 낙지라는 이름은 어디에서 왔을까? 『자산어보』에는 낙지를 한자로 '낙제어(絡蹄魚)'로 쓰고 있다. 이는 '얽힌(絡) 발(蹄)을 지닌 물고기(魚)'를 뜻하는 말로 8개의 낙지 발이 이리저리 얽혀 있는 데서 이름을 따온 것으로 보인다. 그런데 민간에서는 같은 음으로 읽히는 낙제(落第)를 경계하여 수험생들에겐 낙제어를 먹이지 않았다. 타우린과 히스티딘 성분이 많이 있어 농사일로 탈진한 소를 벌떡 일으켜 세우기도 하는 낙지 입장에선 억울할 따름이다.

북한에서는 우리가 오징어라고 부르는 화살오징어를 '낙지'라 하고, 갑오징어를 '오징어'라 한다. 남북 간의 교역이 시작되면서 수산업자들을 당혹하게 했다는 이야기가 전해진다. 낙지라고 수입한 것을 뜯어보니 오징어가 들어 있었다나……. 북한의 『조선말 대사전』에는 "낙지는 다리가 10개로 머리 양쪽에 발달한 눈을 갖고 있다"고 되어 있다.

## 낙지 잡이

갯벌로 나선 아낙들은 낙지가 숨어 있는 구멍을 찾아다닌다. 낙지는 펄 속에 몸을 숨기고 있어도 숨은 쉬어야 한다. 이때 내뱉는 물이 뽀얗게 솟아오르며 흔적을 남긴다. 이 구멍을 부럿(숨구멍)이라 부른다. 부럿을 발견한 아낙은 신중해진다. 부럿 주위에는 구멍 여러 개가 연결되어 있는데 어설프게 건드렸다가는 연결되어 있는 다른 구멍으로 낙지가 숨어버리기 때문이다. 조금씩 호미로 부럿 입구를 넓히며 낙지를 압박해가야 한다. 이렇게 맨손으로 잡은 낙지를 '손낙지'라 하며 비싼 가격에 거래된다. 낙지는 맨손으로 잡는 방식 외에도 통발, 낚시, 가래, 횃불 등을 이용해서 잡는다. 이를 각각 통발낙지, 낙지주낙, 가래낙지, 홰낙지 등으로 부른다.

'통발낙지'는 수심이 깊은 곳에 칠게 같은 미끼를 넣은 통발을 이용해 낙지를 유인해 잡는 방식이다. 낚시로 낙지를 잡는 방법을 '낙지주낙'이라고 한다. 낙지주낙은 주로 전남 서남 해역의 갯벌이 발달한 곳에서 이루어진다. 수평으로 긴 줄을 쳐놓고 그 아래로 1〜2미터 정도의 줄을 일정한 간격으로 달아서 낙지를 잡는다. 미끼는 역시 칠게 등을 사용한다.

'가래낙지'는 가래를 이용한다는 것에 차이는 있지만 갯벌에서 낙지 숨구멍을 찾아 직접 잡아낸다는 점에서 맨손잡이와 한가지로 맨손 어업에 속한다. '홰낙지'는 야행성인 낙지의 특성을 이용한 것으로 횃불을 들고 조간대를 다니면서 불빛에 이끌려 나온 낙지를 잡는 방법이다. 최근에는 서치라이트 등을 이용한다.

# 낙지 요리

**연포탕** 두부 등 부드러운 식재료로 만든 탕을 일컬었다. 하지만 최근 들어 낙지 연포탕이 유명해지면서 연포탕 하면 낙지 연포탕만을 생각하게 되었다. 연포탕의 비법은 갖은 양념과 식재료를 끓인 후 마지막에 싱싱한 낙지를 넣는 데 있다.

**기절낙지** 낙지를 바구니에 넣어 민물로 박박 문질러 기절시킨 다음 다리를 손으로 하나씩 찢어 접시에 가지런히 담아내는 요리법이다. 전남 무안군에서 개발한 것으로 순두부처럼 부드러우면서도 산 낙지의 쫄깃함이 살아 있다. 초장이나 기름장에 닿는 순간 다시 꿈틀거리기 시작하는 낙지를 입에 넣는 것이 기절낙지를 즐기는 묘미이다.

**호롱구이** 낙지를 통째로 대나무 젓가락이나 짚 묶음에 끼워 돌돌 감은 다음 고추장 양념을 골고루 바르고 구워낸다. 전라도 향토음식으로 돌돌 감긴 낙지를 풀어가며 먹는 재미가 있다.

**밀국낙지탕** 먹을 것이 귀하던 시절, 밀과 보리를 갈아 칼국수와 수제비를 뜨고 낙지 몇 마리를 넣어 먹었던 것으로 충남 태안군 이원반도 일대의 요리법이다.

**갈낙탕** 예로부터 쇠고기와 낙지가 유명한 전남 영암군에서 유래되었다. 담백하고 시원한 국물과 고소한 쇠갈비 살, 쫄깃하게 씹히는 낙지의 질감이 어우러져 특별한 맛을 즐길 수 있다.

# 대왕조개

조개라 하면 사람 주먹보다 작거나 고만고만한 크기만을 생각한다. 그런데 일본과 타이완의 중간 수역에는 엄청난 크기의 조개가 산다. 성체의 경우 1.5미터 크기에 무게가 200킬로그램에 이를 정도이니 여타 조개들과 비교할 때 대왕이란 이름이 붙을 만하다. 이들은 다른 조개와 마찬가지로 평소에는 입을 벌리고 먹잇감을 찾다가 위기를 느끼면 본능적으로 입을 다물어 버린다. 만약 별다른 장비 없이 자맥질을 하는 사람이 부주의로 신체 일부가 조개 입에 물리면 수면으로 상승하지 못하고 물속에서 최후를 맞을 수도 있다. 그래서 이들에게는 식인조개라는 무시무시한 이름이 함께 따라다닌다.

대왕조개에 신체 일부가 잡혀 꼼짝 못하는 경우라면 으레 '방휼지세(蚌鷸之勢)'라는 중국 고사가 떠오른다. 방휼지세는 도요새가 조갯살을 파먹으려고 긴 부리를 패각 사이에 넣는 순간 조개가 입을 다무는 바람에 도요새와 조개 모두 꼼짝 못하는 형세이다. 이때 지나가는 어부가 별다른 노력 없이 조개와 도요새를 잡았다는 데서 '어부지리(漁父之利)'라는 고사도 생겼다. 만약 대왕조개에 신체 일부가 물리면 어떻게 될까? 아마 지나

△ 대왕조개는 성체의 경우 1.5미터 크기에 무게가 200킬로그램에 이른다. 이들은 패각을 벌리고 있다가 위기를 느끼면 패각을 다무는데 이때 그 사이에 끼이게 되면 상당히 위험하다. 사진은 동료 스쿠버 다이버가 다가가자 대왕조개가 패각을 다무는 모습이다.

가던 상어 등 크고 작은 바다 포식자들이 득을 보는 꼴이 될 것이다.

그래서 원주민들이 대왕조개를 잡을 때는 적당한 크기의 것을 뒤에서 안고 통째로 건져 올린다. 건져 올린 조개 뒷부분의 딱딱한 껍데기 사이를 칼로 찌르면 조개 몸속에 있는 물이 빠지면서 입이 벌어진다. 이때 칼로 하얀 조갯살을 발라내는데, 회를 좋아하지 않는 원주민들도 대왕조개의 살은 즐겨 먹는다.

대왕조개는 식용 외에도 여러 가지 용도로 사용된다. 살을 다 발라낸 뒤 껍데기는 세면대와 같은 다양한 생활용품으로 사용하거나 수집을 좋아하는 관광객들을 위해 약간의 가공을 거쳐 장식품으로 판매한다.

△ 부산해양자연사 박물관에 전시되어 있는 대왕조개 패각을 어린이가 살펴보고 있다.

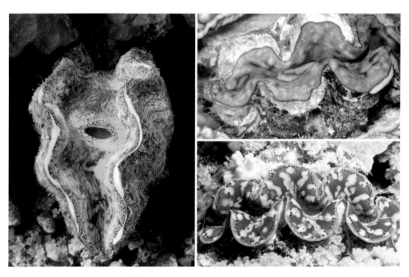

△ 대왕조개 외투막의 색이 녹색, 파란색, 갈색 등을 띠는 것은 공생조류로 인해 나타나는 색이다. 대왕조개가 큰 덩치를 유지하려면 사냥만으로는 부족하다. 그래서 필요한 에너지의 상당 부분을 공생조류가 광합성으로 만들어내는 탄수화물 등에 의지한다.

# 맛조개

죽합과에 속하는 조개류로 흔히 '맛'이라고도 한다. 우리나라 맛조개류에는 맛조개, 대맛, 가리맛, 북방맛, 왜맛, 붉은맛, 비단가리맛 등이 있다. 살은 맛이 좋아 삶아서 먹거나 국물 재료로 많이 사용된다.

맛류의 일반적인 특징은 패각의 길이가 높이에 비해 매우 길고 장방형이며 그 두께가 얇다는 데 있다. 가리맛의 경우 큰 것은 길이가 10센티미터, 높이가 3센티미터나 되며, 대맛은 길이 11센티미터, 높이 2.5센티미터에 이른다. 내만의 조간대 진흙 속에 30~60센티미터의 구멍을 파고 들어가 산다.

▷ 갯벌에서 개흙을 들추자 맛조개가 모습을 드러낸다. 맛조개는 대나무를 모양을 닮아서 한자로 죽합(竹蛤)이라 썼다. 이 죽합을 우리말로 옮겨 대맛이라 한다.

# 문어

문어(文魚)는 지능이 높다고 생각해 이름에 '글월 문(文)' 자를 붙였다. 위기를 탈출하기 위해 뿜어대는 먹물을 글깨나 읽은 지식인들의 상징인 먹물로 여긴데다 머리 또한 큼직하게 보였기 때문이다. 그런데 민둥민둥하고 둥그스름한 부위는 머리가 아닌 몸통이다. 머리는 이 둥그스름한 몸통과 발의 연결부에 있으며 그 속에 뇌가 있다.

문어의 뇌는 복잡한 구조로 되어 있어 무척추동물 중에서 지능이 가장 높을 것으로 추정한다. 동물학자들의 연구에 따르면, 문어는 간단한 문제를 해결할 수 있을 정도의 지능을 가졌다. 예를 들어 미로 속에 가둬두면 몇 번의 시행착오 끝에 미로를 통과할 수 있으며 짧은 시간이지만 이를 기억할 수 있다.

문어를 문어답게 하는 것 중 하나는 발의 기능적 분화이다. 여덟 개의 발은 어느 위치에서든 그 부분만 휘어지거나, 늘어나거나 오그라드는 등 독자적으로 움직일 수 있다. 머리에서 구체적인 명령을 내리지 않아도 각각의 발들이 감각에 의해 본능적으로 행동할 수도 있다.

문어를 잡을 때는 문어가 바위틈 등 어두운 곳에 들어가 사는 습성을

△문어가 위기 탈출을 위해 먹물을 뿜어내고 있다. 이 먹물을 글깨나 읽은 지식인들의 상징인 먹물로 여겨 '글월 문(文)' 자를 붙였다.

이용한다. 문어단지라 불리는 항아리를 줄로 엮어 바닥에 놓아두면 문어들이 단지 속으로 기어들어간다. 그런데 독특하게도 단지가 아무리 커도 단지 하나에 한 마리씩만 들어 있다. 간혹 사람들이 단지를 제때 회수하지 않으면 단지에 갇힌 문어는 제 발을 뜯어 먹으며 몇 달이고 질긴 삶을 이어간다. 일제 강점기 당시 일본으로 끌려가 강제노동에 동원됐던 조선인 노동자들의 집단 수용소에 있던 독방을 '문어방'이라 불렀다. 독방에 감금된 채 강제노동을 하며 살 수밖에 없었던 선조들의 한(恨)을 문어단지에 갇혀 제 발을 뜯어 먹으며 사는 문어의 처지에 비유한 표현이다.

문어는 오징어처럼 주변의 색과 비슷하게 몸의 색깔을 변화시키는 능력이 탁월해 '바다의 카멜레온'이라고도 불린다. 몸 색깔을 바꾸는 동물 대부분이 혈액의 신호로 색깔을 바꾸려면 몇 초가 걸리지만, 문어나 오징어와 같은 두족류는 신경조직에서 몸 색깔을 순식간에 바꿀 수 있다. 문어의 피부는 크로마토포레스(Chromatophores)라는 세포로 이뤄져 있으며 각각의 세포에는 적·흑·황색의 작은 주머니가 있다. 문어는 단순한 신경 자극만으로 이 색소들을 적절히 배합해 배경과 같은 색깔로 변할 수 있다.

문어는 우리나라와 일본 등지에서 제사상에 올리는 등 귀하게 여기지만 서양에서는 부정적인 이미지가 강해 데빌피시(Devil fish)라 이름 붙였다. 또한 사리사욕을 위해 약자를 괴롭히는 제국주의의 상징으로 보기도 했다. 이에 따라 자본주의 기업가들이 눈에 보이는 대로 기업을 확장하여 중소기업의 터전을 앗아가는 것을 '문어발 경영'이라고 비유한다.

## 푸른점문어

푸른점문어(Blue ringed octopus) 또는 파란고리문어는 몸길이가 10센티미터 정도인 작은 문어로 테트로도톡신이라는 독이 있다. 여느 문어처럼 몸 색깔을 빠르게 바꿀 수 있으며, 주변의 바위와 해초로 위장하지만, 자극을 받으면 선명한 파란색 고리 문양의 경고색으로 자신이 강력한 독을 가지고 있음을 외부에 알린다. 사람이 실수로 밟거나 만지다가 물리면 사망에 이를 수 있다.

△ 푸른점문어는 몸길이 10센티미터 정도의 작은 문어이지만 강력한 독을 지니고 있어 위험하다.

# 바지락

우리나라 사람들이 가장 많이 먹는 조개류는 진판새목 백합조개과에 속하는 바지락이다. 바지락은 번식력이 좋은데다 서식처 또한 20센티미터 안팎의 얕은 개흙 속이라 쉽게 잡을 수 있다. 그래서인지 바지락으로 담근 젓갈이 조개젓의 대명사가 되었고, 내륙 지방 어디서든 바지락으로 국물 맛을 낸 칼국수나 찌개 등을 맛볼 수 있다. 다른 식재료와 짝을 맞추지 않더라도, 통째 삶아 노란 살과 함께 뽀얗게 우러나는 국물만으로도 훌륭한 음식이 된다.

바지락은 필수아미노산이 풍부하다. 필수아미노산은 사람의 체내에서 만들어지지 않거나 만들어지더라도 그 양이 충분치 않으므로 음식을 통해 섭취해야만 한다. 만약 필수아미노산이 제대로 공급되지 않으면 단백질 생성은 큰 지장을 받을 수밖에 없다. 또한 바지락은 담즙 분비를 촉진하여 간장 기능을 개선시키는 효과가 있다. 바지락 가루를 헝겊주머니에 넣고 달여서 차 마시듯 하면 치아와 뼈를 튼튼하게 해주는 등 인체에 칼슘을 보충할 수 있다. 작고 흔한 조개이지만 살뿐 아니라 껍데기까지 우리에게 많은 이로움을 준다.

바지락은 흔하기 때문에 붙인 이름이다. 어민들은 갯벌에 굵은 체를 걸어놓고 삽으로 개흙을 퍼서 체에 걸러내는 방식으로 바지락을 잡아왔다. 그만큼 바지락이 갯벌에 지천으로 깔려 있었다는 이야기이다. 이토록 흔한 바지락이 사는 곳 또한 개흙 속 얕은 곳이다 보니 갯벌을 밟을 때면 '바지락 바지락' 소리가 났다고 한다. 지역에 따라 조금씩 이름이 달라 동해안 지역에서는 '빤지락', 경남 지역에서는 '반지래기', 인천이나 전라도 지역에서는 '반지락'이라 부르기도 한다.

바지락은 한곳에 정착하여 살아가는 특성으로 갯벌에 흘러드는 온갖 오염원에 무방비로 노출되고 만다. 또한 젓갈을 담그거나 날것을 요리하여 먹는 경우 늦봄부터 초여름까지의 번식기에는 중독의 위험이 있으므로 피해야 한다. 이와 관련한 속담으로 "오뉴월 땡볕의 바지락 풍년"을 들

△ 바지락은 우리나라 사람들이 가장 많이 먹는 조개류이다. 바지락이란 이름은 갯벌을 밟을 때 나는 '바지락 바지락' 소리에서 유래했다.

탄산칼슘의 석출

바닷물에 용해되어 있는 탄산칼슘은 과포화상태가 되면 석출되기 시작한다. 수온이 섭씨 25도에서 1리터당 0.12g의 탄산칼슘이 녹아야 정상이며, 0.82g 정도는 포화상태이다. 그런데 탄산칼슘은 이산화탄소가 있는 물에만 녹아드는데 기체인 이산화탄소는 수온이 낮을수록 물에 많이 녹아든다. 이러한 인과관계에 따라 바닷물 온도가 상승하면 바닷물 속의 이산화탄소 용해도가 낮아져 탄산칼슘 석출이 빠르게 진행된다. 석출된 탄산칼슘이 갯바위 등에 침전되면 갯녹음(백화 현상)이 일어난다. 이러한 인과관계는 지구온난화가 갯녹음의 한 원인임을 설명해준다.

수 있다. 이는 한여름 땡볕에 수온이 오르면 바닷물 속에 녹아 있는 탄산칼슘의 석출*이 빠르게 진행되면서 패각이 커져 풍성해 보이지만, 조갯살은 제대로 자라지 않는데다 독성이 있어 먹지 못함을 비유한 말이다. 이 속담은 겉모양은 보기 좋으나 그 실속은 거의 없음을 일컫는다. 비슷한 속담으로 "속빈 강정", "빛 좋은 개살구" 등이 있다.

『자산어보』에는 바지락을 얕은 곳에 사는 조개라는 의미의 '천합(淺蛤)'이라고 소개하며 "살이 풍부하고 맛도 좋다"라고 기록했다.

△ 백화는 바닷물 속에 녹아 있는 탄산칼슘이 석출되면서 일어나는 갯녹음 현상이다. 갯녹음이 진행되는 수중 암반에는 바닷말류가 부착하지 못한다.

## 해감

요리용으로 쓰는 바지락은 살아 있는 것을 골라야 한다. 입이 굳게 닫혀 있어 속이 보이지 않고, 패각이 깨지지 않고 윤기가 있는 것이 좋다. 채취한 지 오래된 것은 패각이 탁한 갈색으로 변해 있어 쉽게 구별할 수 있다.

갯벌에 사는 바지락은 소화기관에 펄이나 모래 등 이물질이 들어 있으므로 이를 제거해야 한다. 이런 과정을 해감이라 하는데 살아 있는 바지락을 맑은 바닷물이나 소금물을 담은 그릇에 30분 이상 담가두면 입을 벌리고 이물질을 뱉어낸다. 이때 녹이 슨 쇠붙이를 같이 넣으면 더욱 빠르게 해감이 진행된다.

# 백합

　백합(百蛤)은 전복에 버금가는 고급 패류로 '조개의 여왕'이라고도 한
다. 옛날부터 즐겨 먹어왔는데 건제품으로 가미·가공하거나 통조림으로
가공하여 수출했을 뿐 아니라 껍질로는 바둑돌을 만들기도 하고, 태워서
만든 석회는 고급 물감의 재료로 사용하기도 했다.

　백합은 모래 속에 살면서도 몸속에 모래나 개흙이 들지 않아 육질이 깨
끗하고 달콤해 날것으로 먹기도 했다. 크기에 따라 대·중·소합으로 나뉘
는데 문합(文蛤)·화합(花蛤)·백합(白蛤)이라고도 하며, 상합·생합·대합·피
합·참조개·백옥·재복·약백합 등의 방언으로도 불린다. 백합(百蛤)이란
패각에 있는 다양한 무늬가 100가지에 이른다 해서 붙인 이름이다.

　백합은 예로부터 부부 화합을 기원하는 혼례 음식에 반드시 포함되었
는데 이는 모양이 예쁜데다 껍질이 꼭 맞게 맞물려 '합(合)'이 좋음을 상
징하기 때문이다. 백합은 우리나라뿐 아니라 특히 일본에서 인기가 있다.
1960년대 후반에는 일본으로 수출하기 위해 대규모 양식이 이루어졌으
며 1971년에는 연간 8,000M/T까지 생산되었다.

△백합이란 패각에 있는 다양한 무늬가 100가지에 이른다 해서 붙인 이름으로 '조개의 여왕'이라고도 한다.

△백합은 육질이 깨끗하고 달콤해 날것으로도 먹지만 탕을 끓이면 일품이다.

# 새조개

옛사람들은 조개는 새가 물속으로 들어가서 된 것이라 생각했다.

중국 유교 경전인 사서오경 중 『예기』에는 "꿩이 물속으로 들어가면 큰 조개가 되고, 참새가 물속으로 들어가면 작은 조개가 된다"고 설명했다. 이런 관점에서 새조개를 보고 있으면 무릎을 치게 된다. 새조개 조갯살이 새의 부리나 날개 모양을 닮았기 때문이다.

아마 『우해이어보』를 지은 김려 선생이나 『자산어보』를 지은 정약전 선생은 새조개를 접했을 때 『예기』의 조개에 대한 이야기를 떠올렸을 것이다. 김려 선생은 "조개는 알에서 태어나는 것이 아니고, 모두 새가 변해서 된 것이다"고 서술했고, 정약전 선생은 "큰 것은 지름이 4, 5치가 되고 조가비는 두껍고 매끈하며, 참새 빛깔에 무늬가 참새 털과 비슷하여 참새가 변한 것이 아닌가 하고 의심된다"고 기록했기 때문이다. 새조개를 일본에서는 '도리가이(鳥貝)'라고 하는데 도리는 일본말로 '새', 가이는 '조개'이다.

△새조개 조갯살은 새의 부리와 날개를 닮았다.

# 앵무조개

앵무조개는 오징어, 문어처럼 머리에 다리가 달려 있어 두족류로 분류한다. 앵무조개라 불리게 된 것은 턱이 앵무새의 주둥이 모양을 닮았기 때문이다. 앵무조개의 패각은 중생대 화석생물인 암모나이트와 유사하다.

△ 앵무조개의 턱은 앵무새의 주둥이 모양을 닮았다.

# 오징어

    오징어는 예로부터 우리 민족과 친숙해서인지 이름의 유래가 조금 해학적이다. 『자산어보』에는 까마귀를 잡아먹는 도적이라는 뜻인 '오적어(烏賊魚)'가 오징어 이름의 유래임을 이야기한다. 오징어가 물 위에 죽은 척하고 떠 있다가 까마귀가 만만한 먹잇감으로 알고 내려앉으면 긴 다리로 감아 물속으로 끌고 들어가 잡아먹는다는 것이다. 하지만 오징어가 까마귀를 잡아먹는 일은 그렇게 흔하지는 않았을 것이다.

    그렇다면 오징어에 '까마귀 오(烏)' 자를 붙인 것은 어떤 이유일까? 이에 대해 오징어가 까마귀를 사냥한다기보다는 먹물을 뿜어대는 오징어를 보고 검은색의 상징 동물인 까마귀가 연상되었을 것이라는 이야기가 좀 더 설득력이 있다. 중국 문헌에는 오징어를 까마귀 오(烏)에 물고기를 뜻하는 '즉(鯽)' 자를 써서 '오즉어(烏鯽魚)'로 기록하고 있다. 이 오즉어가 우리나라로 전해지는 과정에서 음이 같고 조금 쉬운 한자어인 오적어(烏賊魚)가 되고, 이야기 만들기를 좋아하는 사람들이 이 烏賊魚라는 한자어에 맞춰서 까마귀 도적이라는 이야기를 지어낸 것은 아닐까?

    그런데 오징어에게 도둑놈 심보가 있긴 하다. 번식기가 되면 수컷들은

'바다의 공작'이라 불릴 정도로 아름다운 색깔로 몸을 변화시키고 암컷을 찾아 나선다. 수컷들은 8개의 다리 외에 양쪽으로 길게 뻗은 한 쌍의 더듬이 팔로 암컷들을 앞다투어 붙잡는다. 이때 수컷들이 경쟁적으로 움켜잡는 대상은 성숙하지 않은 어린 암컷들이다. 그래서 어떤 이는 오징어 수컷이 음흉하고 도둑놈 심보를 가졌다고 말하기도 한다.

오징어는 '혼인색'이라 하여 교미할 때 몸색이 변하지만, 주변 환경 변화에도 민감하게 반응해 몸 색깔을 순간적으로 바꿀 수 있어 '바다의 카멜레온'이라는 별칭으로도 불린다.

오징어 먹물로 글씨도 쓸 수 있다. 처음에는 일반 먹물보다 광택이 나고 진하지만, 시간이 지나면 말라붙은 먹물이 종이에서 떨어져 나가 글씨가 없어진다. 그래서 믿지 못할 약속이나 지켜지지 않는 약속을 가리켜 '오적어묵계(烏賊魚墨契)'라고 한다.

△오징어는 순간적으로 몸의 색을 바꿀 수 있어 바닷속 카멜레온이라는 별칭을 가지고 있다.

## 통일의 훈풍어가 된 오징어

2018년 평창동계올림픽 때 남한을 찾은 북한 대표단과의 환담자리에서의 일화이다. 임종석 대통령 비서실장이 '오징어'와 '낙지'가 남과 북이 서로 반대로 사용된다고 하자, 북한 대표단 김여정 특사가 "그것부터 통일해야겠다"고 화답해 웃음을 자아냈다. 여기에서 오징어가 통일의 훈풍어로 등장했다. 오징어와 낙지가 서로 반대라는 대화는 오랜 분단에 따른 남과 북의 이질감을 상징적으로 나타내지만, 임 실장의 이야기처럼 반대로 쓰인다기보다는 뜻이 다르다.

북한에서는 우리가 오징어라 부르는 화살오징어를 '낙지'라 하고 갑오징어를 '오징어'라 한다. 임 실장의 말처럼 북에서 낙지를 오징어라고 하지 않는다. 북한에서 오징어를 '낙지'라고 부르게 된 과정은 연구가 필요하다. 다만 갑오징어만을 '오징어'로 부르는 것은 역사적인 자료에서 근거를 찾을 수 있다.

19세기 초에 간행된 『우해이어보』에는 오징어를 다음과 같이 설명하고 있다.

"보통 때는 다리를 모으고 다니다가 물속에서 까마귀를 보면 다리를 펼쳐 거꾸로 서서 새의 몸을 얽는다. 머리 한쪽(등 부분)은 중의 머리와 같고 다른 한쪽(배 부분)은 반쯤 열려서 감옥처럼 오목하다."

△ 갑오징어의 모습이다. 북한에서는 이 갑오징어만을 오징어라 하고, 우리가 오징어라고 하는 화살오징어를 낙지라고 한다.

이처럼 『우해이어보』에 묘사된 어류는 지느러미가 몸통 끝에만 붙어 있는 화살오징어가 아니라 몸통 전체에 붙어 있고, 중의 머리처럼 뼈가 둥그스름한 갑오징어를 말하는 것이 분명하다. 즉 예전에는 지금 우리가 갑오징어라 부르는 종이 바로 오징어였음을 알 수 있다. 『자산어보』에도 오징어 뼈를 간 가루가 지혈 작용과 상처를 아물게 하는 데 효능이 있다고 했는데 이도 갑오징어의 뼈를 의미한다.

## 화살오징어와 창오징어

우리나라에서 주로 발견되는 유영성 오징어는 크게 화살오징어와 창오징어로 나뉜다. 이 두 종의 구분은 지느러미 모양에서 비롯한다. 몸통 하단부 쪽에 위치한 지느러미의 모양이 화살촉 또는 창날처럼 생겼기 때문이다.

화살오징어는 우리나라 전 연안에 서식하고 있지만 주로 겨울철 동해 연안에서 많이 잡히는 가장 대표적인 오징어류이다. 우리나라에서 식용으로 하는 대부분의 오징어가 바로 화살오징어이며 주로 채낚기어업으로 야간에 어획한다.

창오징어는 제주도 해역에 많이 서식해 흔히 '제주한치'라고 불리는 오징어이다. 동해의 오징어와는 생김새가 다르게 몸통이 길쭉하고 다리가 짧은 것이 특징이다. 창오징어는 화살오징어보다 살이 부드럽고 색깔이 흰 편이라 술 안주용으로 인기가 있다. 창오징어를 한치라 부르는 것은 한겨울 추운 바다에서 잘 잡혀 '찰 한(寒)'에 물고기를 뜻하는 '치'를 붙인 이름이라 전해진다. 실제로 한치는 9월부터 겨울까지 많이 잡히다가 봄이 되면 어획량이 줄어들고 여름에는 거의 모습을 나타내지 않는 냉수성 어종이다. 이에 대해 어떤 이는 한치라는 이름은 45센티미터에 이르는 성체에 걸맞지 않게 다리가 한 치(3센티미터)밖에 되지 않아 붙인 것이라 말하기도 한다.

# 전복

전복은 연체동물 복족류에 속하는 조개로 크고 넓적한 발을 움직이며 기어 다닌다. 『우해이어보』에는 "살아 있는 것은 '생포(生鮑)'라 하고 죽은 것은 전복(全鰒)이라 한다"고 했다. 여기에서 포(鮑)는 전복의 방언이다. 『자산어보』에는 전복을 '복어(鰒魚)'라는 이름으로 소개하며 "살코기는 맛이 달아서 날것으로 먹어도 좋고 익혀 먹어도 좋지만 가장 좋은 방법은 말려서 포를 만들어 먹는 것이다. 그 내장은 익혀 먹어도 좋고 젓갈로 담가 먹어도 좋으며 종기 치료에 효과가 있다"라고 기록되어 있다. 조금 해학적이긴 하지만 스쿠버 다이버들은 전복을 솥뚜껑이라는 별칭으로 부른다. 한 쪽밖에 없는 껍데기를 바닥에 붙여 납작하게 엎드려 있는 모양새가 마치 큼직한 솥뚜껑을 엎어놓은 듯해서이다.

전복이 유명해진 것은 해산물 중 맛이나 영양면에서 으뜸이기 때문이다. 중국의 진시황제가 불로장생을 위해 먹었다는 기록이 전해지며, 『한서漢書』*에는 황제 평제를 죽이고 즉위한 왕망의 사치스러운 생활을 설명하기 위해 전복을 등장시켜 "편안한 자리에 앉

『한서』
중국 후한(後漢)시대의 역사가 반고(班固)가 저술한 120권에 달하는 역사서이다. 『사기史記』와 더불어 중국의 대표적인 역사서이다.

아 전복만 먹었다"고 적었다. 전복에는 타우린이 다량 함유되었고 아미노산이 풍부해 병을 앓은 뒤 원기 회복과 피로 해소에 특히 좋다. 그래서인지 중국에서는 전복을 해삼, 상어지느러미, 물고기 부레와 함께 최고의 강장식품으로 대접해 '조개의 황제'라는 별칭으로까지 불렀다.

이렇게 귀하게 대접받던 전복이 대규모 양식에 성공하면서 회, 구이, 찜 요리뿐 아니라 가장 대중적인 음식인 라면에 넣어 먹을 정도가 되었으니 현대인은 진시황제의 식도락이 부럽지만은 않을 듯하다.

미식가들은 전복 내장을 즐긴다. 내장에 해초 성분이 농축돼 있어 맛과 향, 영양이 뛰어나다. 전복죽을 끓일 때 내장이 들어가야 초록빛 바다색깔이 제대로 우러난다. 한 가지 가려야 할 것은 산란기(참전복 기준 9~11월)에는 내장에 독성이 있으므로 생식은 피하고 살짝 익혀서 먹는 것이 좋다.

△ 스쿠버 다이버가 바닷속에서 만난 대형 전복을 들어 보이고 있다. 『우해이어보』에는 "살아 있는 것은 생포(生鮑)라고 하고 죽은 것은 전복(全鰒)이라 한다"고 기록되어 있다.

△ 전복은 다양한 식재료로 사용된다. 사진 위에서부터 좌우로 전복 삼계탕, 전복죽, 전복 해물탕, 전복 라면, 전복 석쇠구이, 전복 쇠고기구이, 전복 비빔밥, 전복 해물물회 등이다.

## 전복의 종류

전 세계적으로 1백여 종이 있는 전복류 중 우리나라에서는 크기가 작은 오분
자기와 마대오분자기를 비롯해 북방전복(참전복), 둥근전복(까막전복), 말전복,
왕전복 등이 발견된다. 북방전복은 가장 얕은 곳에 살고 그다음이 둥근전복
이며, 대형종인 말전복은 가장 깊은 곳에 서식한다.

왕전복은 오랫동안 말전복과 구별 없이 다루어지다가 1979년에 신종으로
분류되었다. 2001년에는 수온이 낮은 북쪽 해역에 사는 참전복이 둥근전복의
변이종으로 밝혀져 북방전복으로 명명되었다. 또한 과거 별개의 종으로 분류
되었던 시볼트전복은 말전복과 같은 종으로 밝혀져 시볼트전복이라는 이름
은 사라지게 되었다. 둥근전복은 패각이 둥글게 생겨 이름 붙였지만 패각이
검은 빛깔이 강한 갈녹색이라 까막전복이라고도 부른다. 제주도 방언으로 떡
조개라 불리는 오분자기는, 전복류의 출수공 4~5개가 깔때기처럼 돌출되어
있는 데 비해 출수공 7~8가 평평하며, 껍데기도 전복류보다 매끈한 편이라
쉽게 구별할 수 있다.

△ 전복이 바닥에 납작 붙어 있으면 발견하기가 힘들 뿐 아니라 연장 없이 맨손으로 떼
어내기도 힘들다.

자웅이체인 전복은 외부 생식기가 발달되지 않아 늦가을에서 초겨울까지 산란하여 수정한다. 암수 구별은 북방전복의 경우 패각 안쪽에 있는 생식선이 녹색을 띤 것이 암컷, 황백색을 띤 것이 수컷이다. 말전복은 패각 색에 따라 암수를 구별하는데 푸른색 껍데기(수컷)는 육질이 단단해 횟감으로, 황갈색 껍데기(암컷)는 육질이 연해 가열·조리용으로 적합하다.

자연산과 양식을 구별하는 가장 쉬운 방법은 패각에 붙어 있는 해면, 따개비 등 부착생물의 여부이다. 자연산은 패각이 약간 거칠고 부착생물이 눈에 띄지만 양식은 패각의 표면이 깨끗한 편이다.

전복은 위협을 느끼면 패각 속으로 더듬이와 눈을 집어넣은 채 바닥에 딱 달라붙는데 맨손으로는 떼어내기 힘들다. 제주 해녀들은 '빗창'이라는 납작하고 길쭉하게 생긴 쇠붙이를 지렛대 삼아 전복을 떼어낸다. 제주도에서는 전복을 '빗'이라고 하니 빗창은 전복을 따는 창이라는 뜻이다.

△ 자연산 전복(왼쪽)과 양식 전복 패각을 비교한 사진이다. 양식 전복에 비해 자연산 전복은 패각에 따개비, 바닷말류 등 부착생물이 많이 눈에 띈다.

# 코끼리조개

  족사부착쇄조개과에 속하는 대형 조개로 수온이 비교적 낮은 동해 중·
북부에 서식한다. 이들에게는 육질로만 이루어진 매우 독특하게 생긴 수
관부(siphon)가 있다. 수관부의 신축성은 다른 패류보다 뛰어나 껍데기 길
이의 2~3배 정도 늘어난다. 수관부 끝의 출수공과 입수공으로 바닷물을
들이켠 후 뿜어낼 때에는 1미터 넘게 물줄기가 분출될 정도로 힘이 매우
강하다.

  코끼리조개라는 이름은 길쭉한 수관부가 코끼리 코를 닮았기 때문이다.
어떤 이는 수관부가 남성의 성기를 닮았다고 한다. 그래서일까? 코끼리조
개는 정력에 좋다는 주술적 믿음까지 더해져 높은 값에 거래된다.

△ 코끼리조개란 길쭉한 수관부가 코끼리 코를 닮아 붙인 이름이다. 코끼리조개가 정력이 좋다는 속설로 고
가에 판매된다.

# 키조개

갯벌에서 살아가는 대개의 조개들과 달리 수심 10~30미터의 비교적 깊은 바닥에서 산다. 키조개의 주산지는 충남 보령시 오천항 연안과 전남 고흥군 득량만, 보성만, 전남 여수시와 광양시 남부의 광양만 일대이다. 특히 오천항 연안은 우리나라 키조개 생산량의 60퍼센트를 차지한다.

부족류에 속하는 키조개는 겉모양은 홍합을 닮았지만, 성체의 크기가 길이 25~30센티미터, 높이 15센티미터, 너비 10센티미터에 이르러 홍합과는 비교되지 않을 정도로 크다. 또한 단백질이 많은 저칼로리 식품으로 필수아미노산과 철분을 많이 함유하고 있어 고급 종에 속한다.

키조개라는 이름은 큼직한 모양새가 곡식의 쭉정이를 까불 때 쓰이는 농기구인 키[箕]를 닮은 데서 유래한다. 서양에서는 조개 끝이 뾰족한 펜촉의 모양을 닮았다 하여 펜셸(Pen shell)이라 한다. 『자산어보』에는 '키홍합'이라 적고, 모양이 키와 같아서 평평하고 넓으며 두껍지 않다고 설명하고 있다. 동해 바다에 사는 홍합을 '동해부인', 서해 바다에 사는 키조개를 '서해부인'이라 부르기도 한다.

△ 키조개는 10∼30미터 깊이의 모래 섞인 진흙 밭에 숨어들어 살아간다.

# 홍합

"굴러온 돌이 박힌 돌 뺀다"고 했던가? 우리 연안에 그토록 많던 홍합이 이제는 진주담치에 밀려 쉽게 볼 수 없게 되었다. 원래 홍합이란 토산종 담치를 가리키는 말이었으나 비슷하게 생긴 조개가 우리 연안으로 들어오면서 토산종과 외래종을 구별할 필요가 생겼다. 이에 따라 토산종을 담치 중에 진짜 담치라 해서 '참담치'로, 외래종을 '진주담치'로 부르게 되었다. 기름 중에 진짜 기름이라 하여 참기름이란 이름이 생긴 것과 같은 맥락이다.

진주담치는 지중해가 고향이라 '지중해담치'라고도 한다. 이들의 유생이 외국을 왕래하는 화물선의 밸러스트수(배의 균형을 잡기 위해 배 안에 설치된 탱크에 채우는 바닷물)에 섞여 우리 연안에 상륙하면서 홍합의 서식지를 야금야금 갉아먹기 시작하더니 결국에는 우리 연안을 거의 장악했다.

아무튼 참담치와 진주담치 모두 홍합류에 속한다. 우리나라에는 비단담치, 털담치 등 모두 13종 정도의 홍합류가 서식한다. 연체동물인 이 홍합류는 조개·굴·가리비처럼 패각이 두 개여서 이매패류, 다리가 도끼 모양이라 도끼 '부(斧)' 자를 써서 부족류로 분류된다. 이들은 몸에서 '족사'

▽ 울릉도, 독도, 흑산도, 가거도 등 육지에서 멀리 떨어진 도서지역 외 연안의 조간대에는 진주담치들이 홍합의 서식지를 차지했다. 사진은 조간대 갯바위에 무리를 이룬 진주담치의 모습이다.

△홍합이란 조개살이 붉은색이라 붙인 이름이다.

라고 불리는 수십 개의 수염에 접착성이 강한 '폴리페놀릭'이라는 단백질을 분비해 갯바위 등에 몸을 고정시키고는 바닷물을 빨아들여 물속에 들어 있는 영양분을 걸러 먹는다.

홍합(紅蛤)이란 조갯살이 붉은색이라 붙인 이름이다. 『규합총서』에는 "바다에서 나는 것은 다 짜지만 유독 홍합만 싱거워 담채(淡菜)라 하고 동해부인(東海夫人)이라고도 한다"라고 기록되어 있다. 이른 봄이 제철인 홍합의 속살을 말리면 해산물이면서도 짜지 않고 채소처럼 담백하다 해서 담치가 되었고, 동해바다에서 많이 나는데다 모양새가 여성의 생식기를 닮아 동해부인이라 불렀다는 이야기이다.

홍합은, 많이 먹으면 속살이 예뻐지는 등 성적 매력이 더해진다는 믿음 때문에 여성을 상징하는 해산물이 되긴 했지만 암수가 구별된다. 조갯살에서 암컷은 붉은색을 띠고 수컷은 흰색을 띤다. 일반적으로 암컷이 맛이 좋아 식용으로 대우받는다.

진주담치가 참담치를 밀어내고 우리 연안을 거의 차지하다시피 했지만 육지에서 멀리 떨어진 울릉도, 독도, 가거도, 흑산도 등지에서는 아직도 홍합이 명맥을 유지하고 있다. 이곳 주민들은 홍합을 이용해 홍합밥이라는 별미 음식을 만들어냈다. 홍합밥은 청정해역에서 자라는 홍합을 잘게 썰어 넣어 밥을 지은 뒤 양념장에 비벼 먹는데, 코끝을 부드럽게 감싸

△ 울릉도 해역에서 촬영한 홍합이다. 해면 등 부착물이 잔뜩 붙은 패각을 벌리면서 먹이활동을 하고 있다.

는 갯내음과 쫄깃한 육질의 담백함이 어우러져 식욕을 돋운다.

　홍합을 이용한 토속음식 중 강원도 북부지역 사람들이 즐겨 먹는 '섭죽'이라는 것이 있다('섭'은 홍합의 이 지역 사투리). 물에 불린 쌀과 홍합, 감자에 고추장을 풀고 1시간 정도 푹 끓이면 쌀과 감자가 퍼져서 걸쭉해지는데 이때 풋고추와 양파를 넣고 다시 끓여내면 맵싸한 맛에 쫄깃하게 씹히는 홍합의 살이 어우러져 향토색 짙은 일품요리가 탄생한다. 2~5월의 춘궁기가 제철인 홍합은 남해안 사람들의 따개비죽처럼 동해 북부지방 사람들에게 '섭죽'이라는 음식이 되어 보릿고개의 배고픔을 달래주기도 했다.

　홍합보다 흔하고 값이 싼 진주담치를 이용한 음식은 우리 주변에서 흔하게 볼 수 있다. 겨울철 포장마차 솥단지 속에서 우러난 뽀얀 국물로 직장인들의 발걸음을 멈추게 하고, 각종 해물 요리에 감초처럼 등장하는 주인공이 바로 진주담치이다.

## 홍합과 진주담치의 구별

홍합은 길이 140밀리미터에 높이 70밀리미터 정도이며, 진주담치는 길이 70밀리미터에 높이 40밀리미터 정도이다. 홍합은 껍데기가 두껍고 안쪽에 진주광택이 강한 데 비해, 진주담치는 껍데기가 얇고 광택이 없다. 홍합은 껍데기의 뒷가장자리가 구부러졌지만 진주담치는 곧고 날씬한 편이다. 홍합은 껍데기에 부착생물 등이 붙은 흔적이 많아 좀 지저분하게 보이는 데 비해 대량 양식을 하는 진주담치는 표면이 매끄럽고 깨끗한 편이며 배 쪽으로 자줏빛이 강하다. 홍합은 진주담치보다 육질이 크고 맛이 담백하다.

△ 위쪽이 홍합이며 아래쪽이 외래종인 진주담치이다.

# 절지동물

바다, 담수, 육지 등 자연 생태계에서 살아가는 무척추동물인 절지동물은 모두 100만여 종으로 전체 동물종의 80퍼센트를 차지하며, 동물계의 여러 문(門) 중에서 가장 많은 종을 포함하고 있다. 육상에는 곤충류·거미류 등이 있으며, 바다생물에는 아주 작은 동물플랑크톤에서부터 새우··게·따개비·거북손 등에 이르기까지 전 세계적으로 67,000여 종이 있다.

바다 절지동물은 대부분 키틴이나 탄산칼슘으로 된 갑옷처럼 딱딱한 껍데기가 있어 갑각류로 분류된다. 딱딱한 껍데기에 싸여 있는 몸은 여러 개의 마디로 이루어져 있다. 갑각류는 9개 분류군으로 나뉜다.

- **두판류** : 가장 원시적인 형태로 원시새우 등이 속한다.
- **새각류** : 몸마디가 뚜렷하며 잎새우, 철모새우 등이 속한다.
- **패형류** : 껍데기가 2장 있다. 갯반디, 바다물벼룩 등이 속한다.
- **요각류** : 몸은 16개의 마디로 되어 있으며, 대부분의 동물플랑크톤이 속한다.
- **수각류** : 더듬이가 수염 모양으로, 수염새우 등이 속한다.
- **만각류** : 덩굴처럼 생긴 다리(만각)를 이용하여 먹이사냥을 한다. 따개비, 거북손이 속한다.
- **새미류** : 어류의 피부나 아가미 같은 공간에 기생하는 잉어빈대 등이 속한다.
- **낭흉류** : 말미잘, 불가사리 등에 기생하는 주머니 모양의 주머니벌레 등이 속한다.
- **연갑류** : 고등 갑각류로 게, 집게, 새우, 갯강구 등이 속한다.

# 갯강구

이름 때문에 억울한 바다생물들이 더러 있다. 이름을 바꿔달라고 하소연이라도 해보고 싶지만 사람들 편리대로 달아준 이름을 업보마냥 짊어지고 살 뿐이다.

임금님 입맛이 변한 탓에 도로 물리라 했다던 도루묵, 탈장한 항문을 닮았다 해서 말미잘, 지옥에서 온 귀신같이 생겼다 해서 아귀 등이 그러하다. 그런데 억울하기로 둘째가라면 서러울 바다동물은 갯강구들이다. 이들은 단지 생긴 모양이 바퀴벌레를 닮았다 하여 강구(바퀴벌레의 경상도 사투리)라는 이름을 얻었기 때문이다. 지역에 따라서는 바다바퀴벌레라고 부르기까지 한다.

갯강구는 3~4.5센티미터의 몸길이에 거무튀튀한 색과 모양새가 납작한데다 스멀스멀 기어 다니는 꼴이 바퀴벌레와 닮긴 했다. 거기에다 이상한 낌새라도 있으면 사방으로 흩어지는 부산스러움도 그러하다. 하지만 갯강구는 절지동물 갑각류에 속하는 종으로, 곤충류인 바퀴벌레와는 거리가 멀다.

또한 환경에 끼치는 역할도 판이하다. 바퀴벌레가 온갖 세균을 몸에 묻

△ 갯강구는 바위 사이를 기어 다니며 음식물 찌꺼기를 비롯해 각종 오염물질을 분해한다.

히고 다니며 음식물 등을 오염시키는 공공의 적인 데 반해 갯강구는 연안의 갯바위나 네발 방파석(tetrapod) 사이에 있는 음식물 찌꺼기나 각종 유기물을 처리해주는 부지런한 청소부들이다. 밤 동안 일정한 곳에 모여 휴식을 취한 뒤 아침이면 무리 지어 모습을 드러내는 갯강구들이 없다면 해안가는 악취를 풍기는 오염물로 몸살을 앓을 것이다.

# 게

1908년에 출간된 안국선의 풍자소설 『금수회의록』에는 까마귀, 여우, 개구리, 벌, 게, 파리, 호랑이, 원앙 등 8가지 동물이 등장하여 인간 사회의 모순과 세태를 비판한다.

이 소설에서 제5석에 앉은 '무장공자(無腸公子)'는 배알도 없이 외세에 의존하려는 사람들을 가리켜 창자 없는 '게'보다 못하다며 독설을 퍼부어 댄다. 여기서 무장공자란 껍데기가 번지르르해 외모는 공자 같지만 속에는 창자가 없음을 풍자하는 게의 별칭이다. 그래서 옛사람들은 기개나 담력이 없는 사람을 놀릴 때 무장공자라는 말을 써왔다. 하지만 게에도 창자가 있긴 하다. 배가 작게 퇴화하는 바람에 머리가슴 아래쪽에 접혀 있어 마치 내장이 없는 것처럼 보일 뿐이다. 게 입장에선 무장공자라는 말이 못마땅할 것이다. 게가 불쾌할 만한 일은 이뿐이 아니다. 자신을 가리키는 별칭과 속담 가운데 좋은 의미로 쓰인 것이 드물기 때문이다.

눈자루를 내어놓고 두리번거리는 모양새가 요사스럽게 곁눈질하는 듯 보여 '의망공(倚望公)'이라 불렸고, 바르게 가지 못하고 옆걸음 친다 하여 '횡보공자(橫步公子)'라는 이름을 붙였다. 체면을 차리지 않고 급하게 밥을 먹어 치우는 모양을 가리켜 "마파람에 게눈 감추듯 하다"라고 했는데 이는 몸 밖으로 돌출되어 있는 두 개의 눈이 위험을 감지하면 급히 몸속으로 숨어 버리는 동작의 민첩함에서 따온 말이다.

사람이 흥분하여 말할 때면 입가에 침이 번지는 것을 보고 "게거품을 문다"라고 한다. 이는 게의 아가미가 공기 중에 노출되면 호흡을 위해 빨아들인 물을 내뱉을 때 주위에 거품이 이는 것에 비유하는 말이다. 게와 같은 갑각류는 주로 보름달이 뜨는 시기에 성장을 위해서 낡은 껍질을 벗는 탈피를 한 뒤에는 연한 껍질이 생긴다. 새롭게 생긴 연한 껍질은 낡은 껍질보다 약 15퍼센트 이상 큰데, 이때 게를 만져보면 껍질이 물렁물렁하고 살이 적어서 야윈 것처럼 느껴진다. 그래서 겉만 번지르르하고 실속이 없는 사람을 두고 "보름게 잡고 있네"라고 빈정거리기도 한다. "게장은 사돈하고는 못 먹는다"는 말은 게는 껍질째 요리하기에 점잖게 먹기 힘들다는 데서 나온 말이다.

△ 게는 번지르르한 겉모습과 달리 창자가 없다고 여겨 무장공자라는 별칭을 붙였다.

△ 게는 아가미가 공기 중에 노출되면 호흡을 위해 빨아들인 물을 내뱉으면 주위에 거품이 인다.

게는 한자로 '해(蟹)'이다. 게와 같은 갑각류는 몸이 딱딱한 갑각에 싸여 있어 몸이 자라남에 따라 벌레가 허물을 벗듯 탈피과정을 거쳐야 한다. 그래서 '벌레 충(虫)'에 '풀 해(解)' 자가 더해져 '게 해(蟹)' 자가 만들어졌다. 이에 대해 『규합총서』에는 "늦여름과 이른 가을에 매미가 허물을 벗듯이 탈피하기"에 게를 뜻하는 한자에 벌레 충 자가 있다고 소개한다.

전 세계에 4,500여 종, 우리나라에 183종이 서식하고 있는 것으로 알려져 있는 게는 다리가 열 개여서 절지동물 갑각강 중에서 십각목으로 분류된다. 다리는 기능적으로 한 쌍의 집게발과 네 쌍의 걷는 다리로 나뉜다. 게는 그 종류만큼이나 서식 환경과 생김새의 특성이 다양하다. 우리 주변에서 흔하게 볼 수 있는 몇몇 종의 이름 유래는 다음과 같다.

꽃게  우리나라 서해안의 주요 수산자원 중 하나이며, 껍데기가 다른 게보다 윤기가 나고 예뻐서 '꽃' 자를 붙였다고 하지만 어민들의 소득에 큰 도움이 되다 보니 꽃처럼 예쁘게 보였을 듯하다. 서양에서는 꽃게가 헤엄을 잘 친다 하여 스위밍크래브(Swimming crab)라 한다. 실제로 꽃게의 걷는 다리 중 맨 끝의 한 쌍은 부채모양의 넓적한 헤엄다리로 되어 있어 헤엄치기에 적합하다. 꽃게는 이 헤엄다리를 뻗어 배가 물을 가르듯이 옆 방향으로 헤엄치면서 계절에 따라 적합한 수온을 찾아 서해안을 남북으로 오간다.

9~10월 가을에 접어들면 남쪽으로 내려오기 시작하는 꽃게는 겨울 동안 우리나라 서해안 끝인 소흑산도 이남까지 남하하여 모래 속으로 들어가 겨울잠을 잔다. 이듬해 3월에 겨울잠에서 깨어난 꽃게가 산란을 위해 연안으로 이동하고 4~5월에는 살이 꽉 차오르는데 이때 꽃게의 상품 가치가 제일 좋다.

◁ 꽃게가 물속에서 헤엄치고 있다. 꽃게는 위기탈출을 위해 순간적으로 헤엄칠 뿐 아니라 계절에 따라 적합한 수온을 찾기 위해 서해안을 남북으로 헤엄쳐서 이동한다.
▷ 꽃게를 뒤집었을 때 배마디가 뾰족한 쪽이 수컷이고 둥그스름한 쪽이 암컷이다.

여름철 산란기에는 꽃게 조업을 할 수 없다. 이는 어족자원 보호를 위한 어민들 간의 합의이다. 일반적으로 꽃게는 수컷보다 암컷을 선호한다. 암컷과 수컷의 구별은 게를 뒤집었을 때 배마디가 뾰족한 쪽이 수컷이고 둥근 쪽이 암컷이다.

대게  몸통에서 뻗어나간 다리 모양이 대나무처럼 곧아서 붙인 이름이다. 대게는 영덕뿐 아니라 울진, 포항, 울산에서도 잡히지만 흔히 영덕대게로 불리게 된 것은 지난날 교통편이 좋지 않았을 때 동해안 여러 포구에서 잡은 대게를 전국으로 보내기 위한 집하장이 영덕에 있었기 때문이다. 사실 대게의 생산량은 영덕군보다는 울진군이 더 많다고 한다. 현재 울진군에서는 군의 이미지를 높이기 위해 울진대게 홍보에 많은 노력을 기울이고 있다.

대게의 크기는 수컷의 갑각 너비가 187밀리미터, 암컷이 113밀리미터에 달한다. 암컷은 모양이 둥그스름하고 크기가 커다란 찐빵처럼 보여 '빵게'라 부른

△ 대게란 이름은 몸통에서 뻗어나간 다리의 모양이 대나무처럼 곧아서 붙인 이름이다.

△ 대게 잡이에 나선 어민들이 그물에 걸린 대게를 떼어내고 있다.

다. 빵게는 알이 꽉 차고 맛이 뛰어나지만 자원 보호를 위해 빵게를 잡는 것은 불법이다. 대게 중 살이 꽉 찬 것은 살이 박달나무처럼 단단하다 하여 '박달게'라는 애칭으로 부르며 최고의 상품으로 대접한다.

길거리나 포장마차에서 흔히 볼 수 있는 붉은게는 대게와는 다른 홍게이다. 대게는 수심 200~400미터에 서식하지만, 홍게는 수심 600~1000미터의 동해 심해에서 많이 잡힌다. 대게는 껍데기가 얇고 황색을 띤다면 홍게는 껍데기가 두껍고 붉은색을 띠는데다 살이 적은 편이다.

**달랑게**　갑각의 길이와 너비가 각각 20밀리미터 안팎이며, 집게다리 한쪽이 크고 다른 한쪽은 작은 탓에 몸의 중심을 잡을 수 없어 기우뚱거리며 걷는다. 그 걸어가는 모습이 달랑달랑거리는 것처럼 보여서 달랑게라는 이름이 붙었다. 비대칭의 집게다리는 역할이 나누어져 있다. 집을 고치거나 영역

△ 달랑게는 집게다리 한쪽은 크고 다른 한쪽이 작은 탓에 기우뚱거리며 걷는다.

싸움을 할 때는 큰 집게다리를 사용하고, 먹이를 먹을 때는 숟가락질하듯 작은 집게다리를 사용한다. 무리 지어 사는 달랑게는 야행성이다. 낮 동안 구멍 속에 숨어 지내다가 날이 어두워지면 밖으로 나와 활동을 한다. 먹는 것은 엽낭게와 비슷하며 엽낭게가 물이 들면 잠기는 조간대 상부에 서식한다면 달랑게는 물이 거의 들지 않는 좀 더 위쪽의 모래에서 살아간다.

△ 엽낭게는 선조들이 허리춤에 차고 다니던 두루주머니인 염낭(엽낭)을 닮아 붙인 이름이다.

**엽낭게** 낙동강 하구에 도요새가 많이 날아들어 도요등이라 이름 붙인 무인도가 있다. 새가 많이 찾는다는 것은 그만큼 작은 갑각류 등 새의 먹잇감이 풍부하다는 뜻이다. 섬에 내려 모래밭에 발을 디디면 일순간 모래밭 전체가 '꿈틀'거리듯이 보인다. 움직임을 멈추고 모래밭을 지켜보면 잠시 후 작은 엽낭게들이 빼곡히 머리를 내민다. 수만 마리가 동시에 움직이는 통에 모래밭 전체가 꿈틀하는 것처럼 보인 것이다. 엽낭게의 최대 갑각 너비는 14밀리미터 정도이며 지름 5밀리미터, 깊이 10~20센티미터의 수직 구멍을 파고 산다. 낙동강 하구 모래톱에는 1제곱미터 면적에 300개체 이상이 발견되기도 한다.

엽낭게는 선조들이 허리춤에 차고 다니던 두루주머니인 염낭(엽낭)을 닮았다고 붙인 이름이다. 엽낭게는 갯벌을 정화하는 대표적인 게로 조간대 모래갯벌에 살면서 모래 속의 플랑크톤이나 유기물질을 걸러 먹고 산다. 엽낭게의 먹이활동을 관찰하면 흥미롭다. 엽낭게는 유기물이 들어 있는 모래를 입으로 가져간 다음 입안에 머금은 물과 함께 소용돌이치게 해 모래는 가라앉히고 물에 뜨는 가벼운 유기물을 걸러서 삼킨다. 능수능란하게 입 밖으로 뱉은 모래들은 작은 모래무지를 이루는데 이렇게 모래를 깨끗하게 만드는 양이 하루에 자기 몸무게의 수백 배에 이른다고 하니 엽낭게의 갯벌 정화능력은 실로 대단하다 할 만하다.

△ 수만 마리의 엽낭게가 동시에 움직이면 모래밭 전체가 '꿈틀'거리듯이 보인다.

**참게** 우리 조상들에게 참으로 친숙한 먹을거리였다. 어업 방식이 현대화되기 전 대게나 꽃게는 쉽게 맛볼 수 없었지만, 민물에서 흔히 볼 수 있었던 참게는 광범위한 서식환경과 함께 맛과 향이 좋아 임금님의 수라상에서부터 서민들의 밥상에 이르기까지 사랑을 받았다. 그래서 게 중에서도 으뜸이라고 평가하여 참게라 불리게 되었다.

**투구게** 절지동물 검미목(劍尾目)에 속한다. 검미목은 말 그대로 꼬리 부분이 칼 모양이다. 몸은 꼬리를 포함하여 머리가슴, 배의 세 부분으로 영어권에서는 머리가슴 부분이 말발굽을 닮았다 하여 호스슈크래브(Horseshoe crab)라고 한다. 우리나라에서는 옛날 군인들이 갑옷과 함께 쓰던 투구를 닮았다고 보았는지 투구게라 불렸다.

투구게는 2억 5000만 년 동안 그 모습이 변하지 않아 불가사리, 해파리, 앵무조개, 실러캔스 등과 함께 '살아 있는 화석'

△ 게 중에서 으뜸이라 해서 참게라 불리게 되었다.
▽ 참게 자원량이 줄어들자 부산시 수산자원연구소는 2014년 동남참게 종묘 생산에 성공한 이후 지속적인 방류사업을 펼치고 있다.

이라 한다. 그런데 바다에 사는 투구게와 땅 위에 사는 거미 사이에 흥미로운 점을 발견할 수 있다. 거미는 고생대 캄브리아기 삼엽충에서 진화했는데 투구게의 유생이 삼엽충을 닮았기 때문이다. 여기에 두 종의 혈액 성분까지 비슷하다는 연구 결과가 나온 것으로 보아 투구게와 거미는 조상이 같은 삼엽충이었던 것으로 보인다.

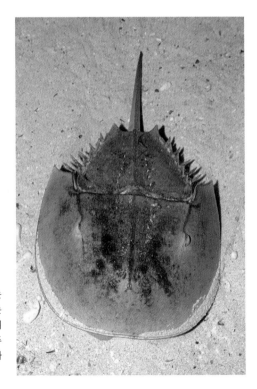

▷ 투구게는 인류의 생명을 연장시키는 데 크게 기여했다. 투구게의 혈액에는 박테리아와 바이러스의 독성을 응고시키는 성분이 있는데, 이를 이용하여 주삿바늘이나 수술용 의료 장비를 소독하는 약품이 개발되었다.

1 거미게 거미처럼 다리가 가늘고 길어서 유래한 이름이다.

2 도둑게 예쁘고 선명한 무늬가 독특하다. 도둑게라는 이름은 갯벌의 가장 위쪽에 살면서 밤이면 민가 부엌으로 기어들어가 음식물을 훔쳐 먹는다고 해서 붙인, 약간 해학적인 이름이다.

3 자기게 흰동가리처럼 말미잘과 공생하는 작은 게이다. 말미잘 옆에서 한참 동안 촉수 사이를 지켜보고 있으면 자기게가 모습을 드러낸다. 껍질이 도자기처럼 매끈하여 자기게(磁器— / Porcelain crab)라고 이름 붙였다.

4 길게 갯벌에서 흔하게 관찰되는 길게는 다른 게에 비해 갑각이 좌우로 길쭉하다.

5 바위게 조간대 상부에 사는 바위게는 최대 갑각 너비가 48밀리미터 정도로 작다. 위협을 느끼면 재빠르게 바위틈으로 숨어든다. 바위게라는 이름은 조간대 갯바위를 오가는 게라는 뜻이다.

6 만두게 아열대와 열대 해역 산호초 지대에서 발견되는 야행성 게이다. 만두 모양을 닮았다.

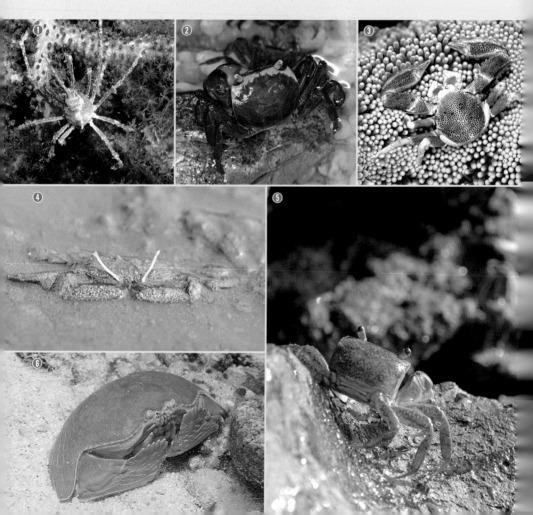

7 홍게 대게보다 깊은 수심에 서식한다. 대게가 겨울이 제철이라면 홍게는 여름이 제철이다.

8 밤게 갑각의 생김새가 밤알처럼 보여 붙인 이름이다. 갯벌에서 흔하게 발견된다. 사진은 밤게가 교미하는 장면이다.

9 풀게 우리나라 전 해역의 암반이나 자갈 조간대에서 가장 흔하게 볼 수 있는 게이다. 위협을 느끼면 바위틈이나 돌 밑으로 재빠르게 숨는다. 서식지 환경과 비슷한 보호색을 가진 것이 많아 몸 색깔의 변이가 매우 크다. 수컷의 집게다리 기부 양쪽에 털다발이 있는데 이 털다발이 풀처럼 보여 붙인 이름이다.

10 뿔물맞이게 갑각 위의 뿔처럼 생긴 돌기에 멍게 포자를 얹어서 자기 몸을 위장하고 있다. 이들은 돌기에 바닷말류를 붙이기도 한다. 물맞이게라는 이름은 갯벌에서 바다를 향해 걸어가는 모습이 마치 물을 맞이하는 듯 보여 붙였다. 뿔물맞이게는 다리에 무늬가 있어 무늬발게라고도 한다.

11 해면게 열대와 아열대 바다에서 발견되는 야행성 게이다. 몸을 숨기려고 갑각 위에 해면을 짊어지고 있는데 움직이지 않으면 발견하기 힘들다.

12 청게(톱날꽃게) 민물과 바닷물이 만나는 곳에서 사는 게로 낙동강 하구가 주 서식지이다. 갑각이 푸르스름한 색을 띠어 청게라 부르는데 학명은 갑각 가장자리가 톱날처럼 생겼다 해서 톱날꽃게이다.

# 따개비

지구상에서 생물이 살기에 열악한 환경 중 한 곳이 조간대이다. 이곳은 쉽게 접근할 수 있어 사람에게는 친숙한 공간이지만 바다생물들에게는 혹독한 시련을 겪으며 적응해야 하는 공간이다. 물에 잠겨 있을 때와 공기 중에 노출될 때의 전혀 다른 환경에 삶을 맞춰야 할 뿐 아니라 갯바위에 부서지는 파도의 파괴력도 견뎌내야 한다. 또한 빗물이라도 고이면 민물이라는 환경에 적응해야 하며, 강한 햇볕에 바닷물이 증발하고 난 다음에는 염분으로 범벅이 된 몸을 추슬러야 한다. 이러한 극단적이고 변화무쌍한 환경에 적응할 수 있는 생물만이 조간대에서 살 수 있다.

조간대에서 가장 흔하게 만날 수 있고 흥미로운 관찰 대상은 따개비들이다. 국어사전에서 따개비를 찾아보면 '굴등'으로 기록되어 있다. '굴등'은 『자산어보』에 나오는 따개비의 속명인 '굴통호(屈桶蠔)'에서 유래한 것으로 보인다. 즉, 따개비를 입이 둥글고 통처럼 생겼다 해서 '통호(桶蠔)'라 쓰고 속명을 굴통호라 기록했다. 따개비란 이름은 어딘가에 '딱' 달라붙어 있는 모양새나 갯바위에 달라붙어 있는 모습이 마치 '딱지'가 앉은 듯 보여 붙인 이름이다.

따개비류의 몸은 삿갓 모양의 단단한 석회질 껍데기에 싸여 있다. 따개비들이 일생을 한자리에 붙어서 산다고 이들의 삶이 정적이고 단조롭다고 생각하면 큰 오산이다. 이들은 공기 중에 노출되면 수분 증발을 막기 위해 껍데기 입구를 꼭 닫은 채 버티다가, 몸이 물에 잠기면 순간적으로 입구를 열어 덩굴같이 생긴 여섯 쌍의 만각(蔓脚)을 휘저어 조류가 배달해 온 플랑크톤을 잡는다.

입구를 열고 닫고, 만각을 뻗어내 휘젓는 일련의 동작들은 상당히 민첩하며 일정한 규칙이 있다. 파도에 물이 밀려오는 방향으로 한 번 휘저은 다음 만각을 180도 돌려 물이 빠져나가는 방향을 향해 다시 휘젓는다. 그냥 대충 휘젓는 게 아니라 만각을 오무렸다 폈다 하는데 이 모양새가 마치 손으로 플랑크톤을 잡아채는 듯 보인다. 따개비의 만각은 따개비의 생물학적 분류에 절대적인 영향을 끼쳤다. 이 만각에 마디가 있어 따개비는 새우나 게와 같은 절지동물로 분류된다.

▷ 몸이 물에 잠기자 따개비가 플랑크톤을 잡기 위해 만각을 휘젓고 있다. 이 만각에 마디가 있어 따개비는 새우나 게와 같은 절지동물로 분류된다.

▽ 검은큰따개비들이 조간대 하부에 무리를 이루고 있다. 따개비류의 몸은
삿갓 모양의 단단한 석회질 껍데기에 싸여 있다.

따개비는 조금 성가신 존재일 수 있다. 물놀이를 마친 후 밖으로 나올 때 날카로운 따개비의 껍데기에 베어 상처를 입을 수 있고, 선박의 밑바닥에 달라붙는 바람에 선체 저항을 높여 선박의 속도를 떨어뜨릴 수도 있기 때문이다. 선박에 따개비가 붙지 못하게 유독 성분이 함유된 선박용 페인트를 사용하기도 했는데 이는 바다를 오염시키는 또 다른 원인이 되어 규제하고 있다.

그러나 먹을거리가 부족하던 시절의 따개비는 고마운 존재였다. 가을걷이 후 봄보리가 날 때까지 굶주리던 '보릿고개' 무렵, 갯바위에 한창 통통하게 살이 오른 따개비는 갯마을 사람들과 삶을 함께 하던 동반자였다. 굶주리던 시절에 먹던 음식들이 지금에 와서는

△ 울릉도를 방문하면 따개비밥을 꼭 맛보라고 권하고 싶다. 굶주리던 시절에 먹던 따개비밥이 이제는 향토 특산식품으로 대접받게 되었다.

향토음식이 되어 향수를 불러오듯이, 이른 봄 남해안 도서지방에서는 갯내음이 시원한 따개비밥과 따개비국이 특산물이 되어 봄나물과 함께 미각을 자극한다.

**거북손**  조간대 하부 바위틈에서 발견되는 자루형의 따개비류로 몸길이는 4센티미터, 너비는 5센티미터 정도이다. 거북손이란 이름은 32~34개의 석회판으로 덮여 있는 머리 부분이 거북의 다리처럼 생긴 데서 유래한다. 지역에 따라 거북다리, 부채손, 검정발, 보찰(寶刹) 등의 이름으로 불린다. 이 중에서

△ 거북손은 조간대 하부나 수분 증발을 막아주는 바위틈에서 살아간다.

△ 거북손은 거북의 다리가 연상되어 이름 붙였다. 지역에 따라서 거북다리, 부채손, 검정발, 보찰 등으로 불리기도 한다.

보찰은 불교에서 극락정토 또는 사찰을 의미한다. 선조들은 바닷속에는 극락 정토를 의미하는 용궁이 있고, 바다거북을 인간세상(차안)과 용궁(피안)을 연결 하는 사신으로 생각했다.

갯바위에 붙은 작은 바다동물에게 보찰, 거북손 등 상서로운 이름을 붙인 것이 흥미롭다. 거북손에 대해 정약전 선생은 『자산어보』에 "오봉(다섯 개의 봉 우리)이 나란히 서 있는데 바깥쪽 두 봉은 낮고 작으나 다음의 두 봉을 안고 있 으며, 그 안겨 있는 두 봉은 가장 큰 봉으로서 중봉을 안고 있다"라며 마치 한 폭의 산수화를 감상하듯 묘사하며 '오봉호(五峯蠔)'라 기록했다.


따개비나 거북손은 번식을 위해 교미를 한다. 평생을 한자리에 붙어서 살아가는 이들은 어떻게 상대를 찾아 교미를 할까? 한몸에 난소와 정소가 있는 자웅동체라는 데 그 답이 있다. 이들은 만각 근처의 교미침이라는 길고 신축성 있는 생식기로 가까운 곳의 개체 몸속에 정액을 넣는다. 이 렇게 교미침이 닿을 수 있는 거리에 있으면 서로 배우자가 될 수 있다.

거북손은 어촌마을의 영양식으로 채집되어 왔다. 독이 없어 날로도 먹 을 수 있는데 『자산어보』에도 맛이 달콤하다고 기록한 것으로 보아 예로 부터 즐겨 먹어왔던 것으로 보인다. 거북손에는 숙신산이라는 성분이 함 유되어 피로 해소에 좋으며 간 기능 회복에도 효과적이다. 거북손을 음식 으로 장만하는 방법은 의외로 간단하다. 깨끗한 물에 씻은 다음 솥에 넣 고 10분 정도 삶는다. 삶은 거북손의 머리 부분과 자루 부분을 양손으로 잡고 살짝 눌러 꺾으면 하얀 속살이 '톡' 튀어나온다. 속살을 씹으면 짭조 름한 맛과 어우러진 쫄깃한 식감이 일품이다. 삶아서 그대로 먹기도 하지

만 찜, 무침, 된장찌개, 뚝배기의 식재료로도 널리 사용된다. 거북손을 삶은 물은 시원한 감칠맛이 있어 국물 요리에 활용하기 좋다.

거북손은 우리나라 해안에서 흔하게 발견되지만, 스페인에서는 페르세베스(Percebes)라고 부르며 귀한 음식재료로 고가에 거래된다. 스페인 사람들이 얼마나 거북손에 매료되었는지는 스페인 북서부 갈리시아 지방에서 매년 8월에 열리는 '거북손 축제'를 통해서도 알 수 있다. 이들은 거북손을 '바다에서 건진 절대 미각'으로 부른다. 그런데 한 움큼에 우리 돈으로 20만 원 정도에 거래된다니 큰맘 먹지 않고는 맛볼 수 없을 듯하다.

△ 인심 좋은 어촌마을을 찾았을 때다. 주문한 음식을 기다리는데 식당 주인이 입맛이나 다시라며 한 접시 가득 거북손을 내왔다. 거북손을 먹는 방법은 간단하다. 두 손으로 머리 부분과 자루 부분을 각각 잡고 살짝 눌러 꺾으면 하얀 속살이 '톡' 튀어나온다.

# ● 새우

전 세계적으로 2,500여 종에 이르는 새우는 작은 물고기에서 고래에 이르기까지 수많은 바다동물뿐 아니라 인간에게도 귀중한 식량자원이다.

몸은 머리, 가슴, 배의 3부분으로 나뉘며 다리가 열 개여서 게나 집게와 같은 절지동물문 십각목에 속한다. 많은 종의 새우가 능숙하게 헤엄쳐 다니지만 연안의 암초지대에서 관찰되는 새우는 거의 기어 다니는 종이다.

헤엄치는 새우를 쉽게 볼 수 없는 것은 주로 먼바다에서 살기 때문이다. 헤엄치는 새우는 꼬리와 배의 근육을 수축시키며 앞으로 나아가는데 위급할 때는 배를 굽혔다 펴는 동작을 반복하며 재빠르게 뒤로 물러날 수도 있다. 뒤로 물러나는 새우의 특성은 기어 다니는 새우에게도 발견된다. 다양한 종의 새우 중 우리에게 익숙한 것으로는 대하, 중하, 젓새우, 보리새우, 닭새우 등이 있다.

△전 세계적으로 2,500여 종에 이르는 새우는 다리가 열 개여서 절지동물문 십각목에 속한다.

**닭새우** 머리 부분이 닭의 볏을 닮았다고 해서 닭새우다. 영어명은 랍스터이며 커먼랍스터(Common lobster)와 스피니랍스터(Spiny lobster)로 구분된다. 스피니랍스터는 제주도 등 우리나라 남해안에서 발견되는 종으로 큰 집게발이 없고 등 껍질과 더듬이 아래쪽으로 날카로운 가시돌기가 있어 가시를 뜻하는 Spiny가 붙었다. 커먼랍스터는 집게발이 두 개 있으며 메인랍스터(Main lobster)라고도 한다. 큰 집게발은 먹이가 되는 조개류 등의 딱딱한 패각을 부수는 데 사용하고 작은 집게발은 먹이를 잘라서 입으로 가져가는 데 사용한다. 닭새우는 갑각류 중에서 몸집이 가장 크며 동서양을 막론하고 우수한 바다의 식량자원으로 대접받는다.

**대하** 보리새우류 중에서 가장 크다. 몸의 길이가 27센티미터 안팎으로 서해의 어족자원 중 최고급이다. 새우는 허리를 구부린 모습이 노인과 닮았다 해서 '해로(海老)'라 불렀는데 대하(大蝦)는 다른 새우보다 훨씬 수염이 길어 '바

◁ 닭새우는 랍스터라는 이름으로 더 잘 알려져 있다. 날카로운 가시가 있는 스피니시랍스터가 바위틈에 몸을 숨기고 있다.
▷ 대하는 보리새우류 중에서 가장 큰 새우로 왕새우라는 별칭으로도 불린다.

다의 어른'이라 부르기도 한다. 새우의 수염은 촉수 역할을 한다. 중국 민간에서는 "혼자 여행할 때는 새우를 먹지 말라"고 했다. 새우가 양기를 더해주는데 혼자 여행할 때 먹어봤자 무용지물이라는 뜻이다. 실제로 한방에서는 새우를 신장을 강하게 해주는 강장식품으로 여긴다.

**딱총새우** 몸길이 약 5센티미터의 작은 새우로 눈이 갑각 앞면에 덮여 있어 시력이 거의 없다. 딱총새우는 포식자로부터 위협받을 때 비대칭적으로 큰 집게발의 가동지, 부동지, 플런저 구조를 이용해 소리를 낸다. 이때 딱총을 쏠 때처럼 '딱' 소리가 난다고 해서 붙인 이름이다. 그 소리를 총소리에 비유해 영어명은 스내핑 슈림프(Snapping shrimps) 또는 바다 총잡이(Gunmen of the sea)이다.

◁ 딱총새우는 비대칭적으로 큰 집게발의 가동지, 부동지, 플런저 구조를 이용해 '딱' 소리를 낼 수 있다.
▷ 시력이 거의 없는 딱총새우는 문절망둑과 공생관계에 있다. 문절망둑은 먹이사냥에 나서고, 딱총새우는 함께 살 수 있는 보금자리를 만들기 위해 바닥에 구멍을 판다.

**말미잘새우**  말미잘과 공생관계에 있는 말미잘새우는 말미잘 촉수의 독에 면역되어 함께 살아갈 수 있다.

**젓새우류**  4센티미터 안팎의 작은 새우로 젓갈을 담그는 데 사용된다. 새우젓은 육젓과 추젓이 유명하다. 육젓은 음력 6월에 잡은 새우로 담근 것으로 담백하고 비린내가 적어 새우젓 중 최고로 꼽힌다. 추젓은 음력 8월에 잡은 새우로 담근 것으로 김장용 젓갈에 많이 사용된다. 토하젓은 민물새우로 담근 것을 말한다.

흔히 새우젓은 돼지고기와 음식궁합이 맞다고 한다. 우리가 지방을 먹으면 췌장에서 나오는 리파아제라는 지방 분해효소가 작용한다. 새우젓에는 리파아제가 다량 함유되어 있어 지방 성분이 많은 돼지고기를 소화시키는 데 도움을 준다.

◁ 말미잘 촉수 사이를 주의 깊게 살피면 말미잘새우를 발견할 수 있다.
▷ 젓새우류로 담근 새우젓이 시장에 출하되어 있다. 새우젓은 김장용 젓갈뿐 아니라 우리 식문화에 두루 사용된다.

1 끄덕새우 산호초 지대에서 흔하게 발견되며 머리를 아래위로 끄덕이는 행동에서 이름을 붙였다.

2 만티스새우 따뜻한 바다에 분포하며, 앞발을 세우고 있는 모습이 사마귀(만티스)를 닮아 붙인 이름이다. 이들은 침입자가 나타나면 권투 선수가 주먹을 날리듯 곤봉처럼 생긴 앞발을 뻗는데 그 파괴력이 엄청나다. 만티스새우가 조개를 사냥할 때 조개에 앞발을 뻗는데 얼마 안 가 패각이 깨지고 만다.

3 매미새우 열대 해역에서 발견된 매미새우의 모습이다. 생긴 모양이 매미를 닮아 붙인 이름이다.

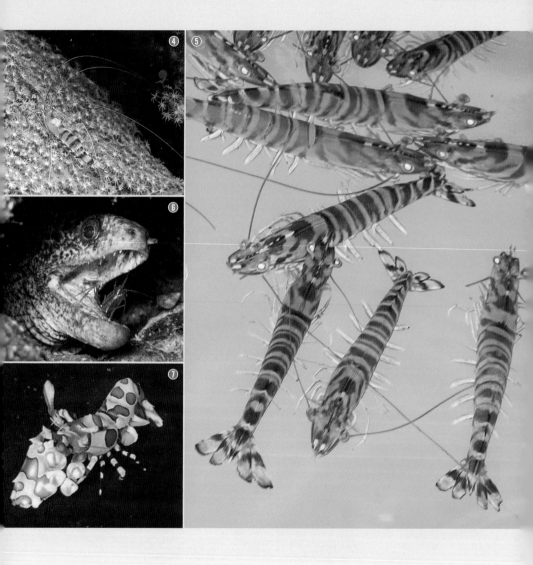

4 산호새우 산호새우류는 산호초 지대에서 흔히 볼 수 있으며, 몸빛이 화려하다. 이들은 산호나 말미잘 속에 살며 이곳을 찾는 물고기들에게 청소 서비스를 제공할 뿐 아니라 산호나 말미잘에 붙어 있는 성가신 찌꺼기 등을 처리해준다. 이러한 이유로 산호새우류를 청소새우류라고 부르기도 한다.

5 보리새우 호랑이 줄무늬에 꼬리 부분이 선명한 노란색이다. 보리새우라는 이름은 이 꼬리 부분의 색이 들판을 노랗게 물들이는 보리를 닮아 붙였다. 보리새우를 '오도리'라 부르기도 한다. 이는 일본말로 춤을 춘다는 의미로, 보리새우를 잡아두면 한동안 펄떡펄떡 뛰어오르는 것에 비유한 말이다.

6 청소새우 야간 다이빙 중 발견한 청소새우의 모습이다. 곰치의 입안을 청소하고 있다.

7 할로퀸새우 몸에 새겨진 무늬가 기괴해서 할로퀸이란 이름이 붙었다. 수중 사진가들에게 인기가 있는 종이다.

# ●
# 쏙

　쏙은 절지동물 십각목에 속하는 갑각류로, 구각목(口脚目)인 갯가재로 잘 못 보기도 하지만, 갯가재보다 작고 외골격의 석회도가 낮아 조금 물렁물렁하다.

　쏙은 갯벌에 구멍을 뚫고 들어가 산다. 머리를 구멍 밖으로 내밀고 있다가 인기척을 느끼면 구멍 속으로 '쏙~' 들어가 버린다. 쏙~ 들어가 버린 쏙은 잡아내기가 힘들다. 구멍이 30센티미터 이상으로 깊은데다 여간 해서는 구멍 밖으로 몸을 내밀지 않기 때문이다.

　그런데 쏙은 텃세가 강해 영역을 침범당했다고 생각하면 공격적이 된다. 쏙을 잡아 올릴 때는 이런 습성을 이용한다. 쏙이 살 만한 구멍에 된장 푼 물을 흘려 넣으면 쏙이 무슨 일인가 싶어 구멍 입구 쪽으로 올라온다. 이때 개털로 만든 가는 붓을 밀어 넣

△ 쏙은 재래시장에서 흔하게 볼 수 있는 수산물이다.

△ 갯벌에서 한 아낙이 붓자루로 쏙을 잡고 있다.

으면 쏙은 자신의 영역을 침범 당했다고 생각하고 집게다리로 이를 움켜
쥔다. 이때 붓자루를 잡아당기면 쏙이 구멍에서 '쏙~' 빠져나온다. 구멍
속으로 '쏙' 들어간 쏙이 '쏙~' 잡혀 나오니 쏙이라 이름 붙인 듯하다. 쏙
이 구멍 속으로 귀신같이 몸을 숨긴다 하여 영어명은 고스트슈림프(Ghost
shrimp)이다.

# 집게

　포식자의 공격을 막아내기 위해 자신의 신체 구조를 이용하는 종이 더러 있다. 바다거북은 견고한 등딱지 속에 몸을 숨기고, 바다가재 같은 갑각류나 조개 무리는 몸을 지키기 위해 단단한 껍데기를 지니고 있다. 어류 중에도 비늘이 변형된 딱딱한 외피를 덮어쓴 종도 발견된다. 그런데 이 종들이 자기 몸을 기능적으로 변형하거나 적절하게 이용한다면, 집게는 자기 몸이 아닌 고둥 껍데기 속에 들어가 살면서 스스로를 보호한다.

　집게가 자기 몸집만 한 고둥 껍데기를 짊어지고 다니는 것을 영어권에서는 은둔자라는 의미를 붙여 허미트크래브(Hermit crab)라 한다. 집게가 고둥 껍데기에 의존하는 것은 비록 갑각류이지만 배와 꼬리 부분에 갑각이 없어 말랑말랑한 살이 노출되어 있기 때문이다. 이들은 몸집이 커지면 살던 집을 버리고 좀 더 큰 껍데기를 찾아나선다. 마치 사람들이 집을 늘려 이사 가는 것과 같다. 그런데 모든 집게들이 입맛대로 들어가 살 수 있을 만큼 고둥 껍데기가 충분치 못하다. 그래서 마음에 드는 고둥 껍데기 속에 이미 다른 집게가 살고 있으면 큰 집게발로 시위를 벌여 상대의 기를 꺾은 다음 끌어내기도 한다. 강자의 위세와 협박에 집을 빼앗긴 약자

△ 집게는 배와 꼬리 부분의 말랑말랑한 살을 보호하기 위해 자기 몸집만 한 딱딱한 고둥 껍데기를 짊어지고 다닌다.

△ 바위틈에 몸을 숨긴 집게가 주변을 경계하고 있다.

는 노출된 몸을 재빨리 숨겨야 한다. 그래서 상대가 버린 껍데기에 몸을 맞춰보고 대충 맞으면 감지덕지하게 짊어지고 총총히 사라진다.

집게 중에는 껍데기 위에 작은 말미잘을 짊어지고 다니는 부류도 있다. 이는 서로에게 이득을 주는 상리공생 관계이다. 집게 입장에서는 무성한 말미잘 촉수로 자신을 숨길 뿐 아니라 촉수에 있는 자세포를 방어용 무기로 사용할 수도 있다. 말미잘 입장에서도 손해 볼 것은 없다. 기동력이 있는 집게의 등을 타고 다니는 격이니 위험하거나 마음에 들지 않는 환경에서 쉽게 벗어날 수 있고, 고착생활을 하는 다른 말미잘에 비해 먹이사냥에 유리하기 때문이다. 말미잘을 짊어지고 다니는 집게를 말미잘집게라고 한다.

◁ 위협을 느낀 집게가 고둥 껍데기 속으로 몸을 숨긴 후 집게발로 입구를 막고 있다.
▷ 집게 중에는 말미잘을 등에 짊어지고 다니는 종도 있다. 이는 서로에게 이득을 주는 상리공생 관계이다.

## 야자집게

집게라 하면 보통 손가락 크기의 작은 개체를 생각하지만 집게 중에는 7킬로그램이 넘는 무게에 다리를 폈을 때의 크기가 1미터에 이르는 종도 있다. 바로 야자나무에 기어오르고 야자 열매류를 주식으로 하는 '야자집게'가 주인공이다.

야자집게는 땅 위에서 교미를 하고 암컷은 만조에 맞춰 바닷가에서 부화를 한다. 부화된 알은 바닷물에 휩쓸려 들어가 바닷속에서 유생기를 지낸다. 유생기 때는 말랑말랑한 배와 꼬리 부분을 보호하기 위해 다른 집게처럼 고둥 껍데기에 의존하지만 성체가 되기 전에 바다를 떠나야 한다. 덩치가 너무 커지면 바닷속에서 자신의 몸을 숨길 만한 고둥 껍데기를 찾을 수 없기 때문이다.

땅 위로 올라온 야자집게는 급속도로 덩치가 커지며 얼마 못 가 수중생활의 기능을 잃는다. 이후부터는 몸을 보호하기 위해 땅을 파고 굴이나 바위 구멍을 둥지로 삼거나 야자나무 위로 올라가 몸을 숨긴다.

△야자집게는 집게류 중 가장 큰 종으로 다리를 폈을 때의 크기가 1미터에 이르기도 한다.

# 자포동물

전 세계적으로 10,000여 종이 있다. 입만 있고 속이 비어 있어 강장동물에 속했지만 강장동물이 유즐동물문과 자포동물문으로 나뉘면서 독립되었다. 여기에서 자포란 가시가 있는 세포를 뜻한다. 자포동물의 가장 큰 특징은 외부의 위협이나 먹이사냥에 대상 생물을 독이 있는 자포를 쏜다는 점이다. 자포동물은 고착생활을 하거나 부유생활을 하는 산호충강, 해파리충강, 히드로충강의 3개 강으로 나뉜다.

● **산호충강** : 촉수의 수에 따라 팔방산호충류와 육방산호충류로 나뉜다. 팔방산호충류는 일반적으로 연산호를 가리키며 수지맨드라미류와 고르고니언산호류가 속한다. 육방산호충류는 경산호를 가리키며 말미잘과 사슴뿔산호류가 속한다.

● **해파리충강** : 강장과 자세포가 있는 종을 가리킨다. 여기에는 식용이 가능한 것에서부터 바다의 말벌이라 불리며 맹독의 자포를 지닌 종에 이르기까지 200여 종이 있다.

● **히드로충강** : 폴립형과 해파리형이 있으며 세계적으로 3,600여 종이 알려졌다. 히드로충목, 히드로산호목, 경해파리목, 관해파리목이 속한다.

# 말미잘

아네모네란 꽃이 있다. 봄바람을 타고 잠깐 피었다가 스쳐가는 바람결에 지고 마는, 화려하지만 연약한 꽃이다. 그리스 신화의 미와 사랑의 여신 아프로디테(로마 신화의 비너스)는 자신의 아들 에로스(로마 신화의 큐피터)의 화살을 맞고 아도니스라는 청년과 사랑에 빠진다. 신과 인간의 부질없는 사랑은 결국 아도니스의 죽음으로 막을 내리고 슬픔에 젖은 아프로디테는 아도니스의 몸에서 흘러나오는 피에 생명을 넣어 아네모네 꽃을 피웠다. 여기서 아네모네는 그리스어의 아네모스(anemos/ 바람)가 어원이다.

말미잘(산호충강 육방산호아강 해변말미잘목에 속하는 자포동물의 총칭)의 영어명은 시 아네모네(Sea Anemone)이다. 말미잘이 무성한 곳을 찾으면 바닷물의 흐름에 하늘거리는 촉수의 화려함이 마치 한 떨기 꽃을 보는 듯하다. 그러나 말미잘은 입과 항문이 하나인 자포동물의 일종이며, 화려한 촉수는 지나가는 작은 물고기를 유혹하여 사냥하는 도구이다. 그런데 화려한 촉수를 뽐내다가도 위험을 느끼면 순식간에 촉수를 강장 속으로 감추고 뭉텅한 원통형의 몸통만 남긴다. 촉수가 사라진 말미잘은 아무런 매력이 없다.

다시 말미잘의 화려함을 보려면 기다림의 인내가 필요하다. 어느 정도 거리를 두고 기다림의 시간을 보내고 나면 강장 속에 숨어 있던 촉수들이 하나둘씩 모습을 드러내며 말미잘은 새롭게 활짝 피어난다. 말미잘 촉수가 화려하고 매력적이라 해서 함부로 건드렸다가는 혼쭐이 난다. 이 촉수들에는 독을 지닌 자포가 있어 침입자나 먹잇감이 접근하면 총을 쏘듯 발사하기 때문이다. 자포가 지닌 독성은 작은 물고기를 즉사시킬 정도인데 사람도 피부에 직접 닿으면 피부 발진이 생기며, 심한 경우 호흡곤란 등으로 오랜 기간 동안 고통을 겪는다. 말미잘의 화려함에 유혹되어 잘못 건드렸다가 고생하다 보면 아네모네의 꽃말 '사랑의 괴로움'을 실감하게 된다.

△ 말미잘이 무성한 곳을 찾으면 물의 흐름에 하늘거리는 촉수의 화려함이 바람결에 흔들리는 꽃잎을 보는 듯하다.

그런데 바다생물 이름의 유래를 살피다가 동서양 문화권의 시각 차이를 발견하면 굉장히 흥미롭다. 말미잘만 해도 그러하다. 서구에서 말미잘을 바람결에 지고 마는 연약한 꽃에 비유했다면 우리나라에서는 말미잘을 항문에 비유했다.

『자산어보』에는 말미잘이 항문을 닮았다고 묘사하며 '미주알(未周軋)'로 표기했다. 『자산어보』에 등장하는 생물의 표기가 그 시대의 우리말 소리를 한자로 음을 빌려 옮긴 것임을 생각해보면 말미잘 이름은 미주알에서 유래했음이 분명하다. 미주알의 국어사전 뜻풀이는 '똥구멍을 이루는 창자의 끝부분'이다. 그래서 아주 하찮은 것까지 캐묻는 것을 "미주알 고주알 캐묻는다"라고 한다.

△ 말미잘은 작은 위험이라도 감지되면 강장 속으로 촉수를 거두어들인다. 촉수가 말려들어간 부분을 내려다보면 항문을 닮았다.

말미잘 이름을 항문에서 따온 것은 말미잘이 평소에 촉수를 뻗고 있다가도 작은 위협이라도 감지되면 순식간에 촉수를 강장 속으로 거두어들이는 모양새 때문이다. 말미잘 촉수가 사라지고 나면 뭉텅한 원통형의 몸통과 촉수가 쑥 들어가 버린 구멍만 남는데 이때 촉수가 말려들어간 부분을 내려다보면 항문을 닮았다. 그런데 항문을 닮긴 했는데 차마 사람의 그것에 비유할 순 없었나 보다.

여기에서 선조들의 해학이 묻어난다. 선조들은 사람의 신체에 비유하기 곤란하거나 조금 큰 것을 지칭할 때 '말'이라는 접사를 붙이곤 했다. 그래서 항문을 뜻하는 미주알 앞에 '말' 자를 붙여 말미주알이라 부르던 것이 축약되며 말미잘이 되었다.

# 산호

산호는 산호충이라 불리는 작은 동물로 구성되어 있는 군체(群體)이다. 산호충은 입 부분에 폴립(Polyp)이라 부르는 수없이 많은 작은 촉수들을 이용하여 동물플랑크톤을 잡아먹는다. 폴립은 그리스어로 '많은 다리'를 뜻한다. 전 세계적으로 분포하고 있는 2,500여 종의 산호들은 폴립의 성질에 따라 다양한 모양과 색을 띤다.

산호는 크게 경산호와 연산호로 나뉜다. 경산호는 촉수 여섯 개를 기준으로 두 배, 세 배로 늘어나 육방산호류로, 연산호는 촉수가 여덟 개 또는 8의 배수이므로 팔방산호류로 분류한다. 제주도를 비롯한 우리나라 근해에서 색이 화려한 연산호는 흔히 볼 수 있지만, 경산호는 거의 볼 수 없다. 연산호는 수온에 대한 관용도가 높은 반면, 경산호는 연중 수온이 20도 이상 되어야 살 수 있기 때문이다. 제주도와 남해안 해역은 쿠로시오 난류의 영향으로 따뜻하긴 해도 경산호가 살 수 있을 정도의 수온 조건에는 미치지 못한다. 사실 촉수의 수로 연산호와 경산호를 구별하는 것은 전문적이라 할 수 있다. 일반적으로는 몸을 둘러싼 딱딱한 골격(외골격)이 있느냐 없느냐로 구별한다.

▽ 산호는 종류만 해도 2,500여 종에 이른다. 이들은 폴립의 성질에 따라 다양한 모양과 색을 띠며, 대체로 수면 바로 아래에서부터 30미터 이내의 비교적 얕은 수심에서 살아간다.

△ 산호는 대개 야행성이다. 밤이 되면 폴립을
활짝 펼치고 먹이사냥에 나선다.

연산호 무리는 부드러운 작은 가시 같은 것이 몸을 받치고 있어 약간 무르지만, 경산호는 석회질로 된 골격이 몸 바깥을 둘러싸고 있어 딱딱한 편이다.

연산호는 고르고니언산호류와 수지맨드라미류로 나뉜다.

고르고니언산호류는 군체 중심에 단단한 골축이 있지만 수지맨드라미류는 물렁물렁한 육질만으로 구성되어 있다. 해송·부채산호·회초리산호 등이 고르고니언산호류에 속한다. 경산호류에는 생긴 모양에 따라 사슴뿔산호·가지산호·뇌산호·테이블산호 등이 있다.

**부채산호**  수중 절벽 등에 부착해서 자라며, 대형종인 경우 크기가 3미터 이상이 되기도 한다. 폴립을 활짝 벌리고 먹이사냥을 하다가 위협을 느끼면 산호가지에서 폴립을 거두어들인다. 산호가지를 활짝 벌리고 있는 모양새가 큰 부채처럼 보여 부채산호 또는 시팬(Seafan)이라 이름 붙였다.

△ 연산호로 분류되는 부채산호는 가지를 활짝 펼친 모양이 큰 부채처럼 보인다.

**수지맨드라미** 땅 위의 맨드라미 꽃처럼 예뻐서 붙인 이름이다. 예쁘기로는 동물인 수지맨드라미가 식물인 맨드라미 꽃보다 오히려 낫다. 청출어람이 따로 없는 셈이다. 제주도 서귀포 앞바다는 수지맨드라미의 세계적인 서식지이다. 문화재청은 2004년 12월 9일 제주도 송악산 및 서귀포시 앞바다 2,800만 평의 '제주도 연산호 군락지역'을 천연기념물 제442호로 지정했다. 바닷속에 있는 생물의 군락지가 천연기념물로 지정된 것은 처음이다. 이곳 연산호 군락지에는 한국산 산호충류 132종 가운데 92종이 서식하고 있는데, 이 중 66종은 제주 해역에만 있는 특산종이다.

△ 수지맨드라미는 육상식물인 맨드라미 꽃처럼 예뻐서 붙인 이름이다.

**해송** 높이가 2~3미터에 이르는 대형종으로 연산호 중 고르고니안산호류로 분류된다. 이들에 해송(海松)이라는 이름이 붙은 것은 일반적인 연산호류와 달리 군체(群體)가 나뭇가지 모양으로 가늘게 나뉘어 있는데, 그 모양새가 가지

◁ 해송은 그 모양새가 가지를 늘어뜨린 소나무를 닮았다.
▷ 긴가지해송은 해송과 전체적인 형태는 거의 같지만 잔가지의 엽상체가 12밀리미터 이상에서 42밀리미터에 이르러 길고 날씬하게 보이지만 전문가가 아니면 쉽게 구별하기 어렵다. 일반적으로 해송이나 긴가지해송 모두 해송으로 부른다.

를 늘어뜨린 소나무를 닮았기 때문이다. 중심의 골축(骨軸)은 검고 광택이 있으며 그 위에 흰색 또는 담홍색의 육질부로 덮여 있다. 골축이 마르면 강한 목재보다 더 견고하고 잘 마모되지 않는다. 몸에 지니면 건강을 지켜준다는 속설로 단추, 브로치, 도장, 담뱃대, 반지, 지팡이 등의 세공품 재료로 이용되어왔다. 비교적 깊은 수심에 서식하여 예전에는 태풍이 지나간 후 해변으로 떠내려온 것을 주워서 가공하는 것이 전부이다시피 했는데, 비싸게 거래되자 남획이 이루어져 멸종위기를 맞기도 했다. 이를 방지하기 위해 2005년 천연기념물 제456호(해송)와 제457호(긴가지해송)로 각각 지정하여 보호하고 있을 뿐 아니라 국제적 멸종위기종(CITES II급), 환경부 멸종위기 야생동식물 II급으로 지정되었다.

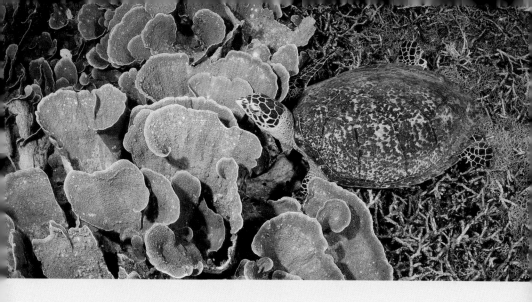

1 회초리산호 생긴 모양이 회초리처럼 가늘고 길어서 붙인 이름이다.

2 갯산호 손가락 모양을 닮았다. 크게 자라면 기둥 모양이 된다.

3, 4 가지산호 얕은 수심의 산호초에서 가장 흔히 볼 수 있는 경산호류로, 모양이 나뭇가지를 닮았다. 사슴뿔산호와 모양이 닮았지만 가지의 굵기와 길이는 이에 미치지 못한다.

5 뇌산호 둥근 돌 같은 개체에 구불구불한 홈이 새겨 있는 모양새가 포유류의 뇌와 비슷하다 하여 붙인 이름이다.

6 사슴뿔산호 경산호류 중 가장 큰 산호로 생긴 모양이 사슴 뿔을 닮았다.

7 양배추산호 배추 잎처럼 옆으로 펼쳐져 있어 붙인 이름이다. 양배추산호가 군락을 이룬 곳을 관찰할 때는 조심해서 움직여야 한다. 두께가 얇아 약간의 충격에도 부서지기 쉽기 때문이다.

8 테이블산호 짧은 가지가 옆으로 뻗어 있는 모양이 둥근 테이블 같아 붙인 이름이다.

## 보석으로서의 산호

산호는 우리나라에서는 마음을 진정시키고 눈을 맑게 해주는 민간 처방으로, 고대 중국과 인도에서는 콜레라 예방약으로, 로마에서는 어린이의 이를 튼튼하게 해주는 천연재료로 사용되어 왔으며, 현대에 와서는 에이즈 치료제로 연구되고 있다.

이러한 약용 외에도 산호는 진주와 함께 바다의 보석으로 사랑을 받고 있다. 보석으로 가공되는 산호는 심해에서 자라는 빨간색과 분홍색 산호가 주종이다. 산호로 만든 보석은 3월의 탄생석으로 총명과 용기를 상징한다. 우리나라에서는 진한 붉은색 산호로 만든 옥스블러드(Oxblood)를 최고로 여기지만, 유럽에서는 분홍색 산호로 만든 에인절스킨(Angelskin)이 인기가 있다.

# 산호초

산호초는 왜 열대 바다에서만 볼 수 있을까?

산호초는 활발한 생명활동을 진행하는 경산호들로 형성되어 있다. 생명활동을 벌이는 경산호 아래로는 생명활동을 마친 경산호의 석회질 외골격이 오랜 세월 동안 겹겹이 쌓여 산호초를 형성한다. 산호초 형성의 기본이 경산호이다 보니 산호초는 경산호의 생명 조건인 연중 수온이 20도 이상인 곳에서만 형성된다. 지구상에서 연중 수온이 20도 이상 유지되는 곳은 열대 바다뿐이다.

산호초를 구성하는 무수한 산호 폴립에는 산호와 공생관계에 있는 바닷말류 주산텔라가 광합성으로 영양물질과 산소를 만들어내며 바닷속 기초생산자 역할을 맡는다. 지구 전체 바다에서 산호초가 차지하는 면적은 0.1퍼센트도 안 되지만, 바다생물의 4분의 1이 이곳에서 어우러져 살아간다. 또한 사람이 먹는 물고기의 20~25퍼센트가 산호초 부근에서 잡히는 것으로 알려져 있으며, 쓰나미나 태풍으로 인한 해일로부터 연안을 지키는 천연 방파제 역할도 하고 있다.

산호초가 형성되는 과정의 신비를 처음으로 밝힌 사람은 찰스 다윈이

△ 산호초는 경산호가 살 수 있는 조건인 연중 수온 20도 이상인 곳에서만 이루어진다. 산호초는 바다생물의 보금자리이자 훌륭한 관광자원이기도 하다.

다. 다윈은 비글호를 타고 전 세계를 탐험하면서 다양한 열대 산호초 지역을 관찰했으며, 1842년 이와 관련한 최초의 연구서인 『산호초의 구조와 분포The Structure and Distribution of Coral Reefs』를 발표했다. 다윈은 산호초를 거초(Fringing reef), 보초(Barrier reef), 환초(Atoll)의 세 가지로 구분하며 그 생성 과정을 밝혀냈다.

거초는 섬의 둘레 얕은 곳에 퍼져 붙어 있는 것이고, 보초는 연안과 평행하게 놓여 있지만 육지와는 멀리 떨어져 육지를 에워싸고 넓게 퍼져 있는 것이며, 환초는 섬이 가라앉고 그 둘레에 남아 있는 것이다. 다윈은 육지가 천천히 융기할 때 거초가 생기는 반면, 보초와 환초는 침강할 때 형성된다는 결론에 도달했다.

△ 거초                    △ 보초                    △ 환초

# 해파리

막바지 무더위가 기승을 부릴 무렵, 우리 연안은 해파리 떼의 침공으로부터 자유롭지 못하다. 육상의 오염물질이 장맛비에 실려 한꺼번에 바다로 흘러들고 수온이 높아지면서 연안 환경이 해파리가 번식하기 좋은 조건으로 변한 탓이다.

해파리는 촉수에 맹독 성분의 자포가 있어 자포동물로 분류되지만 자체 운동능력이 부족해 플랑크톤(Plankton/ 그리스어의 '방랑자'라는 말에서 유래. 스스로 운동능력이 없거나 미약하여 수동적으로 움직이는 생물)류에 포함되기도 한다. 대개의 플랑크톤이 현미경으로 관찰할 정도의 작은 크기임을 고려할 때 해파리는 엄청난 덩치의 플랑크톤이라 할 만하다.

그런데 플랑크톤에 지나지 않는 해파리로 많은 사람들이 고통을 겪는다. 매년 통계를 보면 전 세계적으로 상어에 의한 사망자 수보다 해파리에 쏘여 사망하는 사람이 더 많다고 한다. 이는 해파리가 스스로 움직일 수 있는 운동능력이 부족한 탓이 크다. 해파리 입장에선 바로 앞에 떠 있는 사람을 피해 가고 싶어도 그럴 수가 없다. 그저 물살에 따라 둥둥 떠다니다가 촉수에 무언가 걸리는 느낌이 들면 본능적으로 독이 있는 자포를

△ 여름철 우리나라 연안은 해파리의 침공으로 몸살을 앓는다. 사진은 해운대 해수욕장으로 밀려드는 해파리의 모습이다.

쏠 뿐이다.

  조선시대 실학자 정약전 선생은 『자산어보』에 해파리를 중국식 한자어로 '해타(海鮀)', 속명으로는 '해팔어(海八魚)'라고 적고 있다. 정약전 선생은 바다생물 이름을 기록할 때 그 시대의 발음과 비슷한 한자어로 속명을 함께 기록했다. 이때 아무 한자나 사용하지 않고 기왕이면 뜻이 통하는 한자어를 골라서 사용했다. 그렇다면 정약전 선생이 관찰한 해파리는 어떤 종이었을까. 『자산어보』에는 "큰 것은 길이가 5, 6자이고 너비도 이와 같다. 머리와 꼬리가 없고, 얼굴과 눈도 없다. 몸은 연하게 엉기어 수(酥)와 같고, 모양은 중이 삿갓을 쓴 것 같으며, 허리에 치마를 입어 다리에 드리워서 헤엄을 친다. 삿갓 차양 안에는 무수한 짧은 머리가 있고 그 밑은 목과 같고 갑자기 넓어져서 어깨와 같고 어깨 밑은 갈라져서 네 다리로 되고, 갈 때에는 다리를 붙여서 합친다. ……육지 사람들은 모두 삶아서 먹거나 회를 만들어 먹는다"고 해파리를 자세히 묘사하면서 크기가 크며 먹을 수 있다고 했다.

이 기록으로 미루어볼 때 정약전 선생이 관찰한 해파리는 대형종인 노무라입깃해파리일 가능성이 높다. 식재료로는 숲뿌리해파리가 더욱 널리 사용되지만 크기가 5~6자라는 묘사에서 노무라입깃해파리에 더 무게감이 실린다. 노무라입깃해파리와 숲뿌리해파리는 팔(腕)이 8개이다. 팔이 8개가 있다는 점이 정약전 선생이 해파리를 기록할 때 팔(八) 자를 사용한 이유가 되지는 않았을까?

해파리의 특성에 연유한 이름으로는 중국 명나라 때 이시진이 지은 약학서 『본초강목』의 '수모(水母)'를 들 수 있다. 조선 후기 실학자 서유구는 「전어지」에 해파리를 '물알'이라는 한글 이름으로 소개했다. 「전어지」가 중국 등의 서적 900여 권을 인용했다는 점에서 물알은 『본초강목』에 등장하는 수모를 우리말로 뜻풀이한 것으로 생각해볼 수 있다. 서양에서는 해파리 몸을 구성하는 젤라틴 성분에 빗대어 젤리피시(Jelly fish)라고 이름 지었다.

해파리는 식용이 가능한 것에서부터 맹독을 지닌 종까지 200여 종이 있다. 우리나라 근해에서 발견되는 해파리에는 독성이 강한 노무라입 깃해파리와 원양커튼해파리에서부터 독성은 약하지만 대규모로 발생하여 어민들에게 피해를 주는 보름달물해파리, 식용이 가능한 숲뿌리해파리 등 종이 다양하다. 바다생물 독 중에서 가장 맹렬한 것으로 알려진 입방해파리(상자해파리)는 전 세계적으로 19종이 분포한다. 이들은 일반 해파리와는 별도로 상자해파리강(Cubozoa)으로 분류된다. 다음은 대표적인 해파리들의 이름 유래이다.

**노무라입깃해파리** 여름철 우리나라 연안에 출현해 큰 피해를 주는 해파리로 머리 지름이 2미터에 달하는 초대형종이다. 반구형 갓에서 나온 구완(해파리류의 입, 네 귀퉁이가 길게 늘어나서 형성되는 팔 모양의 구조)과 구완에서 나온 실 모양의 촉수는 흰색이거나 짙은 갈색이다. 촉수는 갓 지름의 3~4배 길이로, 긴 것은 5미터가 넘는다. 촉수에는

△노무라입깃해파리는 머리 지름이 2미터에 달하는 초대형종이다. 촉수에는 강한 독이 있어 위험한 종으로 분류된다.

맹독을 지닌 자포가 있어, 작은 물고기들이 접근하다가 자포에 쏘이면 죽거나 마비되어 해파리의 먹이가 되고 만다. 무리 지어 해수욕장으로 몰려온 노무라입깃해파리는 해수욕객들에게 상처를 준다. 이들이 대량으로 번식해 정치망 어장에 들어가 함께 잡힌 어류들에 자포를 쏘는 바람에 신선도가 떨어진다. 이들 몸의 94~98퍼센트가 물로 이루어져 그 무게 또한 만만치 않아 어민들에게 골칫거리이다. 대형 해파리인 경우 무게가 200킬로그램이 넘는데 몇 마리만 걸려들어도 그물을 걷어 올리기가 힘들다. 노무라입깃해파리라는 이름은 이 해파리를 발견한 일본인 '노무라 칸이치'에서 따왔다. 일본에서는 발견지인 '후쿠이' 현 '에치젠' 이름에서 따와 '에치젠쿠라게'라고 한다.

◁ 강한 독이 있어 위험한 바다동물로 분류되는 노무라입깃해파리이지만 이들과 함께 살아가는 어류도 있다. 이들은 해파리 독에 면역이 된 것으로 보인다.
▷ 노무라입깃해파리가 나타나자 볼락 치어들이 해파리를 피해 달아나고 있다. 해파리는 작은 물고기들을 자포로 쏜 후 포식한다.

**숲뿌리해파리** 함수율 94~98퍼센트, 나머지는 한천질 단백질로 구성되어 있는 해파리는 예로부터 우리나라를 비롯한 동양에서 고급 식자재로 이용해왔다. 살아 있을 때는 흐물흐물해 보이지만 소금을 뿌려 수분을 제거한 다음 자

△ 고기잡이에 나선 어선의 그물질에 숲뿌리해파리만 가득 잡혔다. 숲뿌리해파리는 식용이 가능하지만 대부분은 고기잡이를 방해하는 귀찮은 존재로 여긴다.

연건조 등의 가공을 거치면 꼬들꼬들해지면서 식용이 가능하다. 전 세계에 분포되어 있는 200여 종의 해파리 가운데 10여 종 정도만 식용이 가능하며 가장 대표적인 것이 숲뿌리해파리이다. 몸집이 크고 단단하며 독성이 약해 사람에게 해롭지 않다. 이들은 길이 50센티미터, 둘레 1미터 정도, 무게는 5~10킬로그램까지 나간다.

갓과 다리 부분을 가공해서 식용하는데 다리 부분의 식감이 뛰어나 많은 사람들이 좋아한다. 중국에서는 약 2000년 전부터 이 해파리를 한약재로도 사용했다. 우리 선조들은 이들을 찰해파리라 부르며 데쳐 먹었지만 대부분은 고기잡이를 방해하는 귀찮은 존재로 여겼다. 숲뿌리해파리란 이름은 구완에서 뻗어나온 촉수가 숲을 이루는 식물의 뿌리처럼 보인다 해서 붙였다.

**보름달물해파리** 우리나라 연근해뿐 아니라 전 세계 바다에서 가장 흔하게 발견되는 종이다. 무색 또는 유백색의 갓 부분 가운데에 클로버 또는 말발굽 모양의 생식선 4개가 보이는 것이 특징이다. 갓의 지름은 최대 30센티미터 정도이며 독성은 약한 편이나 반복적으로 쏘이면 근육이 마비되기도 한다. 그동안 물해파리로 불리다가 보름달을 닮았

△ 보름달물해파리가 연안 어장으로 대거 유입되면 그물에 걸려들어 어민들에게 피해를 준다.

다 해서 새로이 이름을 붙였다. 보름달물해파리는 인체에 직접적인 영향을 주기보다는 연안 어장에 대거 유입되면서 어민들에게 큰 피해를 준다. 2001년 8월 10일 경북 울진 원자력발전소 1, 2호기의 취수구를 막은 해파리종이 바로 보름달물해파리들이었다. 폭발적으로 증가하면 바다 전체를 뒤덮을 정도가 된다.

**커튼원양해파리** 구완이 상대적으로 잘 발달되어 있다. 커튼이란 이름을 붙인

△ 커튼원양해파리는 자포에 강한 독이 있어 쏘이면 통증과 붉은 반점의 상처가 생긴다.

것은 구완의 모양이 커튼처럼 부드럽게 주름져 있기 때문인데 유영하는 모습이 퍽 아름답다. 국립수산과학원의 실험 결과에 따르면, 길이 3센티미터 정도의 어린 물고기는 촉수에 닿는 즉시 죽는 것으로 나타났다. 사람에 대한 직접적인 피해 사례가 보고되지 않은 것은 이들의 주된 분포지역이 연안에 다소 떨어진 곳이기 때문이다. 갓의 지름은 10센티미터 안팎으로 중형에 속하며, 전체 길이는 30~50센티미터이다.

무희나선꼬리해파리    우리나라와 일본을 포함한 극동해역의 고유종으로 알려졌으며, 비교적 수온이 낮은 해역에 분포한다. 갓의 지름은 5센티미터 안팎이며, 촉수를 포함한 전체 크기는 약 15센티미터 정도이다. 유영할 때는 갓 길이의 3~4배에 이르는 긴 촉수를 움직인다. 이때 무수히 많은 촉수가 움직이는 모습이 마치 무희가 긴 소매를 휘날리며 춤을 추는 듯 보여 무희나선꼬리해파리라고 이름 붙였다.

평면해파리    제주도 근해에서 주로 관찰되는 아열대종이다. 갓은 평평한 밥공기를 엎어놓은 모양새이다. 지름은 20센티미터 정도이며 갓에는 많은 방사관이 있으며 길쭉한 촉수가 백여 개에 이른다. 갓의 중앙에 있는 입을 크게 벌려 다른 해파리를 통째로 삼킬 수 있고, 촉수에 강한 독이 있는 것으로 알려졌다. 이 해파리의 유사종인 발광평면해파리(Aequorea victoria)는 형광 단백질 유전

◁ 무희나선꼬리해파리는 무희가 긴 소매를 휘날리며 춤을 추는 듯 보인다. 경북 울진군 해역에서 촬영했다.
▷ 독도 해역에서 발견한 발광평면해파리이다. 쿠로시오 난류를 타고 온 아열대종이다.

물질이 있어 자극을 받으면 갓 가장자리나 생식선이 청록색으로 발광한다.

**입방해파리(상자해파리)**  전 세계적으로 19종이 분포하며 갓의 모양이 네모 상
자처럼 생겨 입방해파리(Cubic jellyfish) 또는 상자해파리(Box jellyfish)라 불린
다. 이 입방해파리들은 해파리강(Scyphozoan)에 속하는 해파리와는 별도로 상
자해파리강(Cubozoa)으로 분류되며 해파리강보다 구조가 복잡하다. 갓이 길
쭉하고 납작한 면이 4개여서 위 또는 아래에서 보면 사각형이다. 갓의 각 모서
리에서 뻗어나온 촉수가 4개 또는 4뭉치가 있다.

입방해파리 중 가장 널리 알려져 있는 종은 바다의 말벌이라 불리는 키로넥
스 플렉케리(*Chironex fleckeri*)와 라스톤 입방해파리(*Carybdea rastoni*), 이루칸
지 입방해파리(*Carukia barnesi*) 등이다. 그런데 이 종들은 형태상으로 구별하기
가 상당히 어렵다. 과학자들은 유전자 분석 등으로 입방해파리종을 분류하고
있다.

- **키로넥스 플렉케리**

  갓은 4개의 납작한 면으로 이루어져 있다. 면의 길이는 20~30센티미터, 촉수의 길이는 3미터에 이른다. 촉수에는 수많은 자포가 붙어 있다. 이 자포들은 자극을 받으면 동시 다발적으로 발사된다.

  독성이 강한데다 빠르게 작용해 코끼리처럼 덩치가 큰 동물이 넓은 면적에 걸쳐 쏘이면 5분 안에 죽음에 이른다. 몸체가 투명해 눈에 쉽게 띄지 않으며, 자포에 쏘이면 통증이 격렬하다. 이들의 서식지는 수온이 섭씨 26도에서 30도 사이의 열대 바다이며 오스트레일리아 북동부 해안에 집중되어 있다. 오스트레일리아에서는 이들이 번창하는 시기에 해수욕장을 폐쇄한다.

- **라스톤 입방해파리**

  갓의 지름이 3센티미터 내외의 소형종으로 작고 연약해 보이지만 자포 독성은 전 세계적으로 악명이 높다. 유영 시에는 가늘고 긴 4개의 촉수가 몸통 지름의 5배 이상 늘어지며, 촉수에 잡힌 먹이를 입으로 가져가는 잠시 동안을 제외하고는 항상 유영을 한다. 유영 속도도 상당히 빨라 관찰하기가 힘든 편이다. 몸체가 거의 투명하고 작아서 이들의 존재를 육안으로 식별하기가 어렵다. 여름철 피서객들이 영문도 모른 채 고통을 호소하는 경우가 종종 있다. 독성의 전파 속도가 매우 빨라 즉각적인 조치를 취하지 않으면 생명을 잃게 된다.

- **이루칸지 입방해파리**

  이루칸지는 신화 속에 등장하는 오스트레일리아 부족의 이름이다. 그 이름에는 '눈으로 볼 수 없는 장소에서 다른 이들을 고통에 빠뜨리는 존재'라는 의미가 있다. 이루칸지의 독은 촉수뿐 아니라 갓에 무수히 나 있는 돌기에도 있는데 키로넥스 플렉케리와의 차이점은 키로넥스 플렉케리의 독성은 쏘인 즉시 바로 나타나는 반면, 이루칸지는 처음에는 약간 가려운 정도의 증상만 보이다가 30~40분 정도 지나면서 온몸의 근육이 마비되고 두통과 구토뿐 아니라 열까지 올라 엄청나게 고통스럽다는 점이다. 이 고통은 며칠 동안 지속되어 심약한 사람은 탈진 상태에 빠져 사망하고 만다. 주로 호주 북부 해안에서 발견되는데, 이루칸지 출몰이 잦은 해에는 호주 사회 전체가 '이루칸지 신드롬'에 빠질 정도이다.

- **모라 입방해파리**

  2005년 여름, 경남 남해군 삼동면 해안을 찾았을 때다. 가까이에 있던 동료 스쿠버 다이버가 라스톤 입방해파리가 나타났다는 경고를 보냈다. 주변을 둘러보니 몸체가 투명하고 작은 크기의 입방해파리 한 마리가 유영하고 있었다. 2013년 7월 23일 경남 남해 상주 해수욕장에서는 해수욕객 54명이, 8월 9일 부산 송정해수욕장에서는 피서객 4명이, 8월

10일 제주지역 해수욕장에서는 61명이 해파리에 쏘여 응급조치를 받았다. 학계와 연구기관 등은 당시 피서객들을 공격했던 해파리를 맹독성 라스톤 입방해파리로 추정했다. 하지만 2014년 7월 국립수산과학원 해파리대책반은 쏘임 피해를 일으켰던 해파리가 아열대 해역에서 유입된 모라 입방해파리였다는 사실을 유전자 분석에서 밝혀냈다. 모라 입방해파리는 라스톤 입방해파리와 형태나 독성은 비슷하지만, 유전자 정보는 서로 다른 종이다.

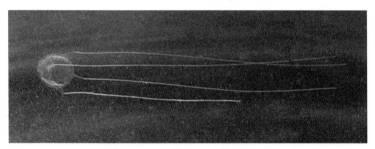

△최근 들어 우리나라 남해안 등지에 자주 출몰하는 모라 입방해파리의 모습이다. 라스톤 입방해파리와 겉모습이 닮아 라스톤 입방해파리로 잘못 알려졌지만 최근 유전자 분석에서 다른 종으로 밝혀졌다.

**황금해파리** 사람 몸에 바로 닿아도 전혀 무해한 해파리들이 있다. 팔라우 공화국 해파리 호수에서 만날 수 있는 황금해파리들이 그 주인공이다. 이곳의 해파리들은 오랜 세월 동안 외부와 격리된 환경에서 살아와 촉수의 독이 아주 약해져 몸에 닿더라도 무해하다.

황금해파리라는 이름은 몸속에 공생하는 편모조류의 일종인 주산텔라가 황록색을 띠고 있어 붙인 이름이다. 이들은 여느 해파리처럼 자포로 동물플랑크톤을 사냥하지만, 황록조류가 광합성으로 만들어내는 당류(탄수화물)와 같은 영양물질에 의존하는 비중이 상당히 높은 편이다.

△ 팔라우 공화국의 '해파리 호수'에서는 몸을 스치며 지나는 말랑말랑한 해파리의 감촉을 느끼며 헤엄칠 수 있다.

# 히드라

그리스 신화 '헤라클레스의 모험' 편에 따르면, 레르네 지방의 숲에 머리가 아홉 개 달린 무시무시한 괴물 히드라가 살고 있었다. 히드라는 밤이면 숲에서 나와 사람들을 마구 잡아먹었으며, 만약 머리 하나가 잘리면 거기에 새로운 머리가 두 개 생겨나 절대 죽일 수가 없었다. 레르네 지방을 통치하던 에우리테우스 왕은 헤라클레스에게 히드라를 물리쳐 달라고 부탁했다. 헤라클레스는 한 손에는 커다란 칼을, 다른 손에는 불붙은 떡갈나무를 들고 30일간의 혈투 끝에 히드라를 물리쳤다. 헤라클레스의 아버지 제우스는 아들의 용감함을 후세 사람들이 기리도록 하기 위해 죽은 히드라를 하늘에 올려 별자리로 만들었는데, 이것이 바로 바다뱀자리이다.

그런데 제우스가 하늘로 히드라를 던져올릴 때 실수로 바다에 빠뜨린 히드라의 일부가 있었던 듯하다. 바닷속에 히드라를 닮아

△ 히드라는 히드로충이 군집을 이룬 것이다. 히드로충은 10~15밀리미터의 원통형 강장 끝에 있는 가느다란 촉수 4~8개로 먹이사냥을 한다.

← 촉수

이름 붙인 생명체가 살고 있기 때문이다. 바로 자포동물에 속하는 히드로 충이 주인공이다. 히드로충은 10~15밀리미터의 원통형 강장 끝에 있는 가느다란 촉수 4~8개로 먹이사냥을 한다. 조류에 따라 춤을 추듯 흔들리며 먹이사냥을 하는 촉수들의 움직임이 마치 머리 아홉 개를 현란하게 놀리며 독을 뿜어대는 괴물 히드라를 닮았다. 히드라는 이 히드로충들이 모여 군집을 이룬 것이다. 산호충이 모여 산호를 구성하는 것과 같다. 군집체인 히드라는 고착생활을 한다. 중앙부에서 옆으로 뻗어나간 줄기들에 나 있는 빗살 모양의 깃들이 마치 나뭇가지 모양 같아서 식물로 잘못 생각하기도 한다.

△ 히드라는 중앙부에서 옆으로 뻗어나간 줄기들에 나 있는 빗살 모양의 깃들이 마치 나뭇가지 모양 같아서 식물로 잘못 생각하기도 한다.

# 극피동물

전 세계적으로 7,000여 종이 알려졌으며, 거의 모든 종이 바다에서 발견된다. 극피동물의 가장 큰 특징은 피부에 가시가 나 있고, 몸은 방사상 구조로 보통 다섯 갈래로 나누어져 있다는 점이다. 그 밖에도 몸의 조직 일부가 떨어져 나가도 재생되는 특징이 있다. 극피동물은 5개 동물군으로 나뉜다.

- **불가사리류** : 대표적인 극피동물이다. 몸통의 중심부에서 방사상으로 다섯 개의 팔이 뻗어 있다. 이러한 5방사 대칭은 불가사리류의 공통점이다. 현재 세계적으로 1,800여 종, 국내에는 100여 종이 발견되었다.
- **거미불가사리류** : 몸통의 중심부에서 뻗은 다섯 개의 팔이 거미발처럼 아주 가늘고 길다. 바닷속의 온갖 유기물을 섭취하는 특성에 따라 바다의 지렁이로 불린다. 현재 전 세계 바다에 1,900여 종이 서식한다.
- **해삼류** : 현재 1,500여 종에 이르며 열대와 온대 해역에서 살아간다. 바다의 인삼이라는 별칭으로 우리와 친숙하며, 식용 가능한 돌기해삼은 색깔에 따라 홍삼·흑삼·청삼으로 분류한다.
- **성게류** : 바닷말류를 주식으로 하며 가시가 온몸을 덮고 있다. 각각의 가시에는 근육이 있어 몸을 보호할 뿐 아니라 몸체를 이동할 수도 있다. 식용이 가능하며, 우리에게 친숙한 보라성게, 말똥성게 외에도 860여 종이 있는 것으로 알려졌다.
- **바다나리류** : 극피동물 중 가장 원시적이며 오래된 종이다. 줄기가 있어 고착생활을 하는 종과 줄기 없이 이동하는 종 두 가지 형태로 분류된다. 현재 620여 종이 있는 것으로 알려졌다.

# 바다나리

나리꽃을 닮은 아름다운 바다생물이 있다. 물의 흐름에 하늘거리는 빨강, 노랑, 초록, 하양, 검정의 화려한 깃털은 사람들의 마음을 설레게 하는 유혹의 손짓이다. 이들은 나리꽃을 닮아 바다나리(Sea lilies)라 이름 붙였지만, 실제로는 꽃과 거리가 먼 불가사리나 해삼과 같은 극피동물이다. 바다나리는 줄기가 있어 고착생활을 하는 종과 줄기 없이 이동하는 종의 두 가지로 분류된다. 줄기가 있는 부류는 바다 백합류라 불리며 깊이 100미터 이상의 깊은 수심에서 몸을 바닥에 고정하고 살아가기에 쉽게 관찰할 수 없다. 그래서 일반적으로 바다나리라 하면 갯고사리류라 불리는 줄기가 없는 종을 가리킨다.

수심 30미터 안팎에서 살고 있는 갯고사리류는 헤엄을 치며 이동하다가 아래쪽에 있는 갈고리같이 생긴 다리를 이용해 적당한 장소에 고착한다. 위쪽에 갈라진 팔이 있는데, 여기에는 점액질로 덮인 무수한 깃털 같은 가지가 뻗어 있다.

이들에게 갯고사리라는 이름을 붙인 것은 모양이 고사리를 닮았기 때문이다. 고사리를 포함한 양치식물은 공룡들이 살던 3억 년 전 지구상에서 가장 흔한 식물이었으며, 갯고사리 또한 중생대 이후 그 모습이 변하지 않은 화석동물로 알려져 있다. 결국 땅 위의 고사리와 바닷속의 갯고사리는 생긴 모양새뿐 아니라 지구상에서 살아왔던 내력 또한 비슷한 셈이다.

◁ 헤엄치는 범얼룩갯고사리를 스쿠버 다이버가 바라보고 있다. 범얼룩갯고사리는 우리나라 남해안에서 발견되며, 주황색 바탕에 노란색 얼룩무늬가 있다.

▽ 열대 바다에서 흔하게 만나는 갯고사리들이다.
물의 흐름에 따라 하늘거리는 화려한 깃털은 사람들에게 유혹의 손짓으로 보인다.

# 불가사리

불가사리는 대표적인 극피동물로 전 세계에 1,800여 종, 국내에는 100여 종이 서식하고 있다. 이 가운데 우리나라 해역에서 가장 흔하게 볼 수 있는 것은 토착종인 별불가사리, 캄차카와 홋카이도 등 추운 지역에서 건너온 아무르불가사리, 바다의 지렁이라 불리는 거미불가사리와 빨강불가사리 등 네 종이다. 불가사리는 쉽게 죽일 수 없다는 '불가살이(不可殺伊)'에서 유래한 이름이다. 이들을 쉽게 죽일 수 없는 것은 극피동물이 지닌 강력한 재생력 때문이다. 만약 팔과 같은 몸의 일부가 잘려나가면 얼마 지나지 않아 새로운 팔이 생겨난다. 그래서 어민들은 불가사리를 잡으면 땅 위에서 말려 죽인다. 그런데 이들이 부패하면 지독한 냄새를 풍겨 처리하는 장소 때문에 골머리를 앓고 있다.

불가사리는 무차별적인 먹이활

△ 잘려나간 불가사리 팔이 재생되고 있다. 불가사리는 극피동물의 특성으로 강력한 조직 재생력을 지니고 있어 죽일 수 없는 동물로 알려져 있다.

△ 불가사리는 별 모양을 닮았다 하여 스타피시 또는 시스타라고 한다.

동으로 '바다의 해적', '천적이 없는 포식자'라는 악명이 붙었다. 어민들의 수입원인 패류를 즐기기 때문이다. 그런데 불가사리라 해서 모든 종이 조개류를 잡아먹는 것은 아니다. 주로 조개류를 사냥하는 것은 육식종인 아무르불가사리이고 다른 종들은 바다의 청소부 역할을 맡기도 한다. 서양에서는 불가사리가 별 모양을 닮았다 하여 스타피시(Starfish), 또는 시스타(Seastar)라고 한다.

아무르불가사리　외래종 가운데 북쪽 추운 지방에서 건너온 종의 이름 앞에는 '아무르'를 붙이곤 한다. 아무르불가사리, 아무르표범, 아무르산개구리, 아무르장지뱀 등이 그러하다. 이는 아무르 강(중국 흑룡강의 러시아말) 주변 지역이 고향임을 의미한다. 아무르 강은 러시아 시베리아 남동부에서 발원하여 중국과의 국경을 따라 동북쪽으로 흘러 오호츠크 해로 유입되는 총연장 4,350킬로미터인 세계 8위 규모의 강이다. 국제연합과 국제해양기구는 아무르불가사리를 다른 지역으로 이동할 때 생태계 파괴가 우려되는 유해생물로 지정하고 있다. 강력한 포식자인 이들이 기하급수적으로 늘어나면서 연안 자원을 황폐화시키기 때문이다.

이들이 우리나라를 비롯해 전 세계로 급속도로 퍼지게 된 것은 선박의 활발한 이동 탓이다. 선박은 자체 무게 중심을 맞추기 위해 화물을 내리는 항구에서는 바닷물을 채우고, 화물을 싣는 항구에서는 채운 바닷물을 버린다. 이때 바닷물과 함께 선박으로 들어온 아무르불가사리 유생들이 배를 타고 전 세계로 퍼져나가게 되었다.

**별불가사리** 토속종인 별불가사리의 윗면은 파란색에 붉은 점이 있고 배 쪽은 주황색을 띠고 있다. 아무르불가사리가 도망가는 조개류를 따라가서 잡아먹는 반면, 별불가사리는 조개류보다 움직임이 느린데다 짧은 팔로는 조개를 움켜쥐기가 힘들다. 이러한 구조적 한계로, 살아서 움직이는 조개보다는 죽은 물고기나 병들어 부패한 바다생물 등을 포식한다. 이러한 식습성은 죽은 바다생물을 처리하여 바다의 오염을 막는 순기능으로 작용한다.

**거미불가사리** 팔이 거미발처럼 가늘고 길어서 붙인 이름이다. 야행성으로 주로 낮 동안에는 바위 밑에서 밤이 오기를 기다린다. 우리나라 전역에서 쉽게 발견할 수 있는 종으로 주로 부패한 고기와 유기물만을 섭취한다. 이들의 습성은 육지에서 중금속으로 오염된 토양을 옥토로 만드는 지렁이에 비유될 정

1 아무르불가사리들이 진주담치 밭을 휩쓸며 지나가고 있다. 강력한 포식자인 이들은 수산자원을 황폐화
시켜 바다의 해적동물로 분류된다.

2 아무르불가사리가 미더덕을 포식하고 있다.

3 별불가사리들이 죽어서 부패하기 시작한 물고기를 포식하고 있다. 이러한 식습성은 바다의 부영양화를
막는 순기능으로 작용한다.

4 거미불가사리는 야행성으로 밤이 이슥해지면 모습을 드러낸다.

도로 해양환경에 유익한 종이다.

**빨강불가사리** 제주 바다에서 흔히 발견되는 종으로 전체적으로 붉은색을 띠고 있다. 식습성은 거미불가사리처럼 유기물을 분해하여 해양환경에 순기능으로 작용한다.

**햇님불가사리** 우리나라 전 연안에서 발견된다. 여느 불가사리와 달리 팔이 10~12개이다. 이 팔들이 몸체에서 뻗어나가는 모양새가 마치 햇살처럼 보여 햇님불가사리라는 이름을 붙였다.

**왕관불가사리** 열대의 산호초 지대에 서식하는 종이다. 독가시로 뒤덮인 팔로 먹잇감을 움켜쥐고 포식하는데 팔을 둥글게 하여 감아쥔 모양새가 마치 왕관을 덮어쓴 것처럼 보인다. 위기를 느끼면 팔을 몸 안으로 감아넣어 몸을 더욱 둥글게 만들고 가시를 곧추세운다. 가시 끝은 살기등등한 붉은색이어서 시각적으로도 강한 독이 있음을 알 수 있다.

**삼천발이** 발이 삼천 개나 달린 불가사리라 해서 붙인 이름이다. 『자산어보』에는 천족섬(千足蟾, 속명 三千足)으로 기록되어 있다. 그만큼 발이 많은 것처럼 보이지만 사실은 여느 불가사리처럼 발이 다섯 개이며, 이것들이 잘게 갈라져 발이 많아 보일 뿐이다.

① ②
③ ④

1 빨강불가사리는 제주도에서 발견되며, 거미불가사리와 비슷한 식습성을 지니고 있다.

2 햇님불가사리는 몸체에서 뻗어나간 팔들이 마치 햇살처럼 보인다.

3 왕관불가사리는 강력한 독을 지니고 있다. 잘못 건드렸다가는 독가시에 찔려 상당한 고통을 겪게 된다.

4 삼천발이는 잘게 갈라진 발이 많아 보여 붙인 이름이다.

# 성게

고슴도치 같은 피부를 가졌다 하여 극피동물을 Echinodermata라 하는데 성게류의 영어명은 Echinoid이고, 학명은 *Echinoidea*이다. 그러다 보니 성게는 극피동물의 대표격이 되었다.

성게와 같은 극피동물은 체벽에 소골편이라 불리는 석회질 판이 있다. 성게 가시는 제일 바깥쪽 부분의 소골편이 길게 변하면서 뼈같이 단단한 조직이 튀어나와 마디를 이룬 것이다. 성게 가시는 외부로부터 자신의 몸을 보호할 뿐 아니라 이동하는 역할도 한다.

선조들은 이 가시들이 밤송이처럼 보였는지 성게를 밤송이조개라 불렀다. 그래서 『자산어보』에는 성게를 '율구합(栗毬蛤)'으로 기록하고 있다.

그렇다면 성게라는 이름은 어디에서 나왔을까? 제주도 방언의 형태 변화를 연구한 강정희(한남대 국문학과) 교수에 따르면 성게는 섬게의 현실 발음이 일반화된 어휘라는 것이다.

강 교수는 제주지방에서 섬게의 '섬'이 '솜'으로, 또는 '섬게'보다 작은 종이 '솜'이라 불리는 것과 중세 국어에서 고슴도치가 고솜돝으로 표기된 것 사이의 연관성을 밝혀냈다. 중세 국어에서 '솜'은 '찌르는 가시를 털로

△ 성게는 주로 초식을 한다. 이들은 바닷말류에 기어올라 엽상체를 뜯어 먹는 탁월한 능력이 있다.

가진 동물'을 뜻하는 말이므로 성게의 '섬'은 '솜'의 변이형으로 고슴돛과 동일한 어휘 형성 과정을 거친 복합어로 볼 수 있다는 것이다. 결국 성게는 찌르는 가시를 털로 가진 동물이라는 의미의 섬게 발음이 일반화된 것이라는 이야기이다.

성게는 주로 초식을 한다. 이들에게는 모든 형태의 바닷말류를 먹어 치우는 탁월한 능력이 있다. 엽상체가 큰 거대한 바닷말류에서부터 바위에 붙어 있는 석회질의 바닷말류까지 쉽게 뜯어 먹는다. 그래서 성게를 땅 위에 무리 지어 다니며 풀을 뜯어 먹는 소에 비유하기도 한다.

**말똥성게** 성체는 지름이 4센티미터 안팎에 가시 길이는 5~6밀리미터의 원형으로 동글동글한 것이 말똥을 닮았다. 특히 동해안 북쪽에 서식하는 말똥성게는 크기가 클 뿐 아니라 생식선의 맛과 향이 뛰어나 최고로 대접받는다. 주로 겨울에서 봄까지 많은 양의 알과 생식선이 형성된다. 경상도 지방에서는 말똥성게를 '앙장구'라 한다.

**보라성게** 전체적으로 검보랏빛을 띠고 있다. 껍데기가 반구형으로 견고하며, 크고 강한 가시가 날카롭다. 우리나라 전 해안에 걸쳐 살며 특히 제주도 해역에서 흔히 볼 수 있다. 8~10월이 산란기라 이때가 제철이다. 그래서 "여름철이면 제주도 성게국 인심이 좋아진다"라는 말이 생겼다.

**독성게** 성게 중 가장 크고 독성이 강한 종이다. 독이 있는 날카로운 가시로 피부를 뚫고 독을 흘려 넣는다.

△ 성게는 야행성이다. 낮 시간 동안 햇빛에 노출된 말똥성게가 빛을 가리려는 듯 바닷말류를 머리에 올려놓고 있다.

△ 열대 해역에서 주로 발견되는 독성게는 성게 중에서 가장 크고 독성이 강하다.

△ 바닷말류가 사라지자 암반에 보라성게들이 모습을 드러내고 있다.

# 해삼

우리나라 연안에서 주로 발견되는 돌기해삼은 냉수성으로 수온이
17도가 되면 성장이 둔화되기 시작하다가 25도에 이르면 정지된다. 그
래서 해삼은 여름에서 초가을 동안에는 수온이 낮은 외해나 깊은 수심의
동굴 속으로 들어가 여름잠을 자다가 늦가을이 되면 슬금슬금 연안으로
기어 나온다. 해삼은 '바다(海)에서 나는 인삼(蔘)'이라 해서 붙인 이름이
다. 이에 대해 「전어지」에 해삼의 "효력이 인삼에 맞먹기 때문에 '해삼(海
蔘)'이라 한다"고 기록하고 있다. 『자산어보』에는 "해삼은 전복, 홍합과 함
께 삼화(三貨)라 한다"라면서 그 가치를 높이 평가한다. 중국에서는 '남삼
여포(男蔘女鮑)'라고 해서 남자에게는 해삼이 좋고, 여자에게는 전복이 좋
다고 했다. 그런데 최근 해삼에 인삼의 사포닌 성분이 있음이 밝혀졌으니
해삼이란 이름을 허투루 지은 것이 아님을 알 수 있다.

생명체에 각각의 이름 붙이기를 좋아한 선조들은 식용할 수 있는 해삼
을 색깔에 따라 청삼, 홍삼, 흑삼으로 구분했다. 이들의 색깔이 다르게 나
타나는 이유는 섭취하는 먹이 탓이다. 흑삼이나 청삼이 개흙 속에 있는
유기물을 주로 섭취하여 거무스레하게 보인다면 홍삼은 바닷말류를 즐겨

△ 해삼은 바닥을 기어 다니며 개흙을 먹은 다음 유기물을 흡수하고 정화된 흙을 배설한다. 바닷속을 다니다 보면 해삼이 배설한 작은 모래무지들이 보이는데 근처를 살펴보면 해삼을 찾을 수 있다.

먹어 몸에 붉은색이 돈다. 몸이 흔하지 않은 붉은색인데다 땅 위의 명품인 홍삼(紅蔘)과 이름이 연관되면서 식도락가들에게 귀하신 몸으로 대접받게 되었다.

  우리나라에서 홍삼이 많이 잡히기로 유명한 곳은 울릉도와 독도 해역이다. 이 지역은 화산섬으로 개흙이 적은데다 바닷말류가 군락을 이루고 있어 홍삼의 서식환경으로는 더할 나위 없이 좋다. 2007년 봄 독도에서 수중생태계 조사를 벌일 때 바닷말류에 기어올라 엽상체를 뜯어 먹고 있는 엄청난 수의 홍삼을 보고 놀란 적이 있었다. 이곳에 자생하는 홍삼은 울릉도 어민들의 큰 수입원이기도 하다. 그런데 홍삼, 흑삼, 청삼의 영양가를 비교하면 별 차이가 없다고 한다.

해삼은 극피동물의 특징으로 피부에 돌기가 있다. 영어권에서는 이러한 모양새가 울퉁불퉁 오이처럼 생겼다 하여 바다 오이(Sea cucumber)라고 하며, 일본에서는 야행성으로 겉모양이 쥐를 닮았다 하여 '바다의 쥐(海鼠)'라고 이름 붙였다.

1 홍삼은 바닷말류를 주 먹이로 삼아 붉은색을 띤다.

2 바닷속을 다니다 보면 30센티미터 정도의 황갈색 해삼을 만나곤 한다. 이 해삼은 육질이 단단하고 질겨서 식용하기 어렵다. 만져보면 딱딱한 나무토막 같다 해서 나무삼이라 하는데 지역에 따라서는 천하게 여기는 사물에 붙이는 접두사 '개'를 붙여 개해삼이라고도 한다.

3 우리나라 바다에서 흔하게 발견되는 돌기해삼인 청삼이다.

## 해삼 창자와 퀴비에 관

해삼은 외부로부터 위협을 받으면 마치 창자만 먹고 살려달라는 듯 항문으로 창자를 밀어낸다. 해삼은 창자가 없어도 끄떡없다. 극피동물의 특성상 뱉어낸 창자는 얼마 지나지 않아 재생되기 때문이다. 해삼 창자는 바다에 사는 여러 포식자뿐 아니라 지구상에서 가장 강력한 포식자인 사람에게도 인기가 있다. 개흙을 훑어낸 후 노르스름한 색의 가늘고 부드러운 창자를 날것으로 삼키면 달콤한 향이 입안에 번진다. 일식집에서 특별 서비스로 등장하는 고노와다는 해삼 창자로 만든 젓갈이다.

그런데 열대 바다에서 볼 수 있는 레

퀴비에(1769~1832)
프랑스의 동물학자. 비교해부학과 고생물학의 창시자로 연체동물·어류·화석 포유류의 동물계 전반에 걸쳐 연구했다. 주요 저서인 『동물계』에서는 동물을 척추동물·연체동물·관절동물·방사동물의 넷으로 나누었다. 퀴비에는 실증적 생물학적 입장에서 진화론에 반대하여 라마르크설을 비판하고 천변지이설(天變地異說)을 주장했다. 천변지이설은 지질시대에 천변지이가 몇 차례씩 되풀이되어, 그럴 때마다 생물군은 거의 절멸하고, 살아남은 것이 번식하여 지구상에 널리 분포하게 되었다는 이론이다. 이 천변지이설은 그의 제자인 J.L.R. 아가시와 A.D. 도르비니에 의해 극단화되어 지구환경이 크게 변할 때마다 지구상의 모든 생물이 재창조되었다는 학설로 정립되어 현재 정론으로 받아들이고 있는 진화론을 비판하고 나섰다.

오파드해삼의 경우 위협을 받으면 창자를 밀어내기 전에 흰 국수 가락같이 생긴 퀴비에 관을 뿜어낸다. 퀴비에 관은 굉장히 끈적거려 해삼을 공격하는 포식자의 몸에 달라붙어서 꼼짝 못 하게 만든다. 어떤 종은 퀴비에 관에 독성 물질이 포함되어 있어 여기에 걸려든 포식자에게 치명상을 입히기도 한다. 이 종들이 지닌 흰색 관을 퀴비에 관이라 부르는 것은 프랑스의 동물학자 퀴비에가 처음 학술적으로 보고했기 때문이다.

◁ 열대 바다에서 발견되는 레오파드해삼이 퀴비에 관을 뿜어내고 있다. 퀴비에 관은 굉장히 끈적거려 해삼을 공격하는 포식자의 몸에 달라붙어서 꼼짝 못 하게 만든다.

# 바다 포유류

파충류에서 분화했으며, 지능이 높은 항온동물로 현재 4,500여 종이 있다. 가장
큰 특징은 새끼를 낳고 젖샘에서 분비되는 젖을 먹여 기른다는 점이다. 형태, 습성,
분포 등이 매우 다양하다.

바다 포유류 중에서 가장 큰 종은 대왕고래(최대 몸길이 34m, 몸무게 190톤)로 지구상
에 현존하는 가장 큰 동물이기도 하다.

바다 포유류에는 고래 외에 물개, 바다코끼리, 해표 등이 있다. 바다 포유류는 항온
동물의 특성상 체온을 일정하게 유지해야 한다. 육상 포유류가 몸에 난 털의 도움
으로 체온을 유지한다면, 털이 적거나 거의 없는 바다 포유류는 표피 아래 두꺼운
지방층의 도움으로 체온을 유지한다. 이러한 특성으로 바다 포유류는 극지방에서
도 살 수 있다. 하지만 바다 환경에 완전하게 적응하지 못했기에 일정 시간마다 수
면 위로 올라와 허파 가득 공기를 채워야 한다.

# 고래

중국 명나라 때 호승지가 지은 『진주선』에 따르면, 용에게는 각기 성격이 다른 아홉 아들이 있었다고 한다. 이 구룡자(九龍子)들 중 바닷가에 사는 셋째 아들 포뢰(蒲牢)는 겉모습이 용을 가장 많이 닮았음에도 마음이 너무 약해 조금만 놀라도 두려움에 울곤 했다. 그런데 이런 포뢰를 가장 놀라게 한 것이 고래(鯨)였다. 가뜩이나 마음 약한 포뢰는 먼바다에서 고래 그림자라도 비치면 너무 놀란 나머지 큰소리로 울부짖어 그 소리가 하늘과 땅을 가득 채웠다 한다. 여기에 고래 이름의 유래가 숨어 있다. 고래는 포뢰를 두들겨 울린다 하여 '포뢰 뢰(牢)' 자에 '두드릴 고(叩)' 자를 붙인 이름이다.

고래는 몸집이 클수록 성질이 온순한 편이지만, 옛 사람들은 몸집이 큰 고래를 보고 무척 놀랐을 법하다. 게다가 콧구멍으로 숨을 쉬면서 물을 뿜어내는 듯한 기이한 장면이 입소문으로 전해지면서 용의 아들을 공포에 떨게 하는 무시무시한 동물로 재창조되었을 것이다.

고래 이름의 유래가 되는 포뢰는 종각에 자리 잡고 있다. 선조들은 종소리를 더욱 크게 울리기 위해 종을 매다는 곳에 포뢰를 조각하고 고래

모양을 본뜬 당목(撞木)으로 종을 쳤다. 포뢰 입장에서 보면 고래가 새겨진 당목이 날아와 자기가 앉아 있는 곳을 두들겨대니 그 두려움이 엄청났을 것이다. 이 두려움은 당목이 종을 칠 때마다 큰 울부짖음으로 변해 종소리와 함께 산천으로 퍼져나가게 되었다. 결국 고래 이름은 소리와 연관성이 있다는 이야기가 된다. 크게 부르짖거나 외친다는 표현을 "고래고래 고함지른다"라고 하는 것도 이러한 연관성 때문은 아닐까.

용의 셋째 아들 포뢰를 종소리를 크게 하려고 종을 매다는 곳에 앉혔다면 다른 아들들은 어디에 있을까?

거북을 닮은 첫째 아들 비희는 무거운 것을 짊어지기를 즐겨 주춧돌 아래서 집을 떠받치게 했다. 둘째 아들 이문은 짐승을 닮았는데, 먼 곳을 바라보기를 좋아해 지붕 위에 올려두었다. 호랑이를 닮은 넷째 아들 폐안은

△ 종소리를 크게 울리기 위해 종을 매다는 곳에 포뢰를 앉히고 고래 모양을 본뜬 당목으로 종을 쳤다.

위압감이 있어 감옥 문 앞에 세워두었다. 다섯째 아들 도철은 먹고 마시는 것을 즐겨 솥뚜껑 위에 자리를 주었다. 물을 좋아하는 여섯째 아들 공하는 다리 기둥에 세워두었다. 일곱째 아들 애자는 살생을 좋아해 칼의 콧등이나 칼자루에 새겨두었다. 여덟째 아들 산예는 사자를 닮았는데 연기와 불을 좋아해 향로에 새겨두었다. 막내 아들 초도는 소라 모양으로 생겼는데 문을 열고 닫기를 즐겨 문고리에 붙여두었다.

고래는 먹이를 먹는 방식에 따라 크게 이빨고래류와 수염고래류로 나뉜다.

이빨고래류는 먹이를 잡아 통째로 삼키는데 큰 오징어를 주요 먹이로 하는 향고래, 정어리 사냥에 나서는 돌고래, 다른 고래나 바다 포유류를 잡아먹는 범고래 등이

△ 이빨고래류에 속하는 돌고래가 이빨을 드러내고 있다.

대표적이다. 이 이빨고래류는 수염고래류보다 몸집이 작고, 함께 모여 다니며 사냥하는 습성이 있다.

**돌고래** 대표적인 이빨고래류로 지능이 높고, 여러 가지 주파수의 소리를 내서 의사소통을 할 수 있다. 중국에서는 주둥이가 튀어나온 꼴이 돼지 주둥이를 닮아 '해돈(海豚)'이라 했다. 이 해돈이 우리나라로 오면서 돼지의 옛말인 '돋'과 함께 돋고래라 불리다가 돌고래로 바뀌어 불리게 되었다. 돌고래는 지

◁ 주둥이가 튀어나와 있는 가장 일반적인 돌고래의 모습이다. 헤엄치면서 눈길을 맞추는 모습이 마치 자신의 이야기를 전하려는 듯 보인다.
▷ 둥근머리돌고래(Pilot whale)들이 무리를 이루어 유영하고 있다. 둥근머리돌고래는 따뜻한 바다에 사는 돌고래로 열대 해역을 항해하다 보면 만날 수 있다.

능이 높은 편이라 훈련을 통해 사람들과 의사소통을 할 수 있다. 그래서인지 사람과 호흡을 맞춘 돌고래 쇼가 낯설지 않다. 또한 돌고래는 호기심이 많다. 배를 타고 가다 보면 수영시합을 하자는 듯 따라오는 돌고래를 만나곤 한다.

돌고래와 인간의 소통은 그리스 신화에도 등장한다. 신화 속 돌고래는 사랑의 전령사 역을 맡았다. 바다의 신 포세이돈은 바다의 여왕 암피트리테에게 청혼하지만 암피트리테는 이를 거절하고 바다 깊숙한 곳에 있는 아틀라스 신의 궁전에 숨어버렸다. 그녀를 잊을 수 없었던 포세이돈은 돌고래에게 암피트리테를 찾아줄 것을 부탁했다. 전 세계 바다를 뒤져 암피트리테를 찾은 돌고래는 포세이돈의 애절한 마음을 전해 암피트리테의 마음을 돌리게 한다. 이후 포세이돈은 고마움의 표시로 돌고래를 하늘에 올려 별자리로 만들어주었다. 그래서인지 지금도 사랑하는 사람에게 돌고래 인형을 선물하면 그 돌고래가 두 사람의 사랑을 이루어준다는 속설이 전해오고 있다.

**범고래**　바다의 최강자로 알려진 범고래는 거의 모든 바다동물을 먹이로 한다. 그래서인지 이름에도 호랑이를 뜻하는 '범' 자가 붙었다. 서양에서는 이들의 킬러 본성에 빗대어 킬러 고래(Killer whale)라 한다. 이들은 몸길이가 7~10미터, 몸무게는 6~10톤이며 등은 검은색에 배는 흰색이어서 경계선이 뚜렷하다. 또 눈 위의 뚜렷한 흰색 무늬가 특징이라 흰줄박이돌고래라고도 한다. 사냥에 나설 때면 20~40마리씩 무리를 지어 큰 입과 강력한 이빨을 이용하는데 주로 물고기나 오징어를 잡지만 다른 종류의 돌고래나 자기보다 덩치가 큰 고래를 공격하기도 한다.

**상괭이**　'사람을 닮은 인어', 이는 『자산어보』에 기록된 상괭이에 대한 묘사이다. 토종 고래인 상괭이는 분류학적으로 보면 쇠돌고래과에 속하지만, 고래(Whale)나 돌고래(Dolphin)와는 별도로 포르포이스(Porpoise)라는 이름으로 구분된다. 상괭이는 앞으로 길게 튀어나온 주둥이가 없고 둥근 앞머리 부분이 입

◁ 영어명이 Killer whale인 범고래는 바다의 최강자로 바다에서는 대적할 동물이 없다.
▷ 상괭이는 얼굴이 미소 짓는 듯 보여 '웃는 고래' 또는 '미소 고래'라는 친근한 별칭이 붙기도 했다.

과 직각을 이루고 있어 주둥이가 길게 튀어나온 돌고래와는 다르기 때문이다.

상괭이는 최대 크기가 2미터 안팎으로 이빨고래류 중 덩치가 가장 작다. 예로부터 우리나라 연안에서 흔히 발견되다 보니 지역에 따라 째에기, 슈우기, 무라치 등으로 불렸다.『자산어보』에는 '상광어(尙光魚)'로,『동의보감』에는 '물가치'로,『난호어목지』에는 이들이 호흡할 때 내뿜는 소리를 그대로 따와 '슈욱'이라 적었다. 지금의 상괭이라는 이름은『자산어보』의 상광어에서 유래한다. 일부 문헌에서 상괭이를 표기할 때 쇠물돼지라고 병기하는데 돌고래를 중국에서 해돈(海豚)이라 한다고 물돼지로 병기하지 않듯이 구태여 상괭이라 적으면서 쇠물돼지를 병기할 필요는 없을 듯하다. 최근 들어서는 상괭이 얼굴이 미소 짓는 듯 보인다 해서 '웃는 고래', '미소 고래'라는 친근한 별칭이 붙기도 했다.

△ 허먼 멜빌의 소설『백경』은 향고래를 모델로 했다. 사진은 소설 초기판에 등장한 삽화이다.

**향고래** 이빨고래류 중에서 가장 몸집이 크며, 15미터 몸길이에 무게가 40톤이나 나간다. 상업적 가치가 높아 상업포경이 금지되기 전 포경선의 주된 표적이었다. 인간과 고래의 사투를 그린 미국 작가 허먼 멜빌(Herman Melville)의 소설『백경Moby-Dick』에 등장하는 고래가 바로 향고래이다. 원래 향고래는 등이 검고 배 부분이 회색이지만 신비감을 더하기 위해 소설에서는 흰색으로 묘사되었다. 향고래라는 이름은 몸길이의 3분의 1 이상을 차지하는 거대한 머리에 3~4톤의 왁스 같은 향유(香油)가 들어 있는 데서 유래한다. 이 기름은 초저온에서도 점성이 그대로 유지되어 정밀 기계용 윤활유로 사용되었다. 또한 향고래의 창자에서 비정상적으로 생기는 덩어리를 '용연향(龍涎香)'이라고 하는데, 이는 안정제로 쓰이는 향료로 예로부터 비싸게 거래되고 있다.

△ 향고래의 창자에서 비정상적으로 생기는 덩어리인 용연향은 귀하게 거래되는 향료이다.

수염고래류는 거의가 대형종이다. 어미 고래의 자궁 속에 있을 때에는 이가 나지만, 태어나기 전 퇴화해버리고 태어난 후에는 평생 이가 나지 않는다. 이들은 주변의 물을 빨아들인 다음 물과 함께 딸려온 작은 물고기나 새우 등을 입천장에 붙은 가늘고 뻣뻣한 수염같이 생긴 조직을 이용해 걸러 먹는다. 입에 나 있는 수염이 소쿠리 구실을 하므로 입이 몸의 4분의 1에서 3분의 1을 차지할 정도로 크다. 수염의 크기나 모양은 종에 따라 다르다. 간격이 좁고 세밀할수록 작은 크릴이나 부유성 생물들을 잘 걸러 먹을 수 있다.

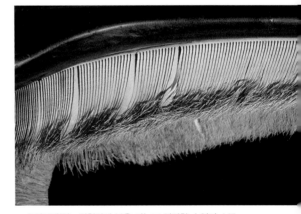

△ 수염고래류는 입천장에 붙은 가늘고 뻣뻣한 수염이 소쿠리 역할을 해서 작은 크릴이나 부유성 생물들을 걸러 먹을 수 있다.

**대왕고래** 길이가 20~33미터, 무게가 100~200톤인 거구로, 지구상에 존재하는 생명체 중 가장 몸집이 크다. 영어명은 블루 웨일(Blue whale)이며 우리나라에서는 대왕고래라고 한다. 대왕고래를 흰긴수염고래라고 부르는 경우가 많은데, 이는 대왕고래의 일본 이름인 시로나가스구지라(シロナガスクジラ·白長須鯨)의 한자를 잘못 번역한 것이다.

**한국계 귀신고래** 1962년 천연기념물(제126호)로 지정된 귀신고래는 1974년 우리나라 바다에서 공식적으로 멸종되었다고 학계에 보고된 후 한번도 우리 연안에서 발견되지 않았지만 1920년대 초까지만 해도 상당한 개체 수가 울산 앞바다까지 회유했다 한다. 이들의 멸종은 각별한 가족애가 상당한 영향을 끼쳤다. 가족 단위로 무리 지어 다니다가 이 중 한 마리가 작살에 맞으면 슬픔에 젖은 가족들이 그 주위를 떠나지 않아 몰살당하곤 했다는 것이다.

천연기념물로 지정될 만큼 귀하게 대접받던 고래에 '귀신'이라는 이름이 붙게 된 것은 해안 가까이에 머리를 세우고 있다가 사람이 다가가면 귀신같이 알아채고 사라지는 데서 연유한다.

귀신고래는 길이가 16미터, 무게가 45톤에 이르는 대형종으로 여느 수염고래류와 달리 바다 밑바닥을 머리로 받아 개흙을 일으켜 들이마신 다음 개흙과 물을 내뱉으며 작은 갑각류를 걸러서 먹는다. 겉모습은 회색 몸체에 흰색 따개비가 붙어 있어 다른 고래류와 쉽게 구별된다. 국립수산과학원 고래연구센터에서는 귀신고래를 발견하여 신고한 사람에겐 1천만 원, 사진을 찍은 사람에겐 500만 원의 포상금을 내걸기도 했다.

△ 대왕고래는 지구상에서 존재하는 생명체 중 가장 몸집이 크다.

△ 2007년 국립수산과학원 고래연구센터는 북동 사할린 연안의 한국계 귀신고래 여름 서식지에서 실시한 한·미·러 합동조사에 참여한 결과, 한국계 귀신고래 11마리를 발견했다.

# 남극해표

남극권에서 발견되는 해표류에는 웨들·크랩이터·표범·코끼리·로스해 표 등 다섯 종이 있다. 이 중 남극 대륙의 태평양 쪽 빅토리아랜드와 마리 버드랜드 사이 건너편 로스 해에 서식하는 로스해표를 제외한 4종은 세 종과학기지가 있는 사우스 셰틀랜드 군도 인근이 주 무대이다. 특히 웨들 해표는 얼마나 수가 많은지 바닷가를 걸을 때 주의하지 않으면 아무렇게 나 누워 자고 있는 해표에 발이 걸려 넘어질 정도이다.

**웨들해표** 장보고과학기지가 있는 남위 74도는 바다까지 꽁꽁 얼어붙을 정도 의 극저온 환경이다. 해빙지대를 지나다 보면 곳곳에 뚫려 있는 지름 80센티 미터 남짓한 얼음 구멍들을 발견할 수 있다. 이 중 한 곳을 정해 1시간 정도 기 다리면 숨을 쉬려고 얼음 구멍 밖으로 머리를 내미는 웨들해표를 만날 수 있 다. 남극에서 발견되는 해표 중 웨들해표만이 남위 70도 아래쪽에서 살 수 있 다. 이들만이 이빨로 얼어붙은 해빙에 숨구멍을 뚫을 수 있기 때문이다.

웨들해표는 몸길이 2.5~3미터에 몸무게는 400킬로그램 정도이다. 웨들이 란 이름은 이들이 많이 살고 있는 남극반도 동쪽에 위치한 웨들 해(海)에서 따

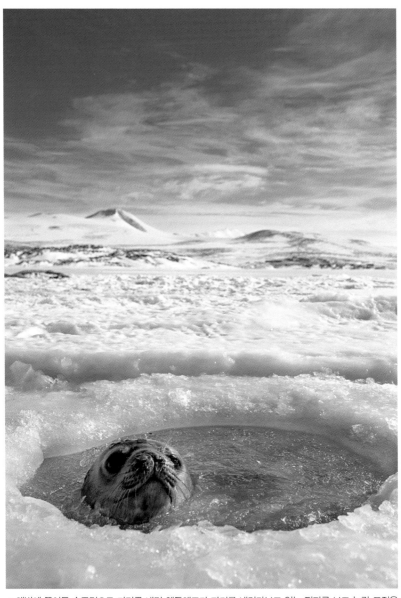

△ 해빙에 뚫어둔 숨구멍으로 머리를 내민 웨들해표가 자기를 내려다보고 있는 필자를 보고 놀란 표정을 짓고 있다. 하지만 잠시 후 얼음 위로 올라온 웨들해표는 아무 일 없다는 듯 잠을 청했다.

△ 웨들해표는 가족애가 강하다. 얼음 구멍 속으로 먼저 들어간 어미가 따라 들어오기를 주저하는 새끼를 따뜻한 눈빛으로 격려하고 있다.

왔다. 웨들해표는 성격이 유순하며 순진해 보이는 큰 눈과 통통한 몸매가 특징이다. 가족애가 강해 가족 단위로 생활한다. 주로 바닷가 자갈밭이나 해빙 위에 아무렇게나 누워서 잠을 자곤 하는데 사람이 가까이 가도 웬만해서는 꿈쩍도 하지 않는다. 조금 소란스러워도 커다란 눈을 끔벅거리며 눈을 맞추기만 할 뿐이다. 그러다가 그다지 위협을 느끼지 않으면 큰 눈을 스르르 감으며 다시 잠을 청한다.

코끼리해표  남극권에 서식하는 해표류 중 가장 덩치가 큰 종이다. 성장한 수컷의 경우 6~7미터의 몸길이에 무게는 3~4톤에 이르며, 암컷은 3~4미터 몸길이에 무게는 1톤가량이다. 코끼리해표라는 특이한 이름은 수컷의 코가 코끼

△ 코끼리해표가 이방인의 출현을 경계하는 듯 입을 한껏 벌린 채 포효하고 있다.

리의 코처럼 앞으로 튀어나와 있기 때문이다.

코끼리해표는 화가 나면 코끝이 입속으로 말려들 정도로 돌출된 코를 길게 부풀린다. 이 상태에서 포효하면 부풀어 오른 코가 울림통이 되어 소리가 증폭된다. 돌출된 코는 약간 기괴하게 보이지만 이들에게는 남성다움의 상징이다. 코끼리해표 수컷은 30마리 정도의 암컷을 거느리며 자신의 영역을 지키다가 다른 수컷이 자신의 권위에 도전해오면 한바탕 싸움을 벌인다. 이들의 싸움은 독특하다. 두 마리가 서로 마주본 채 코를 부풀려 큰 소리를 내는데 대체로 소리의 크기로 우열이 가려진다. 소리의 크기에 승복하지 않을 경우 치열한 몸싸움으로 이어지기도 한다.

△ 크랩이터해표는 성격이 날카롭다. 가까이 다가가자 불편한 심기를 드러내고 있다.

**크랩이터해표**  우리말로 번역하면 게잡이해표이다. 평균 몸길이는 2~2.5미터이고, 몸무게는 230킬로그램가량이다. 웨들해표보다 덩치는 작지만 성격이 날카롭다. 경계심이 강한 편이라 위협을 느끼면 바로 물속으로 들어갈 수 있게 바다 가까운 곳에서 휴식을 취한다. 느긋한 성격인 웨들해표가 바다에서 상당이 떨어진 곳까지 기어 나와 잠을 청하는 것과 비교된다. 크랩이터(Crab eater)라는 이름이 붙은 것은 다른 해표에 비해 깊은 곳까지 잠수해 게 등 갑각류를 잡아먹기 때문이다.

**표범해표**  표범이라는 이름이 붙은 것에 걸맞게 상당히 사나운 종이다. 남극 바다의 먹이사슬에서 강력한 포식자의 지위를 누린다. 다른 해표들이 크릴이

440

△ 남극 바다의 강력한 포식자인 표범해표가 빙산 위에서 휴식을 취하고 있다. 이들은 독립생활을 하며 저마다의 영역이 있다.

나 오징어, 물고기를 잡아먹는 등 비교적 온순하다면 이들은 펭귄이나 다른 해표의 새끼 등을 공격한다.

표범해표는 길이 4미터에 이르는 회색 몸에 검은색 얼룩무늬가 새겨져 있다. 몸은 물속에서 쉽게 움직일 수 있게 유선형이며 머리와 턱이 크고 허리는 마치 영화 「쥐라기 공원」에 나오는 육식공룡처럼 불룩하다. 한 번씩 수면 위로 모습을 드러내 입을 '쩍~' 벌리면 시뻘건 입안에서 번득이는 날카로운 이빨은 소름이 돋을 정도이다. 표범해표가 펭귄을 사냥할 때는 물 위에 떠 있는 펭귄 무리 속으로 은밀하게 잠입해 그중 한 마리를 낚아챈다. 강력한 이빨에 걸려 든 펭귄은 잠시 발버둥 쳐보지만 벗어날 수가 없다.

# 물개

"바다를 등진 채 물개에게 접근하지 말 것."

2006년 남극 세종과학기지를 방문했을 때 기지대원이 들려줬던 주의사항 중 하나다. 해변에 물개가 흔한데 사람이 다가가면 순식간에 달려들어 물어뜯을 수 있다고 한다. 그래서 가까이 가지 않는 게 상책이지만 꼭 접근해야 한다면 바다 쪽으로 퇴로를 비워둬야 한다. 실제로 1989년 남극을 방문한 독일 방송기자가 사납게 달려든 물개에게 무릎을 물려 긴급 후송된 적도 있었다.

그런데 신기한 것은 물개가 자주 보는 기지대원과 방문객을 구별한다는 점이다. 마치 땅 위의 개처럼 낯선 사람을 경계한다. 땅 위에 사는 개가 물에 들어가 물개가 되었다는 민담이 괜한 이야기만은 아닌 듯하다.

그런데 물개 입장에서 보면 낯선 사람을 물어뜯을 만도 하다.

역사 이래로 가죽, 연료, 고기를 얻기 위해 수천만 마리의 물개들이 인류의 손에 잔인하게 사냥되었기 때문이다. 예로부터 물개잡이 선원들은 해적·노예선 선원과 함께 바다에서 가장 거칠고 잔인한 부류였다.

이러한 물개의 수난사는 멀리서 찾을 필요도 없다. 우리나라 독도는

△ 남극물개가 휴식을 취하고 있다. 남극에서 야외활동을 할 때는 물개의 공격에 대비해야 한다.

20세기 초까지만 해도 물개의 회유지였다. 그런데 일제 강점과 함께 시작된 일본 수산업자의 무차별적인 포획으로 1905년부터 6년 동안 1만 4,000마리의 물개가 죽음을 당하고 말았다. 이후 일본은 22년 동안 독도에서 물개 어업권을 행사하면서 겨울을 나기 위해 독도를 찾았던 물개의 씨를 말려버렸다.

물개의 외형적 특성을 보면 꼬리가 매우 짧고 귀가 작으며, 온몸에는 차가운 물에 오래 버틸 수 있게 잔털이 30만 개 이상 빼곡하게 나 있다. 짧은 네 다리는 노처럼 생겨 헤엄을 잘 친다. 그래서 헤엄 잘 치는 사람을 가리켜 물개라는 애칭으로 부르기도 한다(물개는 시속 25킬로미터 정도로 헤엄칠 수 있다).

▿ 1980년대까지만 해도 부산 기장군 해역에서도 물개를 발견할 수 있었다.
사진은 기장군 해역에서 물개를 반기는 동료 다이버의 모습이다.

또한 물개는 통속적으로 정력이 좋은 남자를 지칭한다. 수컷 한 마리가 수십 마리의 암컷과 함께 살기 때문이다. 번식기가 되면 한 무리의 암컷들을 차지하기 위해 수컷들은 목숨을 건 싸움을 벌인다. 이러다 보니 수컷의 생식기인 해구신(海狗腎)은 민방에서뿐 아니라 한방에서도 최고의 강정제로 대접받는다.

# 바다코끼리

바다코끼리는 북극에만 있는 기각류*로 남극에 있는 코끼리해표와는 다른 종이다.

남극에 있는 코끼리해표가 코끼리의 코를 닮은 코가 상징이라면 북극에 사는 바다코끼리는 코끼리의 상아를 닮은 긴 엄니가 있다. 수컷은 몸 길이가 3.7미터에 무게가 1.5톤이나 되어 기각류 중에 남극의 코끼리해표 다음으로 덩치가 크다.

바다코끼리는 송곳니로 모래를 파고 조개류나 연체동물을 잡아먹는다. 먹이사냥을 할 때가 아니면 대부분의 시간을 빙산 등 얼음 덩어리 위나 해안에 누워서 지낸다. 북극 주민들은 고기, 지방, 가죽, 엄니 등을 얻으려고 바다코끼리를 사냥해 왔다. 특히 남극의 코끼리해표처럼 기름을 얻기 위해 무차별 사냥해온 탓에 개체 수가 급격하게 줄어들었다.

**기각류**
헤엄치기에 적합하도록 다리가 지느러미처럼 진화한 바다 포유동물이다. 크게 해마과, 물개과, 해표과의 3개 과로 나뉘며 18종의 해표류와 14종의 물개류, 1종의 바다코끼리로 세분된다. 이들은 특히 뒷다리가 헤엄치기에 알맞게 지느러미 모양으로 적응·변화했다. 몸에는 짧은 털이 촘촘하고, 짧은 꼬리는 위아래로 눌러놓은 것같이 넓고 평평한 것이 대부분이다.

△ 과거 노르웨이령 스발바르 제도를 중심으로 바다코끼리 사냥이 성행했다.
▽ 바다코끼리는 코끼리의 상아를 닮은 엄니가 상징적이다.

# 북극곰

북극곰은 영하 40도의 추위와 시속 120킬로미터의 강풍이 몰아치는 혹독한 환경에 적응해온 지상 최강의 포식자이다. 500킬로그램을 넘나드는 육중한 북극곰은 피부 아래 10센티미터 두께의 지방층이 있어 체온 손실이 거의 없다. 게다가 피부에는 길이 5센티미터의 속털과 12센티미터 길이의 뻣뻣한 겉털이 촘촘하게 덮여 있는데 이 털들은 단열 효과뿐 아니라 오랜 시간 수영을 해도 몸이 젖지 않게 방수기능이 있다. 흰색 털 아래 피부는 검은색이라서 햇빛을 흡수하며 열을 만들어낸다.

북극곰은 육중한 몸을 유지하기 위해 하루 평균 16,000킬로칼로리(kcal)를 섭취해야 한다. 사람의 1일 권장 섭취량보다 약 7배나 많은 양이다. 오랜 세월 동안 북극의 맹주로 군림해온 북극곰이 21세기를 맞아 멸종위기에 내몰리고 있다. 주 먹이인 해표들이 지구온난화의 여파로 얼음이 녹지 않은 북쪽으로 이동하고 있기 때문이다. 해표보다 장거리 수영 능력이 떨어지는 북극곰이 해표를 따라갈 수 없게 되자 생존에 심각한 위기를 맞고 말았다. 미국 정부는 2008년 5월 북극곰을 지구온난화로 인한 멸종위기 동물로 지정했다.

△ 노르웨이 스발바르 제도의 롱이어비엔 박물관에 소장되어 있는 그림으로, 북극 지역을 찾은 탐험가들이
북극곰의 습격에 맞서는 모습을 담고 있다.
▽ 북극곰이 해표 사냥을 위해 얼음 위를 달리고 있다. 이들은 100미터를 10초에 달릴 수 있다.

# 북극해표

북극권에서 발견되는 해표류에는 하버해표(Harbour Seal), 반지해표(Ringed Seal), 수염해표(Bearded Seal), 하프해표(Harp Seal), 후드해표(Hood Seal), 북극털가죽해표(Northern Fur Seal) 등이 있다. 북극해표들은 주로 해빙이나 빙산 위에 머문다. 지구온난화의 영향으로 얼음이 녹는 속도가 빨라지면서 낮은 위도에서는 북극해표를 발견하기가 어려워졌다.

북극권에서 발견되는 해표류 중 그나마 흔한 종이 수염해표이다. 성체의 경우 몸길이는 240~250센티미터, 몸무게가 300킬로그램에 육박하는 대형종이다. 동그란 머리와 지느러미 모양의 발은 몸집에 비해 상대적으로 작아 보인다. 입 주변에 긴 흰색 촉모(포유동물의 감각모)가 있는 것이 특징이다. 수염해표는 촉모를 이용해서 게, 새우, 홍합, 바다고둥 따위를 찾아낸다. 이들은 200미터까지 잠수하는 탁월한 사냥꾼이기도 하다. 하지만 이들에게도 천적은 있다. 바로 북극의 맹주라 할 만한 북극곰과 범고래이다. 빙산 위에서 휴식을 취하다가 북극곰의 공격을 받기도 하고, 물속을 헤엄쳐 다니다가는 범고래의 표적이 되기도 한다.

△ 수염해표 한 마리가 유빙 위에 앉아 휴식을 취하고 있다. 포유동물인 이들은 호흡과 휴식을 위해 쉴 수 있는 얼음 덩어리가 있어야 한다.

# 바닷말류

육상 식물처럼 엽록소를 가지고 광합성을 하는, 바닷속 식물의 대명사라 할 수 있다. 육안으로 관찰할 수 있는 녹조류, 갈조류, 홍조류에서부터 육안으로 확인할 수 없는 남조류, 규조류, 와편모조류에 이르기까지 전 세계에 걸쳐 살고 있다.
몸빛에 따라 녹조류 · 갈조류 · 홍조류로 분류하며, 바닷말류에는 엽록소 외에 갈색과 붉은색의 보조색소가 있다.

- **녹조류** : 수심이 가장 얕은 곳에 분포하는 바닷말류군이며 파래, 청각, 청태, 클로렐라 등이 있다. 생식법이나 엽록체의 구조, 광합성 능력 등으로 볼 때 바닷말류 중에서 가장 진화한 분류군이다.

- **갈조류** : 녹조류보다는 깊은 물속에서 자라며, 비교적 크기가 커서 바다숲을 이룬다. 바다숲은 바다생물에게 서식처를, 인류에게는 여러 가지 유익한 부산물을 제공한다. 미역, 다시마를 비롯해 대황, 모자반, 톳 등이 속한다.

- **홍조류** : 바닷말류 가운데 가장 종류가 많으며 4,000여 종이 있다. 김, 우뭇가사리 등이 대표적이며, 갈조류보다 서식 범위가 넓다.

# 김

김은 예로부터 우리나라와 일본에서 식용해온 바닷말류이다. 특히 일본인들의 식생활에서 김이 차지하는 비중은 상당히 높은 편이다. 김에는 쇠고기와 견줄 만큼 단백질과 탄수화물이 풍부하고, 비타민 A의 함량도 다른 식품보다 우수하다. 김은 자연 상태에서도 자라지만 그 양이 수요에 비해 턱없이 부족하기에 양식하는 것이 일반적이다. 김 양식은 김 포자가 붙을 수 있게 가을철에 막대 등의 발을 설치하는 방식으로 이루어진다. 이는 수온이 높은 여름에는 작은 세포 상태로 있다가 수온이 낮아지기 시작하면 딱딱한 곳에 포자를 붙이고 엽상체로 자라는 김의 습성을 이용한 것이다.

김은 '이끼 태(苔)' 자를 '바다 해(海)' 자에 붙여 '해태(海苔)'라 쓴다. 이 해태가 대중적으로 '김'이라 불리게 된 것은 '김씨' 성을 가진 사람이 처음 양식을 했기 때문이라 전해진다.

전라남도 광양시 태인동에 있는 김 시식지(始殖址, 전라남도 지정 기념물 제113호) 자료에 따르면 조선 선조 39년(1606) 전라남도 영암에서 출생한 김여익 공이 병자호란 때 의병을 일으켰으나 조정이 항복하자 태인도(섬진강 하구 간석지에 이루어진 섬)로 들어와 살게 되었다 한다. 김공은 해변에 떠내려온 나무에 해태가 붙어 자라는 것을 보고 김발을 세워 김 양식을 시작하여 그 생산물을 인근 하동장에 내다 팔았는데 사람들은 이를 태인도 '김공'이 기른 것이라 해서 '김'이라 불렀다는 것이다.

태인도는 섬진강과 광양만이 만나는 지리적 특성으로 영양분이 풍부한 담수가 흐르고 갯벌이 넓게 형성되어 예로부터 수산물 양식의 최적지로 손꼽혔다. 지금 태인도에는 광양제철소가 들어와 '김'이 아니라 '쇠[金]'가 생산되고 있다.

△ 낙동강 하구에서 수확한 김이 출하되고 있다.

# 다시마

다시마는 지구 최초의 풀이라고 해서 '초초(初草)'라고도 불린다. 난류성 바닷말류인 미역과 달리 한대와 아한대에 자라는 한해성(寒海性)이지만 최근에는 양식 등으로 전국 연안으로 서식지가 넓어졌다.

다시마는 미역과 마찬가지로 아이오딘(요오드)과 알긴산 등을 많이 함유하고 있는데다 미역보다 나트륨이 적어 고급식품으로 대접받는다. 특히 식이섬유가 다량 포함되어 있어 다이어트용 웰빙식품으로 각광받는다.

△ 다시마는 미역과 달리 차가운 물을 좋아하지만 최근에는 전 연안에서 양식이 이루어지고 있다.

# 모자반

모자반은 우리나라 연안에 광범위하게 서식하는 대형 바닷말류로 바다 숲〔海中林〕을 이루는 대표종이다. 영양면에서는 미역이나 다시마와 대동소이하며 당질보다 식이섬유 성분을 많이 함유하고 있다. 북대서양의 미국과 바하마 제도 동쪽에 있는 광대한 해역 사르가소 해는 모자반의 스페인어 사르가소(Sargasso)에서 유래한 이름이다.

1492년 콜럼버스가 바람과 해류가 없는 이곳을 항해하던 중 설상가상으로 해수면에 덮여 있는 모자반 때문에 해역을 빠져나오는 데 엄청 고생을 했다고 한다. 부착조류인 모자반이 수중 바위에서 떨어져 나가면 공기가 들어 있는 공기주머니로 인해 물에 뜨는데, 수면에 무수히 떠 있는 모자반이 선박의 진행을 가로막은 탓이다. 이러한 인연으로 콜럼버스는 이곳을 사르가소 해라 불렀다. 이렇게 무리 지어

△ 부착조류인 모자반은 암반에서 떨어져 나가면 공기가 들어 있는 공기주머니로 인해 물에 뜬다.

떠다니는 모자반들을 '뜬말'이라 한다. 뜬말은 선박 항해에 지장을 주지만 어린 물고기들의 은신처 역할을 하여 해양생태계 유지에 큰 도움을 준다.

△ 모자반은 대형 바닷말류로 바다숲을 이루는 대표종이다. 겨울철이면 제주도 서귀포 해역은 쭉쭉 자란 모자반들로 바다숲이 형성된다.

△ 볼락 치어들이 모자반 바다숲에 보금자리를 만들었다.

# 미역

　예로부터 산모는 미역국을 먹었다. 산모는 임신과 출산 과정을 거치면서 갑상선 호르몬의 상당량을 태아에게 주면서 몸이 붓는다. 몸이 붓는 것을 막으려면 갑상선에서 분비되는 방향족 아미노산인 티록신이 필요한데, 이것은 아이오딘(요오드)이 있어야만 생성된다. 미역은 아이오딘 성분을 많이 함유하고 있어 몸속의 굳은 혈액을 풀어주고 몸이 붓는 것을 방지해준다. 그런데 이러한 성분 분석은 현대 과학을 통해 규명된 것일 뿐, 산모에게 미역을 먹인 역사는 상당히 오래전 일이었으니 선조들의 혜안에 머리를 숙일 뿐이다.

　중국 옛문헌에 "새끼를 낳은 고래가 미역을 뜯어 먹는 것을 보고 고려 사람들이 산모에게 미역을 먹였다"는 기록이 등장하는 것으로 보아 적어도 고려시대에 산모가 미역을 먹었음을 짐작해볼 수 있다. 미역국은 산모뿐 아니라 생일이면 먹는 기념음식이다. 이는 아기를 낳은 어머니가 처음 먹는 음식이 미역국이기에 아기가 먹는 모유에 미역의 영양분이 담겨 있다고 생각했기 때문이다. 그런데 "미역국을 먹다"라는 표현은 생일을 맞는다는 의미 말고 시험에 떨어진다는 의미로 쓰이기도 한다. 미역이 미끌

△ 해뜰 무렵 미역 양식장 풍경이다. 고운 햇살이 엽상체 사이로 퍼지고 있다.

미끌하다 보니 미끄럽다는 의미를 시험에 미끄러진다는 해학적인 의미로 해석한 탓이다.

태어나서 평생토록 각별한 인연을 맺는 미역 이름의 유래는 『삼국사기三國史記』*에서 찾을 수 있다. 고구려 시대에는 물을 '매(買)'로 썼는데 미역의 생김새가 물에서 나는 여뀌와 비슷하다 하여 매역(물여뀌)이라 썼다는 기록이 전해진다. 이 매역이 어휘 변천 과정을 거치면서 지금의 미역이 된 것으로 추정할 수 있다.

『삼국사기』
고려 인종의 명을 받아 김부식 등이 1145년에 편찬한 역사책이다. 고구려·백제·신라의 개국부터 멸망할 때까지의 역사를 기록했다.

464

△ 부산 기장군 연안의 미역 양식장의 모습이다. 미역은 크게 북방산과 남방산으로 분류되는데 북방산 미역이 자라는 기장 연안은 한류와 난류가 만나며 조류의 상하 운동으로 영양염류의 순환이 왕성해 미역이 자라기에 최적의 조건을 갖추고 있다. 북방산 미역은 국내 생산량의 5퍼센트 정도에 머물러 있다.

# 우뭇가사리

얕은 수심에서 깊은 수심에 이르기까지 서식하는 우뭇가사리는 흔한 바닷말류이다. 우뭇가사리를 거둬들여 말린 다음, 이것을 끓여서 나오는 물을 건조시키면 식용 가능한 우무가 만들어진다. 그런데 이렇게 만들어지는 우무는 묵 형태라 유통상 문제점이 많다. 그래서 유통과 보관상 편의를 위해 우무를 말려 작은 조각이나 가루 형태로 만든 것이 한천(寒天)이다. 이 한천을 물에 넣고 끓인 후 냉각시키면 다시 묵 형태의 우무가 된다. 옛날에는 한천을 만들 때 우무를 겨울철에 자연 상태에서 얼리고 녹이고를 반복하면서 건조시켰기에 '찰 한(寒)'에 '하늘 천(天)' 자를 붙였다. 이러한 방식은 시간이 많이 걸리기에 최근에는 한천 제조과정이 기계화되었다.

우뭇가사리라는 이름은 생김새가 소의 털과 흡사하여 '우모초(牛毛草)'라 불린 것이 그 유래이다. 이 바닷말류를 끓인 다음 굳히는 방법으로 가공한 역사는 동서양을 막론하고 한가지인 듯하다. 우뭇가사리의 분류학상 학명 *Gelidium*은 라틴어로 '응고'라는 뜻을 가진 Gelidus에서 유래하기 때문이다.

△ 해변에서 우뭇가사리를 말리고 있다. 말린 우뭇가사리를 끓여서 나오는 물을 건조시키면 식용 가능한 우무가 만들어진다.

△ 경남 밀양시에 있는 한천 건조장에서 우무를 서서히 건조시켜 한천을 만들고 있다.

최근 들어 우뭇가사리가 식생활에 큰 관심을 받고 있다. 우무의 주성분은 식이섬유인 고분자 탄수화물로 소화나 흡수가 잘되지 않는 저칼로리 식품이기 때문이다. 우뭇가사리는 잼, 젤리, 양갱, 수프 등 식품첨가물뿐 아니라 필름과 전구, 가죽, 화장품 등 공업용 첨가물로도 많이 사용된다.

# 청각

청각은 '푸를 청(靑)'에 '뿔 각(角)' 자를 쓴다.

1.5~3밀리미터의 굵기에 길이는 10~30센티미터에 이르는데 전체적인 모양이 사슴뿔을 닮았다. 부드럽고 탄력이 있는 몸체는 검푸른색이며, 맛과 향이 신선해 예로부터 김치를 담글 때 넣으면 젓갈 등에서 나는 비린내 등이 중화되어 뒷맛이 개운하다.

△ 청각은 김치 등을 담글 때 많이 사용된다.

# 파래

　녹조류 중 가장 대표 종인 파래는 파란색에서 유래한 이름이다. 이들은 강인한 생명력과 적응력으로 열대지방에서부터 극지방에 이르기까지 자라지 않는 곳이 없다. 적응력이 워낙 강하다 보니 김 양식을 위해 쳐둔 김발에 달라붙어 김 양식을 망치는 일이 종종 발생한다.

　파래가 많이 함유된 김을 파래김이라 하는데, 일반 김보다 하급품으로 유통된다. 그런데 최근 들어서는 파래 맛이 독특한데다 건강식품으로 대접받자 어민들 중에는 김 양식을 포기하고 파래를 양식하는 사례가 늘고 있다. 수확이 불안정한 김보다는 아무 곳에든 잘 달라붙고 생명력이 강한 파래가 양식하기도 쉽기 때문이다.

▽ 부산 광안리해수욕장 갯바위에 파래가 붙어 자라고 있다.
파래는 강인한 생명력과 적응력을 지닌 바닷말류이다.

# 바다 파충류

척추동물의 파충류는 양서류에서 진화하여 포유류와 조류의 모체 역할을 했다. 현재 6,000여 종이 알려졌다. 중생대는 공룡으로 대표되는 파충류가 1억 5천만 년 동안이나 번성했던 파충류의 전성기였다. 파충류는 변온동물로 일정하게 체온을 유지할 필요가 없으므로 조류나 포유류보다 적게 먹고도 살아갈 수 있다. 하지만 변온동물의 특성상 서식지가 제한적일 수밖에 없다. 항온동물인 포유류의 경우 온도가 낮은 곳에서도 몸에서 자체적으로 열을 발산하여 체온을 유지할 수 있지만 파충류는 주변 온도에 따라 체온이 변하므로 열대와 아열대의 따뜻한 환경을 제외한 지역에선 살아가기가 어렵다.

또한 파충류는 허파호흡을 하는데, 이는 바다로 내려간 바다 파충류도 예외일 수 없다. 이러한 생태적 특성 때문에 대표적인 바다 파충류인 바다뱀, 바다거북, 바다이구아나, 바다악어 등은 체온 유지를 위해 온도가 높은 열대와 아열대 해역에 살면서 숨을 쉬기 위해 주기적으로 수면 위로 올라와야 한다.

# 바다거북

열대 바다, 특히 말레이시아 시파단 해역은 바다거북의 천국이다. 얼마나 바다거북이 많은지 바닷속을 다닐 때 이들과 부딪치지 않게 피해 다녀야 할 정도이다. 열대 바다뿐 아니라 우리나라 연안에도 바다거북이 종종 모습을 드러낸다. 선조들은 바다거북을 사슴·학·소나무·대나무·불로초·산·내·해·달과 함께 십장생으로 꼽으며 신성하게 여겼다. 이 때문일까, 바다거북이 그물에 걸리거나 해변에서 발견되면 용궁의 사신으로 귀히 여겨 술과 음식을 차려 극진히 대접한 후 바다로 돌려보내곤 했다.

그래서인지 바다거북의 고향은 당연히 바다라고 생각하겠지만 약 2억 년 전에는 바다거북이 육지의 늪지대에서 살았다는 사실이 화석을 통해 증명된다. 그 후 5,000만~1억 년 전 사이에 일부 종이 바다에까지 삶의 영역을 넓히면서 바다가 거북들의 삶의 터전이 되었다. 그런데 모든 종이 바다로 내려간 것은 아니었다. 육지에는 바다거북인 터틀(Turtle)에 상대되는 의미로 토터스(Tortoise)라 불리는 육지거북, 자라, 남생이 등이 남았다.

바다로 내려가 진화한 거북은 7종 정도이다. 이들은 바다 환경에 적응

▽ 바다거북 두 마리가 한가로이 유영하고 있다. 열대와 아열대 바다에서는 바다거북을 흔하게 만날 수 있다.

하기 위해 다리가 물갈퀴로 변형되고 한번 들이마신 호흡으로 장시간 바닷속에 머물 수 있도록 신체 기능이 단련되긴 했지만 육지에서 살던 습성을 완전히 버리지 못해 육지에서 부화하고 여전히 허파호흡을 해야 한다. 7종의 바다거북은 바다거북과에 속하는 푸른바다거북·붉은바다거북·올리브각시바다거북·켐프각시바다거북·매부리바다거북·납작등바다거북의 6종과 장수거북과에 속하는 장수거북 1종으로 분류된다.

바다거북과와 장수거북과의 가장 큰 차이점은 거북의 등을 덮은 등딱지의 형태이다. 바다거북과에 속하는 종들은 인갑(비늘 껍데기) 형태의 등딱지가 딱딱하지만, 장수거북은 딱딱한 등딱지 대신 가죽과 같은 피부로 덮여 있다. 바다거북과에 속하는 종들이 허파호흡에 의존하는 반면, 장수거북은 허파호흡 외에 보조 호흡의 수단으로 물에서 산소를 걸러내기도 한다. 이들은 입 뒤쪽 목구멍에 실핏줄이 많이 모여 있어 물고기 아가미처럼 물이 들락날락할 때마다 물에 녹아 있는 산소를 실핏줄로 흡수한다. 이러한 신체적 특징으로 장수거북은 1,200미터에 이르는 수심까지 잠수할 수 있으며 먼 거리를 이동할 수 있다. 7종의 바다거북 특징을 살펴보면 다음과 같다.

**푸른바다거북**(*Chelonia mydas*)   전 세계 바다에 광범위하게 발견되어 바다거북의 대명사가 되었다. 갑각의 길이 0.7~1.2미터, 몸무게 90~140킬로그램이다. 주로 바닷말류를 먹는다. 영어명은 그린터틀(Green turtle)이라 하는데 이는 이들로부터 짜낸 기름이 녹색인 데서 유래한다.

**붉은바다거북**(*Caretta caretta*)  푸른바다거북과 비슷하지만 머리가 더 크고 불그스름한 갈색을 띠고 있다. 성질이 난폭한 편이며 육식성이다.

**매부리바다거북**(*Eretmochelys imbricata*)  머리끝이 길쭉하고, 매의 부리처럼 단단하고 뾰족한 부리 모양의 주둥이가 휘어져 있다. 또한 톱날같이 갈라진 등딱지가 특징이다. 최대 몸길이는 1미터이며, 평균 몸무게는 80킬로그램이다. 여느 바다거북과 달리 해면동물을 즐겨 먹는다.

**올리브각시바다거북**(*Lepidochelys olivacea*)  몸무게 50킬로그램 정도로 바다거북 중 크기가 작은 종이다. 몸의 색이 올리브빛을 띠는 것이 특징이다.

**켐프각시바다거북**(*Lepidochelys kempii*)  몸길이는 1미터 미만이며 평균 몸무게 45킬로그램 정도의 작은 바다거북으로 대서양과 멕시코 만에만 분포한다. 부리 모양의 주둥이로 게를 즐겨 잡아먹는다.

**납작등바다거북**(*Natator depressus*)  오스트레일리아 연안에만 서식하는 고유종으로 납작한 등딱지가 특징이다.

**장수거북**(*Dermochelys coriacea*)  크기가 2미터 이상이며, 몸무게는 350~700킬로그램으로 현존하는 거북 중에서 가장 큰 종이라 장수(將帥)라는 이름이 붙었다. 열대지방에서 주로 발견되지만 바다거북 중에서 분포 범위가 가장 넓다. 바다거북에 비해 앞발이 커서 장거리 수영에 적합하며 1,200미터에 이르는 수심까지 잠수할 수 있다.

△ 바다 파충류인 바다거북은 주기적으로 수면 위로 올라와 허파호흡을 해야 한다. 사진은 바다거북이 수면 위로 머리를 내밀고 숨을 들이켜는 모습이다.

△ 바다거북이 수중 암반 위에서 잠을 자고 있다.

# 바다뱀

수백만 년 전 육지에 살던 한 무리의 뱀들이 바다로 내려갔다. 이들은 바다에 적응하기 위해 콧구멍은 물이 들어오지 않도록 밸브 형태로, 꼬리 부분은 수영을 할 수 있게 노처럼 납작하게 변했다. 세월이 흐르면서 바다로 내려간 뱀 중 바다라는 환경에 완전 적응한 종도 있지만 적응에 실패한 종도 생겨났다.

적응에 성공한 종은 피부로 산소를 호흡하며 바닷속에서 부화를 하지만, 실패한 종은 피부호흡 능력이 떨어져 한두 시간에 한 번씩 수면 위로 머리를 내밀어 공기를 들이마셔야 했고, 알을 낳기 위해 위험을 무릅쓰고 땅 위로 올라가야 했다. 환경에 완전 적응하지 못한 뱀은 자신의 불완전함을 보완하기 위한 방어수단으로 독을 가지게 되었다.

현재 바다에 살고 있는 50여 종의 뱀 중 다섯 종 정도가 독이 있어 바다독사(Sea krait)라 불린다. 이에 반해 독이 없는 뱀은 바다에 완전 적응했다는 의미에서 진성 바다뱀(True sea snake)이라 한다. 바다독사의 독은 크게 신경성 독과 혈액성 독으로 나뉜다. 혈액성 독을 가진 뱀에게 공격받으면 출혈과 함께 상당히 고통스러운 죽음을 맞게 된다. 이에 반해 신경

△ 산호초 사이를 지나던 바다뱀이 순간적으로 몸을 돌려 위협하고 있다.

△ 바다뱀이 공기 호흡을 위해 수면 위로 상승하고 있다.

△ 바다뱀이 정어리 떼를 노리고 있다. 바다뱀은 육식성으로 작은 어류 등을 사냥한다.

성 독을 가진 뱀에 물리면 통증은 없지만 아주 짧은 시간 안에 몸이 마비되면서 목숨을 잃게 된다. 육지의 뱀을 예로 들면 살모사는 혈액성 독을, 코브라는 신경성 독을 가지고 있다.

바다독사는 성향이 공격적이지 않아 그다지 위협적인 존재는 아니지만 종에 따라 맹독을 지니고 있어 가까이 다가갈 때는 조심해야 한다.

# 바닷새

바다에 의지하여 살아가는 조류를 통틀어 가리키며, 일생의 절반 이상을 바다에서 살아간다. 일반적으로 섬이나 연안에 모여 집단으로 번식하는데 약 500여 종이 있다. 이들은 먹이의 대부분을 바다에서 얻는다. 바닷새는 헤엄치기에 알맞은 물갈퀴와, 또 미끄러지는 물고기를 잘 잡을 수 있게 부리가 발달되었다. 물에 잘 뜰 수 있도록 뼈가 가볍게 진화된 종이 있는가 하면, 물속을 잘 헤엄칠 수 있도록 뼈가 무겁고 강하게 진화된 펭귄 같은 종도 있다. 특히 찬물에서 체온을 유지하기 위해 피부 아래 지방층이 두껍고 깃털에 공기층이 있어 단열 효과를 극대화하고 있다. 동물분류학상 여기에 속하는 바닷새는 펭귄목(펭귄과), 아비목(아비과), 논병아리목(논병아리과의 일부), 슴새목(알바트로스과·슴새과·바다제비과), 사다새목(사다새과·가마우지과·군함조과), 바다쇠오리목(바다쇠오리과), 갈매기목(갈매기과), 도요목(지느러미발도요과·바다오리과), 기러기목(오리과의 바다비오리) 등이 있다.

# 가마우지

　가마우지는 전 세계에 32종이 분포한다. 대표종으로는 남아메리카 서해안 일대에 서식하는 구아노가마우지, 갈라파고스 제도의 갈라파고스가마우지, 남아프리카 남단의 케이프가마우지, 오스트레일리아와 뉴질랜드의 남방작은가마우지 등이 있다. 우리나라에는 민물가마우지·바다가마우지·쇠가마우지 등이 알려져 있으며 경기도·경상남도·제주도 등지에 분포한다.

　가마우지는 물고기 사냥의 명수이다. 하늘을 날다가 물고기를 발견하면 창이 꽂히듯 물속으로 자맥질해 들어가 부리로 낚아챈다. 가마우지는 먹이를 통째로 먹기에 혀가 필요 없어 작게 퇴화되었으며 물속으로 자맥질하기에 편리하게 콧구멍이 밖으로 노출되어 있지 않다. 가마우지라는 이름은 '가마'와 '우지'의 합성어로 보인다. '가마'는 가마우지 털색이 검어서 '가맣다'에서 온 것으로 보이며, '우지'는 걸핏하면 우는 아이란 뜻이 있는데 시끄럽게 울어대는 새의 습성을 나타낸 것으로 보인다.

　구아노가마우지의 이름의 유래가 된 구아노(guano)는 가마우지의 배설물이 응고·퇴적된 것으로 인산질 비료로 이용된다. 특히 강수량이 적은

△ 가마우지들이 부산의 오륙도에 무리 지어 앉아 있다. 바위의 흰 부분은 가마우지들의 배설물이다.

남미의 페루와 칠레 해안 지역의 구아노에 인산 함량이 많아 잉카제국 때부터 비료로 이용되었는데 지금은 페루의 주요 수출품목 중 하나로 자리 잡았다.

# 갈매기

"백구야 풀풀 나지 마라 너 잡을 내 아니로다"로 시작되는 「백구사」는 가객들은 물론, 일반 사람들까지 즐겨 불렀던 강호풍경을 노래한 가사이다. 지금 민요로 불리는 「백구타령」도 역시 갈매기를 끌어들여 자연과 벗하는 한가한 정서를 표현한 노래이며, 시조뿐 아니라 대중가요에도 갈매기를 소재로 한 작품이 많다.

갈매기는 전 세계에 약 86종이 알려져 있으며, 우리나라에는 붉은부리갈매기·재갈매기·큰재갈매기·갈매기·괭이갈매기·검은머리갈매기·목테갈매기·세가락갈매기 등 갈매기속 8종과, 흰죽지갈매기·제비갈매기·쇠제비갈매기 등 제비갈매기속 3종이 알려져 있다. 이 중 괭이갈매기 1종만이 텃새이며 나머지는 철새 또는 나그네새들이다. 대부분의 갈매기들이 철새이다 보니 갈매기는 일정한 거주처가 없는 동물로 인식되었다. 이에 대한 은유적 표현으로 "갈매기도 제 집이 있다"는 속담이 있는데 이는 사람은 누구나 자기 거처가 있다는 뜻으로 쓰이는 말이다.

갈매기는 한자로 보통 '구(鷗)'라 썼고 우리말로는 갈며기·갈머기·갈막이·해고양이라고도 했다. 새 이름은 대부분 울음소리, 색깔, 사는 곳, 생긴 모양 등에서 유래를 찾을 수 있다. 그런데 갈매기란 이름에 대해 '갈'이 물을 뜻한다는 것 말고는 정확한 유래를 찾기 힘들다. 다만 옛말로 '갈며기', '갈머기' 등으로 부른 것으로 보아 '물'과 '먹이'의 의미를 합한 이름이 아닐까 추정해본다. 비슷한 예로, 바다생물 불가사리의 이름 유래가 된 상상 속 동물 불가사리가 쇠를 포함해서 못 먹는 것이 없다 해서 옛말로 '쇠머기'라 부른 것에서 '머기'의 쓰임을 찾아볼 수 있다.

갈매기 중 유일한 텃새인 괭이갈매기는 울음소리가 고양이 소리와 같다고 해서 붙인 이름이다. 이들이 집단을 이루는 충청남도 태안 앞바다의 난도(제344호)와 경상남도 통영 앞바다의 홍도(제335호)는 천연기념물로 지정되어 있다.

◁ 독도에도 괭이갈매기가 서식하고 있다. 괭이갈매기의 부리는 진한 노란색이고, 부리 끝 부분에 붉은색과 검은색 반점이 있으며, 다리는 초록빛을 띤 노란색이다.

△ 천연기념물 제355호로 지정·보호받고 있는 경남 통영시 한산면 매죽리 홍도에 10만여 마리의 괭이갈매기들이 집단으로 서식하고 있다.

# 도둑갈매기

도둑갈매기류(Skuas)는 도요목 도둑갈매기과(Stercorariidae)와 도둑갈매기속(Stercorarius)에 속하는 약 7종의 바닷새 분류군이다. 도둑갈매기라 불리는 것은 다른 바닷새의 알이나 새끼를 먹거나, 잡았던 먹이를 훔치는 경우가 많기 때문이다. 주로 남극지방에서 펭귄 알을 훔쳐 먹는 것으로 잘 알려져 있다. 자연환경이 혹독한 남극에서 도둑갈매기도 새끼를 낳고 키우려면 영양가가 높은 먹이가 필요하다. 펭귄은 바다에서 물고기나 크릴을 사냥할 수 있지만 수영을 못하는 도둑갈매기는 바다에만 의존해서 살 수는 없다.

2006년 11월 남극 킹조지 섬을 찾았을 때 도둑갈매기가 사냥하는 장면을 보게 되었다. 도둑갈매기의 공격에 놀란 어미 펭귄이 비명을 지르고, 둘은 처절한 몸싸움을 벌였다. 힘에 부친 어미 펭귄이 둥지에서 밀려나려는 순간 주위에 있던 펭귄들이 달려왔다. 아무리 사나운 도둑갈매기라도 펭귄 2~3마리가 함께 달려들면 당해낼 수 없어 보였다. 하지만 펭귄들이 늘 알을 지킬 수 있는 것은 아니다. 방심하는 순간이나 도둑갈매기들이 앞뒤에서 함께 공격하면 결국 알을 빼앗기고 만다.

△ 펭귄 둥지 위를 맴돌던 도둑갈매기가 펭긴 알을 노리며 서서히 내려앉고 있다.

△ 주변에 있던 펭귄들이 달려들자 도둑갈매기가 줄행랑치고 있다.

△ 앞뒤로 협공에 나선 도둑갈매기 두 마리가 펭귄 알 사냥에 성공했다.

# 북극제비갈매기

몸무게 125그램, 몸길이 33센티미터에 지나지 않는 북극제비갈매기(도요목 제비갈매기과)는 지구상에서 가장 먼 거리를 옮겨 다니는 새이다. 북극의 여름인 4~8월에 번식하고 새끼가 어느 정도 성장하면 남극까지 날아가 여름을 보낸다. 그리고 이듬해 남극의 겨울이 시작되는 4월이면 번식을 위해 자기가 태어난 북극으로 다시 돌아온다. 이들의 연간 이동거리는 7만 900킬로미터에 이른다.

신천옹(Albatrosses), 흑꼬리도요(Black-tailed Godwits), 사대양슴새(Sooty shearwaters) 등도 먼 거리를 여행하는 새이지만 북극제비갈매기의 여정을 따라잡을 수 없다. 북극제비갈매기는 용맹한 새이다. 자신의 영역 안으로 누군가 들어오면 상대를 가리지 않고 날카롭고 강한 부리를 앞세워 맹렬한 속도로 내리꽂는다. 멋모르고 이들의 영역에 들어갔다가는 북극제비갈매기의 공격으로 머리에 상처를 입기도 한다. 그래서 이들을 관찰하는 조류학자들은 머리를 보호하는 헬멧을 반드시 착용한다.

남극 대륙에는 북극제비갈매기와 비슷한 종의 제비갈매기가 있다. 바로 남극제비갈매기가 주인공이다. 이들은 남극의 여름인 10월에서 3월까지 번식한 후 겨울이 시작되는 4월이면 혹한을 피해 남아메리카 대륙 동부 해안으로 날아가 겨울을 보낸다.

남극의 여름에는 북극의 겨울을 피해 남극으로 날아온 북극제비갈매기와 영역을 다투기도 한다. 이들은 비슷하게 생겼지만 번식기를 맞을 때 새들에게 나타나는 화려한 혼인깃으로 구별할 수 있다. 남극의 여름철에 남극까지 날아온 북극제비갈매기는 번식기가 아니므로 깃털이 수수한 반면, 번식기를 맞은 남극제비갈매기는 깃털이 화려하다.

북극제비갈매기는 북극에서 태어난 새끼를 남극까지 데려가기 위해 혹독하게 훈련시킨다. 둥지도 없는 언덕에 알을 낳고 새끼를 키우면서 먹이를 줄 때도 잡아온 물고기를 슬쩍 보여준 후 언덕 아래에 던져버린다. 배고픈 새끼는 먹이를 찾아 뒤뚱거리며 언덕 아래까지 내려간다. 언덕 아래에서 기다리고 있던 어미는 먹이를 다시 언덕 위로 옮긴다. 새끼는 조금 전 힘겹게 내려왔던 언덕을 다시 열심히 올라가며 본능적으로 날개를 퍼덕이면서 힘을 기른다.

△ 북극제비갈매기는 작지만 용감한 새이다. 하늘을 선회하다가 자기 영역이 침범당하면 강한 부리를 앞세워 주저 없이 내리꽂는다.

△ 남극제비갈매기가 자기보다 덩치가 큰 남방큰재갈매기를 위협하고 있다.

△ 북극제비갈매기 어미는 언덕 위에 있는 새끼에게 먹이를 슬쩍 보여주고는 언덕 아래로 던져버린다. 새끼가 먹이를 찾아 언덕 아래로 내려가면 어미는 다시 언덕 위로 먹이를 옮긴다. 어미는 이런 과정으로 새끼를 단련시킨다.

# 자이언트페트렐

페트렐은 바다의 먹이와 함께 먹는 염분을 몸 밖으로 내보내는 작은 관이 부리에 있는 새들을 가리킨다. 자이언트페트렐은 두 날개 사이가 2~2.4미터에 이르는 대형종이다.

해안에 둥지를 틀고 있다가 먹이사냥을 위해 날아오를 때는 육중한 몸을 공중으로 띄우기 전에 물 위를 달리듯 활주한 다음 그 탄력을 이용한다.

△ 자이언트페트럴은 물 위를 달려 탄력을 얻은 뒤 육중한 몸을 공중에 띄운다.

# 펭귄

지구상에 있는 날지 못하는 새 18종 가운데 7종이 남극해에 분포하는 펭귄들이다. 펭귄은 남극을 중심으로 한 남반구에만 서식하기에 남극을 상징하는 바다동물로 인식되고 있다.

펭귄(Penguin) 이름의 유래에 대해서는 여러 가지 설이 있다. 이 중 몇 가지를 엮으면 그럴듯한 이야기가 만들어진다. 16세기 대서양을 항해하던 영국 선원들은 캐나다 뉴펀들랜드 근해에 있는 머리가 하얀 섬을 펭귄(Pengwyn) 섬이라 불렀다.

여기서 Pengwyn은 고대 켈트어로 '하얀 머리'이다. 섬의 정상 부분이 하얀 것은 이 섬 인근 해역에 많이 살던 큰바다쇠오리의 배설물이 쌓인 탓이었다. 부산의 명물 오륙도의 굴섬이 가마우지와 갈매기의 배설물로 정상 부분이 하얗게 변한 것과 같은 맥락이다. 선원들은 이 큰바다쇠오리를 펭귄 섬에 산다 하여(지금은 펑크섬이라 불린다) 펭귄새라 불렀다. 큰바다쇠오리는 80센티미터 안팎의 몸길이에 몸무게는 5킬로그램 정도였는데 날개와 뒷다리가 짧고 등은 검은색이며 배는 흰색이었다. 퇴화한 날개는 하늘을 날 수 없는 대신 물고기를 잡기 위해 물속을 빠르게 헤엄칠 수 있도록 진화했으며, 젖은 몸을 말리거나 번식을 위해 섬에 상륙할 때는 몸을 세워 걸어 다녔다.

이후 남빙양 항로를 개척한 뱃사람들은 북반구에 있는 펭귄새와 비슷한 겉모습과 생활방식을 가진 새를 발견하였으며, 이 새를 펭귄이라 이름 붙였다. 결국 남극에 사는 펭귄 이름의 유래는 북반구에 살던 펭귄새(큰바다쇠오리)에서 따온 것이라는 이야기가 된다.

그런데 북반구에 살던 펭귄은 멸종하고 말았다. 날 수 없어 움직임이 느린데다 고기와 깃털 등을 채취하기 위해 무차별 포획되었기 때문이다. 설상가상으로 개체 수가 얼마 남지 않고부터는 표본에 희소가치까지 더해져 경쟁적으로 포획하는 바람에 1844년 6월 3일 마지막 한 쌍이 사냥된 이후 지금까지 발견되지 않고 있다.

▽ 펭귄은 육상에서는 움직임이 느리지만 물속에서는 시속 20킬로미터 이상의 속도로 헤엄친다. 수면을 박차고 뛰어오를 수도 있는데 이들이 수면을 헤엄쳐서 지나는 모습을 보면 마치 돌고래와 닮았다.

△ 사진은 1844년 6월 3일 마지막 한 쌍이 사냥된 이후 지금까지 발견되지 않아 멸종동물로 분류된 큰바다쇠오리의 박제이다.

남극환경보호의정서
정식명칭은 '환경보호에 관한 남극조약의정서'이며 '마드리드 의정서'라고도 한다. 1982년 9월에 열린 국제연합 총회에서 말레이시아가 남극 문제를 거론한 후 세계 각국의 논의 과정을 거쳐 1991년 10월 4일 스페인 마드리드에서 열린 제11차 남극조약협의당사국 특별회의에서 채택되었다. 목적은 기존의 남극 환경 보호체제가 미흡하다는 인식에 따라 환경보호 규정을 강화하는 데 있다.

남극의 펭귄도 인류에게 발견된 이후 한동안 순탄한 삶을 살지 못했다. 석유가 발견되기 전 연료용으로 비싸게 거래되던 남극 코끼리해표의 기름을 끓여내는 원료로 펭귄 기름을 사용한데다 남극 탐험에 나선 탐험대의 식량이 되기도 했기 때문이다. 지금은 펭귄뿐 아니라 남극의 모든 동식물이 '남극환경보호의정서(Madrid Protocol)*'에 따라 보호받고 있다.

아델리펭귄  아델리는 프랑스 탐험가 뒤몽 뒤르빌의 아내이다. 뒤르빌은 1840년 남극에 도착했는데 이곳에서 예쁜 펭귄을 발견하고 아내의 이름을 붙였다.

젠투펭귄  젠투란 '이교도'를 뜻하는 포르투갈어이다. 젠투펭귄의 머리에 있는 흰 무늬가 인도의 시크교를 믿는 사람들이 머리에 두르는 터번을 닮았다고 해서 붙인 이름이다.

**친스트랩펭귄**  이 펭귄들은 턱에 까만 줄무늬가 있어 턱을 지칭하는 영어 친스(Chins)와 끈을 지칭하는 트랩(Trap)에서 이름을 따왔다.

△ 아델리펭귄은 남극 대륙에서 가장 개체 수가 많은 펭귄이다. 사진은 얼음 언덕에서 크릴 사냥을 위해 바다로 뛰어내리는 펭귄의 모습이다.

△ 젠투펭귄 무리가 알을 품고 있을 때는 주변에 동료 펭귄 한두 마리가 도둑갈매기 등 포식자의 침범을 경계하며 불침번을 선다.

**마카로니펭귄**  마카로니란 18세기 유럽에서 옷을 잘 입는 멋쟁이 남성들을 가리킨다. 머리에 길고 더부룩하게 나 있는 털이 화려하고 멋지게 보여 마카로니란 이름을 붙였다.

**임금펭귄**  1775년 남극반도 위 사우스섀틀랜드 군도의 사우스 조지아 섬에서 탐험가들이 임금펭귄을 처음 발견했다. 당시까지 발견된 펭귄 가운데 가장 컸기에 임금펭귄이라고 이름 붙였다.

**황제펭귄**  임금펭귄이 발견된 이후 19세기 들어서야 사람들은 남극 대륙 깊숙한 곳까지 진출하게 되었다. 이곳에서 임금펭귄보다 더 클 뿐 아니라, 진정한 남극의 주인공으로 대접받는 펭귄을 발견했다. 사람들은 이들에게 황제라는 이름을 붙였다.

△ 친스트랩펭귄은 성격이 거친 편이다. 무리를 이루며 살고 있지만 자신의 보금자리와 영역을 지키기 위해 끊임없이 신경전을 벌인다.

◁ 황제펭귄은 남극의 혹한을 이겨내며 대륙에서 번식하는 유일한 종이다. 먹이사냥에서 돌아온 어미가 새끼를 돌보고 있다.

# 기타

개불(의충동물), 갯지렁이(환형동물), 멍게(미삭동물), 크릴(플랑크톤), 해면(해면동물) 등
에 대해 살펴본다.

개불은 지렁이와 같은 환형동물로 생각했지만 몸에 체절이 없어 의충동물로 새로
이 분류했다. 의충(螠蟲)은 골뱅이에 속하는 도롱이 벌레를 뜻한다.

갯지렁이가 속하는 환형동물은 몸의 생김새가 '고리' 모양인 데서 유래한 이름이다.

미삭(尾索)동물에 속하는 멍게는 척추동물의 사촌 격이다. 척추동물의 척삭(脊索)은
척추로 발전하지만, 멍게 배아의 척삭은 성체가 되면서 퇴화된다. 미삭동물은 꼬
리 부분에 척삭이 있어 붙인 이름이다.

크릴은 난바다곤쟁이과에 속하는 동물플랑크톤이다. 새우처럼 보여 흔히 크릴새
우라 부르지만 분류학상 새우와는 관련이 없다.

해면은 작은 개체들이 모여 군체를 이루는 다세포 동물이긴 하지만 소화계와 배
설계, 근육계, 신경계 등이 분화되지 않아 다세포 동물 가운데 가장 하등한 동물로
분류된다.

# 개불

개불은 개불목 개불과의 의충동물(蟻蟲動物, Echiura)이다. 의충동물은 해양성 무척추동물로 작은 동물 분류군이다. 개불을 환형동물의 일부로 여기곤 했지만, 환형동물과 같은 체절이 발견되지 않아 의충동물문이라는 별도의 동물문으로 분류하고 있다. 개불은 달짝지근하고 오돌오돌 씹히는 특유의 맛과 향미로 인기가 있다. 맛이 달짝지근한 것은 글리신과 알라닌 등의 단맛을 내는 성분이 들어 있기 때문이며, 오돌오돌 씹히는 입맛은 마디가 없는 원통형 몸 조직 때문이다.

그런데 개불은 생김새가 그다지 호감을 주지는 않는다. 스스로 줄였다 늘였다 할 수 있는 붉은빛이 도는 유백색의 길쭉한 몸이 남자의 성기를 꼭 빼닮았기 때문이다. 그래서인지 『우해이어보』에는 개불을 '해음경(海陰莖)'이라 쓰고, 생긴 모양이 말의 음경 같다고 설명했다. 구태여 『우해이어보』에서 해음경을 끌어오지 않더라도 개불이라는 이름 자체가 성기와 관련이 있다. 개의 불알이 그것이다. 그런데 왜 하필 말의 음경이고, 개의 불알일까? 선조들은 사람의 그것을 직접적으로 표현하기보다는 빗대어 표현하여 개, 말 등의 접사를 붙여 해학적으로 쓰곤 했다.

개불은 몸을 늘였다 줄였다 하기에 크기를 가늠하기 힘들지만 보통 몸길이 10~15센티미터에 굵기는 2~4센티미터이다. 조간대의 흙탕 속에 구멍을 깊이 뚫고 살다가 바닷물이 차가워지는 겨울이면 위로 올라오기에 겨울에서 봄까지가 제철이다.

개불은 그 생김새에 기인한 탓도 있겠지만 글리신과 알라닌 성분이 있어 예로부터 정력제로 애용되어왔다. 『우해이어보』에는 발기부전인 경우 해음경을 깨끗이 말려 곱게 갈아서 젖을 섞어 바르면 특효라는 민간요법을 소개하기도 한다. 개불은 겉모습이 창자를 닮았다 하여 중국에서는 '하이장(海腸)'이라고 한다.

△ 개불은 몸을 늘였다 줄였다 하기에 크기를 가늠하기 힘들다. 갯벌에서 잡은 개불을 한자리에 모아 보았다.

△ 찬바람이 불고 날씨가 추워지면 개불의 계절이 돌아온다. 개불은 갯벌에 U자형의 구멍을 파고 사는데 어민들은 호미, 삽, 괭이로 개불 잡이에 나선다.

# 갯지렁이

갯지렁이는 분류학상으로 환형동물문(Phylum Annelida)에 속하며 형태적 특징으로 털이 많아 '많을 다(多)', '털 모(毛)', 다모강으로 분류한다. 땅 위에 사는 지렁이와 구별하기 위해 이들에게는 '갯'이라는 접사를 붙였다. 흔히 볼 수 있는 길쭉한 모양의 갯지렁이는 몸 둘레에 나 있는 바늘털로 제 몸을 보호하고 갯바위 위를 부지런히 기어 다니면서 작은 갑각류 등을 잡아먹는다.

갯지렁이는 갯벌이나 조간대 바위에서부터 수심 20미터 이내의 얕은 바다에 집중적으로 서식한다. 전 세계적으로 8,000여 종이 서식하는 것으로 조사되었는데 이들은 크게 먹이활동과 생식활동을 위해 자유롭게 돌아다니는 유재류(遊在類)와 한자리에 고착해서 살아가는 정재류(定在類)로 나눌 수 있다.

유재류는 흔히 볼 수 있는 길쭉한 모양의 갯지렁이들로, 갯벌을 건강하게 지키고 생태계 유지에 큰 도움을 준다. 이들이 몸을 숨기려고 뚫어대는 구멍으로 공기와 바닷물이 유입되고, 개흙을 먹은 뒤 유기물을 걸러내고 깨끗한 흙을 배설하는 활동으로 갯벌이 썩지 않는다. 갯벌의 흙을 정화해준다는 면에서 땅 위의 지렁이들처럼 고마운 존재이다. 또한 이들은 조류와 바다동물의 훌륭한 먹잇감이며, 낚시꾼들이 즐겨 사용하는 미끼이기도 하다.

정재류는 한자리에 고착해서 살아가는 종으로 석회관갯지렁이 등이 대표격이다.

**석회관갯지렁이**  지렁이라는 선입관으로 석회관갯지렁이를 보면 그 화려함에 고개를 갸웃거리게 된다. 이들은 바닥이나 구조물, 산호, 조개껍데기 등에 구멍을 뚫고 들어가 살거나 고착해서 살아가는데, 몸의 대부분을 숨긴 채 아름다운 색깔로 치장된 먼지떨이처럼 생긴 아가미 깃털을 밖으로 내밀고 있다. 아가미 깃털이 화사하고 예쁜 석회관갯지렁이류는 꽃갯지렁이라고도 불린다. 아가미 깃털은 물속에서 산소를 흡수할 뿐 아니라 떠다니는 플랑크톤을 사냥하기도 한다. 물결에 따라 살랑살랑 흔들리는 아가미 깃털은 위협을 느끼면 관 속으로 움츠러드는데 이러한 행동 방식이 말미잘이 촉수를 거두어들이는

△ 물결 따라 살랑살랑 흔들리는 아가미 깃털이 위협을 감지하자 관 속으로 움츠러들고 있다.

모양새와 닮아 말미잘로 잘못 보기도 한다.

**실타래갯지렁이**  진흙이나 모래에 구멍을 파고 들어가 산다. 이들의 실처럼 가늘고 긴 촉수는 미세한 털 같은 섬모로 덮여 있다. 몸을 모래 속에 숨긴 채 촉수를 밖으로 내밀고 먹이활동을 하다가 조금이라도 이상한 낌새를 느끼면 바닥에 파둔 구멍 속으로 촉수를 거두어들인다. 조금 떨어진 곳에서 관찰하고 있으면 가늘고 긴 촉수들이 흐물거리며 모습을 드러낸다. 흐물거리는 모습이 마치 유령의 몸짓처럼 느껴졌을까, 실타래갯지렁이는 유령갯지렁이라는 속명으로도 불린다.

**크리스마스트리 웜**(Christmas tree worm)  열대와 아열대 바다에서 흔하게 관찰되는 크리스마스트리 웜은 아가미 깃털을 활짝 펼치고 있는 모습이 마치 크리스마스트리를 연상하게 한다. 이들은 상당히 민감한 편이다. 관찰하려고 조금만 가까이 다가가면 아가미 깃털을 석회관 속으로 말아 넣고 숨을 죽인다. 주로 경산호 폴립 사이에 구멍을 뚫고 고착생활을 하는데 크기가 3~5센티미터에 지나지 않지만 촉수가 빨강, 초록, 노랑으로 화려해 연산호류와 함께 수족관의 관상생물로 인기가 있다.

**솜털석회관갯지렁이**  우리나라에 흔치 않은 외래종인데 보통 수백 개체가 군체를 이루고 있다. 각 개체의 석회관 길이는 2센티미터 정도에 지나지 않지만 전체 군체의 높이와 지름은 보통 20센티미터 정도이다. 솜털처럼 생긴 선홍색의 아가미 깃털로 덮여 있어 전체가 붉게 보이지만 가까이 다가가면 도미노

△ 실타래갯지렁이의 가늘고 긴 촉수들이 실을 닮았다.

△ 크리스마스트리 웜은 열대와 아열대 바다에서 발견되는 작은 개체이다. 주로 해면이나 경산호 폴립에 구멍을 뚫고 고착생활을 한다.

블록처럼 각 개체가 연쇄적으로 촉수를 석회관 속으로 말아 넣는다. 아가미 깃털이 사라지고 나면 흰색의 석회관만 남는다.

**우산석회관갯지렁이**  우리나라 전 연안의 얕은 수심에 분포하는 고착성 갯지렁이류이다. 집의 입구 쪽 지름은 3밀리미터 안팎, 길이는 5센티미터 안팎이다. 형태에 따라 직선형으로 뻗은 개체와 똬리형으로 꼬인 개체가 있다. 경우에 따라 교각이나 해양구조물 등에 대량으로 부착하면 조류 또는 파도에 대한 마찰저항을 높여 구조물 안전에 피해를 준다.

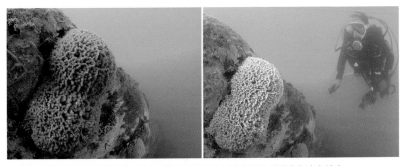

△ 솜털석회관갯지렁이의 선홍색 아가미 깃털이 사라지고 나자 흰색의 석회관만 남아 있다.

△ 똬리형의 우산석회관갯지렁이의 모습이다. 암반이나 구조물 등에 부착한다.

# 멍게

멍게는 '우렁쉥이'의 경상도 사투리였지만 표준어인 우렁쉥이보다 더 널리 쓰이게 되자 표준어로 받아들였다. 이들은 딱딱하고 두터운 껍질에 싸여 있어 '칼집 초(鞘)' 자를 써서 '해초류(海鞘類)'로, 또는 주머니 같은 껍질에 둘러싸여 있다 해서 '피낭동물(被囊動物)'로 분류된다. 그렇다면 표준어 우렁쉥이보다 널리 쓰이게 된 멍게는 어디에서 나온 말일까? 민간에서는 멍게의 어원을 해학적으로 풀이하는데 바로 '우멍거지'이다.

우멍거지란 표피가 덮여 있는 포경 상태의 어른 성기를 가리키는 순우리말이다. 실제로 멍게를 가만 들여다보면 우멍거지와 닮은 데가 있다. 껍질에 싸인 채 작은 구멍(출수공)으로 몸속에 있는 물을 쏘아대는 습성이나 껍질 윗부분을 자르면 그제야 드러나는 속살도 그러하다. 그렇다고 멍게를 우멍거지라고 곧바로 부를 수는 없었을 것이다. 그래서 전해오는 이름의 유래는, 우멍거지의 가운데 두 자를 떼어내어 멍거로 불렀고, 이 멍거가 시간이 지남에 따라 멍게 또는 멍기로 불리게 되었다는 것이다.

그런데 물속에서 관찰하는 멍게와 물 밖으로 잡혀 나온 멍게는 외형상 큰 차이가 있다.

△ 바닷속 암반에 멍게가 붙어 있다. 멍게가 부착된 암반지대를 둘러보면 마치 꽃밭을 보는 듯하다.

△ 곤봉 모양으로 생겼다 해서 곤봉멍게라 이름 붙인 종이다. 외래종으로 최근 들어 우리나라 근해에서 자주 발견된다.

물속에서는 산소와 플랑크톤이 포함된 물을 빨아들이고 뱉어내기 위해 입수공과 출수공을 활짝 열고 있어 그 모양새가 꽃잎을 펼친 꽃처럼 보이지만 물 밖으로 잡혀 나오면 몸을 단단하게 수축시킨다. 몸을 수축시킨 멍게를 관찰할 때 입구가 플러스(+) 모양인 것이 입수공이며, 마이너스(-) 모양인 것이 출수공이다. 출수공은 입수공보다 아래쪽에 있어 배출한 물이 입수공으로 다시 흘러들어가지 않게 되어 있다. 멍게를 영어권에서는 피낭(Tunicate), 또는 바다 물총(Sea squirt)이라고 한다.

△ 몸을 수축시킨 멍게를 살펴볼 때 입구가 플러스(+) 모양이 입수공, 마이너스(-) 모양이 출수공이다.

## 미더덕

멍게와 같은 해초류에 속하는 미더덕은 멍게와 비슷하지만 크기는 조금 작다. 우리나라 연안에서 흔히 볼 수 있는 종이며 식용한다. 미더덕이란 이름은 물에 사는 더덕과 같다 하여 물(水)의 옛말 '미'를 붙였다. 경남 창원시 진동만을 중심으로 한 남해안의 특산물이다.

△ 미더덕은 우리나라 연안에서 흔히 볼 수 있는 종이며 식용한다.

# 크릴

크릴(Krill)은 난바다곤쟁이목(Euphausiacea)에 속하는 갑각류로 플랑크톤의 일종이다. 크릴을 플랑크톤이라고 하면 크릴새우라는 말이 귀에 익어 고개를 갸웃거리겠지만 이는 새우를 닮아 편의상 부르는 명칭일 뿐 분류학상 새우와는 관련이 없다. 이들은 먼바다에 사는 곤쟁이란 의미를 담아 '난바다곤쟁이'라고도 불린다. 전 세계에 걸쳐 약 85종류가 살고 있으며 이 중 우리나라에는 약 11종류가 발견되는데 주로 남극 대륙을 둘러싼 얼음 바다를 좋아해 남빙양이 주 서식지이다.

크릴은 특히 남극 생태계에서 없어서는 안 될 중요한 존재이다. 남극에 서식하는 동물 중 크릴을 먹지 않는 것이 없기 때문이다. 남극대구·남극빙어 등 어류에서부터 고래·해표 등의 포유류와 펭귄·가마우지·자이언트페트렐·도둑갈매기 등의 조류에 이르기까지 남극에 사는 모든 동물들이 크릴을 먹고 산다. 뿐만 아니라 크릴은 인류의 미래 식량자원으로도 주목받고 있다. 해양과학자들이 추정하고 있는 크릴의 자원량은 10~50억 톤 정도이다. 한 해 동안 전 세계 수산물 생산량이 1억 톤에 못 미침을 감안하면 크릴이 얼마나 많은지 짐작할 만하다.

▽ 남극 빙산 아래에 크릴들이 모여 있다.
크릴은 빙산이 녹으면서 바다로 스며드는 영양분을 섭취한다.

크릴은 양이 많은데다 영양가 또한 높다. 살코기는 고단백질에 필수지방산을 포함하고 있으며 껍질에는 키틴이라는 영양소도 풍부하다. 남극 생태계의 중심에서 인류의 미래 식량자원으로 자리매김을 하고 있는 크릴이라는 이름은 노르웨이 포경선 선원들이 지었다. 노르웨이 말로 크릴은 '작은 치어'를 뜻한다.

△ 고래상어가 바닷물을 들이켜 함께 빨려 들어온 크릴을 걸러 먹고 있다.

◁ 젠투펭귄이 새끼 펭귄에게 사냥해온 크릴을 먹이고 있다.

●

# 해면

해면동물은 조간대에서 9,000미터 깊이까지, 남극에서 열대 바다까지 광범위한 수심과 수온에 걸쳐 세계 각지에서 흔하게 발견된다. 현재 1만 여 종이 있는 것으로 알려져 있으며 몸속에 별도의 골격이나 지지기관이 없는, 유리질 또는 석회질 골편과 섬유질 관성분으로 몸의 형태를 유지한다. 해면은 이 골편들의 특징에 따라 크게 석회해면, 육방해면, 보통해면의 세 강으로 나뉜다.

해면의 이름은 목욕해면에서 유래했다. 목욕해면을 볕에 쬐면 섬유상의 골격만 남는데 여기에는 미세한 구멍이 많고 부드러우며 탄력이 좋아 수분을 잘 빨아들인다. 마치 목화로 만든 실이나 그 천과 같다 하여 면(綿)자를 쓴다. 서양에서는 해면을 스펀지(Sponge)라 한다. 인공으로 스펀지를 만들기 전에는 목욕해면의 섬유조직을 가공해 화장용품과 사무용품, 기계 청소용품, 목욕용 수세미 등을 만들기도 했다. 목욕해면은 우리나라 연안을 비롯하여 세계 도처의 광범위한 지역에 서식한다. 이 중 지중해에 서식하는 것을 최상품으로 여긴다.

△ 해면은 광범위한 수심과 수온에 걸쳐 세계 각지에서 서식한다.

**항아리해면** 이름 그대로 항아리 모양을 닮았다. 큰 것은 높이가 2미터에 이르기도 하며, 필리핀 등 열대 바다에서 흔히 볼 수 있다. 항아리해면의 안과 밖에는 작은 바다생물들이 몸을 숨기고 살아간다. 항아리해면 관찰로 다양한 바다생물의 삶을 들여다볼 수 있다.

**굴뚝해면** 굴뚝 모양을 닮아서 이름 붙인 해면이다.

▽ 굴뚝해면은 굴뚝 모양을 닮아 붙인 이름이다.

▽ 항아리해면은 항아리를 모양을 닮아서 이름 붙였다.

# 미래를 꿈꾸는 해양문고

바다에는 새로운 미래와 희망이 있습니다. '미래를 꿈꾸는 해양문고'는 한
국해양과학기술원의 해양과학자들이 직접 들려주는 바다의 모든 이야기
입니다.

아름답고 신비로운 바다 생물과 환경, 우리의 삶을 바꾸는 해양과학과 자
원 등을 담은 해양문고는 '21세기 신해양시대'를 준비하는 책입니다.

# 미래를 꿈꾸는
# 과학으로 보는 바다

21세기 해양시대를 이끌어 가는 한국해양과학기술원의 연구성과를 생생한 사진과 함께 보여 줌으로써 바다에 대한 꿈과 미지의 세계에 대한 도전정신을 키우기 위해 기획된 과학 교양도서입니다.